EV 정비 실무

PRACTICAL EV MAINTENANCE

저자소개

김만호　동의과학대학교 전기자동차과 교수

EV 정비실무

초판 인쇄 | 2025년 3월 10일
초판 발행 | 2025년 3월 20일

저　　자 | 김만호
발 행 인 | **조규백**
발 행 처 | 도서출판 **구민사**
(07293) 서울특별시 영등포구 문래북로 116, 604호(문래동 3가 46, 트리플렉스)
전　　화 | (02) 701-7421
팩　　스 | (02) 3273-9642
홈페이지 | www.kuhminsa.co.kr

신고번호 | 제2012-000055호 (1980년 2월 4일)
I S B N | 979-11-6875-535-2 (93550)

값 | **30,000원**

Preface

머리말

2016년 스위스 다보스에서 열린 세계경제포럼에서 처음 언급된 인공지능(AI : Artificial Intelligence)으로 대표되는 4차 산업혁명은 자동차, 인터넷, 금융 등 전 세계 산업의 급진적인 변화를 일으키고 있으면서 동시에 앞으로 더 많은 변화를 가져올 것이다. 그 대표적인 사례가 2025년 1월에 미국 라스베이거스에서 진행된 CES 2025에서 보여준 AI 에이전트와 온디바이스 AI와 같은 기술이다.

인공지능으로 대표되는 4차 산업혁명과 함께 자동차 산업은 기후 변화의 급격한 영향으로 CASE(Connectivity, Autonomous, Sharing, Electrification) 용어로 대표되는 혁신적인 변화의 시점에 직면해 있다. 최근에 상용화된 5세대 이동통신 기술은 자동차에 적용되어 차량 내부와 차량 외부를 실시간으로 연결하는 Connectivity 기술로 발전하여 관심이 더욱 커지고 있다. Autonomous 기술은 운전자의 조작 없이 자동차가 스스로 주행하는 기술을 포괄하는 것으로, 자동차 연비 개선, 사고 예방, 교통 약자 이동성을 급격하게 향상할 것이다. Sharing 기술은 코로나19와 함께 쇠퇴하기는 하였지만, 제한된 재화를 공유해서 사용한다는 측면에서 앞으로 더 발전된 형태의 Sharing 기술이 출현할 것이다. 마지막으로, Electrification 기술은 코로나19와 함께 너무나도 급격하게 우리에게 영향을 주고 있으며 기후 변화 문제와 함께 앞으로 더 많은 관심과 영향을 줄 것이다.

Preface

머리말

코로나19 시대와 함께 자동차 산업은 내연기관 자동차 중심에서 친환경 자동차 중심으로 변화하고 있으며, 친환경 자동차 중에서도 하이브리드 자동차, 배터리 전기 자동차에 대한 수요가 폭발적으로 증가하고 있다. 1996년 도요타에서 처음 만든 프리우스에서 시작된 하이브리드 자동차는 20년이 넘는 시간이 지나서야 고객들이 갖고 싶은 차가 되었다. 그에 반하여 2008년 테슬라에서 처음 만든 로드스터에서 본격적으로 생산이 시작된 배터리 전기 자동차는 10년이 조금 넘는 시간에 고객들이 갖고 싶은 차가 되고, 차를 사기 위해서 기다려야 하는 상황까지 발생하였다. 하지만 전기 자동차 시장은 캐즘(Chasm) 현상과 함께 여러 가지 부정적인 측면이 소비자에게 인식되면서 성장의 정체기에 있다. 앞으로, 하이브리드 자동차 중심의 시장이 형성되겠지만 결국에는 전기 자동차 중심으로 친환경 자동차 시장은 개편이 될 것으로 예상이 된다.

본 교재는 하이브리드 자동차에 기초적인 학습을 바탕으로 한 단계 발전한 전기 자동차에 대해서 전기 자동차의 고전압 시스템, 고전압 배터리, 충전 시스템, 구동 시스템과 열 관리 중심으로 구성하였다. 이를 통하여 전기 자동차의 기본적인 구조와 고장 진단을 위한 경험을 습득할 수 있기를 바란다. 이 책이 나오기까지 도움을 주신 도서출판 구민사 조규백 대표님과 관계자분들께 깊은 감사의 말씀을 드린다.

Contents

차 례

CHAPTER 01

전기 자동차의 필요성

1. 자동차의 환경문제 _ 2
2. 친환경 자동차의 개발동향 _ 17
3. 전기 자동차란 _ 25
4. 전기차 플랫폼 _ 29

CHAPTER 02

전기차 고전압 시스템

1. 전기차 고전압 _ 38
2. 고전압 회로 구성 _ 48
3. 전력변환 시스템 _ 63

Contents

차 례

CHAPTER 03 고전압 배터리 시스템

1. 고전압 배터리 시스템 구성 _ 84
2. 전기자동차 배터리의 열 폭주 _ 127
3. 전기차 사고 및 화재발생 시 응급조치 _ 130
4. 고전압 배터리 취급 전 안전수칙 _ 131
5. 고전압 배터리 _ 134
6. 고전압 안전 플러그 _ 166
7. 고전압 배터리 모듈 교환 _ 168

CHAPTER 04 전기차 충전 시스템

1. 전기자동차 전지의 충전 _ 200
2. 충전 케이블 _ 208
3. 충전 시스템 _ 217

Contents

차 례

CHAPTER 05 구동 시스템

1. 구동 시스템의 큰 변화 _ 270
2. 구동 모터 _ 274
3. 감속기 _ 285
4. VCU _ 292

CHAPTER 06 열 관리 시스템

1. 개요 및 PE 열 관리 시스템 _ 298
2. 고전압 배터리 열 관리 시스템 _ 312
3. 실내 공조(냉매 회로) _ 322

전기 자동차의 필요성

01

CHAPTER 01

전기 자동차의 필요성

1 자동차의 환경문제

인류의 삶을 풍요롭게 해준 산업화는 그 대가로 환경오염이라는 짐을 안겨주었다. 산업화의 핵심인 공업화로 인해 땅과 물이 오염되고 공기는 찌들어 건강을 위협하는 지경에 이르렀다.

특히 자동차는 생활에 편리함을 주는 필수품이기도 하지만 도시와 같은 인구밀집지역에서는 배기가스에 의한 공기오염, 주행 중 발생하는 소음과 같은 심각한 환경문제를 발생시키고 있다. 이에 석유를 태우는 자동차는 대기오염의 주범으로 찍힌 지 오래다.

최근 자동차산업의 가장 큰 화두는 친환경자동차라고 할 수 있다. 2008년 유가 급등으로 각국의 모터쇼에서 대부분의 주제가 친환경자동차 일색으로 변화했다. 특히 석유자원의 고갈, 지구온난화라는 전 세계적 과제와 더불어 자동차업계의 신성장 동력 및 차세대 패권을 차지하기 위한 이해관계가 맞물리면서 더 이상 미래 일로 치부할 수 없는 현재 진행형 과제가 되고 있다.

1.1 지구 온난화

지구의 대기는 약 78%가 질소(N)이고 약 21%가 산소(O)이며 그 밖에 아르곤(Ar), 이산화탄소(CO_2) 및 기타 성분들로 구성되어 있는데 이 구성비는 지상 약 80km 고도까지 거의 변하지 않는다. 그리고 이 대기는 태양에서 받은 에너지를 지구가 다시 우주 밖으로 방출할 때 일부 에너지를 흡수하여 그 에너지를 대기 중에 묶어 대기의 온도를 상승하게 한다. 이때 대기가 온실의 유리와 같은 기능을 한다고 해서 온실 효과라고 한다.

1.1.1. 배경

지구온난화(Global Warming)는 대기 중에 축적된 온실가스층이 지구표면으로부터 방출되는 적외선을 다량 흡수함으로써 지구가 더워지는 현상을 말한다. 지구온난화 원인인 온실 가스는 이산화탄소(CO_2), 메탄(CH_4), 아산화질소(N_2O), 수소불화탄소(HFCs), 과불화탄소(PFCs), 육불화황(SF_6) 등으로, 태양으로부터 지구로 전달되는 단파장의 가시광선은 흡수하지 않으나, 지구표면에서 방출되는 장파장의 적외선을 흡수하여 지구의 온도를 높이는 것으로 알려졌는데, 하지만 인류 문명 발달에 의해 공장, 자동차 등의 화석연료의 연소에서 발생하는 이산화탄소(CO_2)가 주목을 받는다.

1.1.2. 지구 온난화시 피해

IPCC보고서에 의하면 21세기 지구평균기온은 최대 6.4℃, 해수면은 최대 59cm까지 상승할 것으로 전망되고 있다. 지구평균 기온이 1℃상승할 경우, 양서류가 멸종하고, 각종 전염병이 확산되며 지구생물의 대부분이 멸종하게 되고 5℃상승 시엔 도쿄, 뉴욕, 홍콩, 상하이 등 주요 도시가 물에 잠기게 될 것으로 예상 된다.

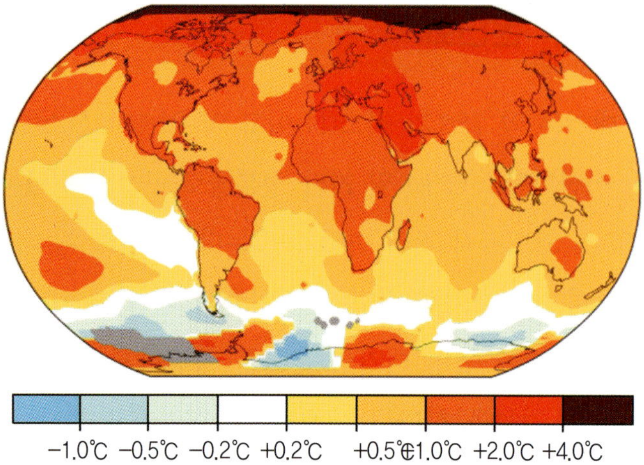

그림 1-1 1973~2023 사이의 온도변동(℃)

1956~1976년 평균 대비 2011~2021년 10년 사이 평균 전체적으로 평균 0.5℃에서 1℃ 상승하였다. 기상연구소 발표에 따르면 2020년에 현재보다 연평균기온이 1.5℃상승하고 2050년에는 3℃, 2080년에는 5℃ 가량 오를 것으로 예측하고 있다.

지구온난화를 멈추지 못한다면 100년 뒤, 우리나라 산림의 모든 생물들이 사라질 수 있다고 경고하고 있다. 우리나라의 온도상승 속도는 세계평균에 비해 두배나 빠르게 진행되고 있기 때문이다.

우리나라는 전세계 이산화탄소 배출량의 1.8%를 점유하는 10위권의 온실가스 배출국이다. 지구온난화에 대한 우리나라의 피해를 살펴보면, 먼저 지구온난화가 우리나라에 미치는 영향에서 전반적인 기온증가와 더불어 전국적으로 강수량의 심한 변화(−25%~+30%)로 극심한 가뭄과 홍수 빈발이 예상되며, 태백과 소백산맥 등 높은 지대를 제외하고는 거의 모든 지역이 제주도와 같은 고온 기후가 되고 살인적인 불볕더위로 인한 서울지역의 사망자는 현재보다 12배나 증가하고, 온대수종과 아한대 수종은 온도상승에 따라 급속히 감소하여, 사과 등 온대과일은 생육이 불가능해 질 것으로 예측되었으며, 벼 수확량도 무려 20%나 줄어 식량난이 우려되고, 수온 상승에 따라 연안 어종의 변화로 온대어족(오징어, 멸치)은 어획량이 증가하는 반면, 한대

어족(대구, 명태)은 감소하고, 해수면 상승으로 남해안 서해안 간척지, 저지대 등 침수, 항만과 해안산업단지의 피해가 예상되었다.

1.2 자동차 배출가스

자동차 연료인 휘발유나 경유 등 석유계 물질은 완전 연소한다면 산소와 결합 하여 수증기(H_2O)와 이산화탄소(CO_2)만 생성한다.

그러나 실제로 완전 연소되지는 않는다. 불완전 연소하면 수증기나 이산화탄소가 아닌 유해물질이 형성되어 배기가스에 섞여 나온다. 중간 속도로 가솔린 기관 을 운전할 때, 질소(70%), 이산화탄소(18%), 수증기(8.2%), 유해물질(1%) 정도로 배기가스가 이루어진다. 유해물질의 대부분은 일산화탄소(Carbon-monoxide, CO), 탄화수소(Hydrocarbon, HC), 질소산화물(Nitrogen-oxides, NOx)이고, 디젤기관의 경우에는 매연, PM(Particulate Matters) 등이 여기에 추가된다.

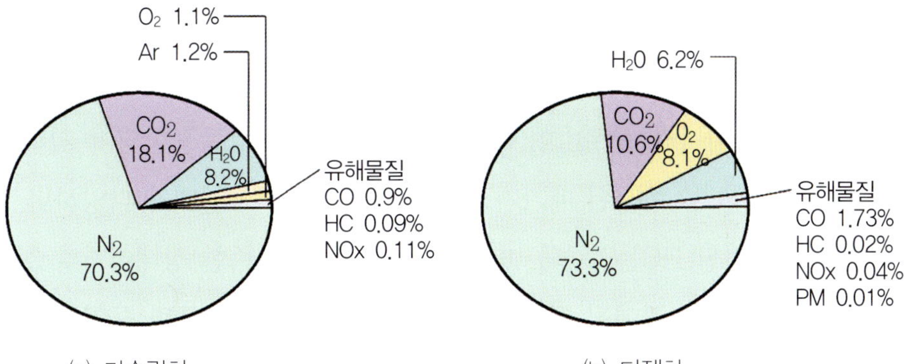

그림 1-2 자동차 배기가스 평균조성(무게 기준)

1.2.1. 일산화탄소(Carbon-monoxide, CO)

무색, 무취의 유독가스인 일산화탄소(CO)는 공기 부족상태에서 연소될 때 발생 된다. 즉 혼합비(= 연료/공기)가 높을수록 CO는 증가한다. 그러나 공기 과잉일 지라도 공기와 연료가 잘 혼합되지 않으면 CO가 생성된다.
CO는 인체 흡입시 혈액 중의 헤모글로빈(Hb)과 결합하여 혈액의 산소운반 작용을 방해한다. CO가 0.3%(체적비) 이상 함유된 공기를 30분 이상 호흡하면 목숨도 잃을 수 있다.

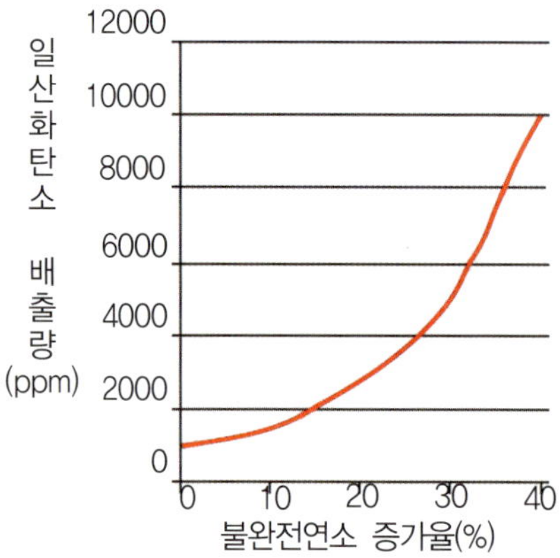

CO농도와 호흡시간	증상
1600ppm	30분 내에 사망
3200ppm	20분 내에 사망
6400ppm	10분 내에 사망
12800ppm	3분 내에 사망

그림 1-3 **일산화탄소가 인체에 미치는 영향**

1.2.2. 탄화수소(Hydrocarbon, HC)

탄화수소(HC)란 탄소(C)와 수소(H)로 조성된 화합물을 말한다. HC는 배기가스뿐만 아니라 블로바이 가스나 증발가스 중에도 포함되어 있다.
불완전 연소로 형성된 배기가스 중 탄화수소는 그 형태가 다양하다. 불완전 연소 로 인한 HC는 CO와 마찬가지로 공기가 부족한 상태이거나 희박한 상태에서 연소가 진행될 때 주로 발생한다. 또 연소실 표면 근처와 같이 충분히 고온인 화염이 전달되지 않는 구석진 곳에서도 발생한다. HC는 호흡기계통과 눈을 심하게 자극하고, 암을 유발하거나 악취의 원인이 되기도 한다.

1.2.3. 질소산화물(Nitrogen-oxides, NOx)

일산화질소(NO), 이산화질소(NO_2), 일산화이질소(N_2O)등 여러 가지 질소산화물을 말하며, NOx로 표기한다. NOx는 연소실의 온도와 압력이 높고, 동시에 공기가 과잉 상태일 때 주로 생성된다. 그중 90~98%를 차지하는 NO는 무색, 무미, 무취인 물질로서, 대기 중에서 서서히 산화되어 대부분 NO_2로 변환된다. NO_2는 적갈색이며, 독성이 있고 자극적인 냄새가 난다. 특히 호흡을 통해 점막 분비물에 흡착되면, 산화성이 강한 질산으로 바뀐다. 이렇게 생성된 질산은 호흡기 질환(기관지염, 폐기종 등)을 유발하고 폐에 수종이나 염증을 유발할 수도 있으며, 눈에 자극을 주는 물질이다. NOx는 이외에도 오존의 생성, 광화학 스모그 발생, 수목의 고사에 영향을 미치는 것으로 알려져 있다.

질소산화물의 형태인 질산기(N_3)는 어두운 곳에서 형성되는데 이것이 대기에서 일어나는 화학반응을 조절하게 된다. 1차 오염에 의한 문제 외에 대기 중에서 반응하여 2차 오염원 생성에 기여하는 문제가 발생하게 되는 것이다. 물과 반응하여 질산(NHO_3)을 만들어 산성비의 주요원인이 되며 이로 인해 피부염이나 탈모 등을 유발하기도 한다.

그림 1-4 산성비 생성

1.2.4. 입자상 고형물질(Particulate Matters, PM)

가솔린기관은 디젤기관에 비해 입자상 고형물질(PM)이 무시해도 좋을 만큼 적게 생성된다(디젤기관의 1/20~1/200 수준). 자동차용 디젤연료는 공기가 부족한 상태에서 연소되면 순식간에 고형의 탄소핵이 생성된다.

이 탄소핵은 수소/탄소의 원자수 비가 약 0.1 정도로서, 직경 0.02~0.03㎛

의 입자 수백 개가 뭉쳐진 고형 미립자(평균 입경 0.1~0.3㎛)이다. 이는 머리카락 지름(100㎛)의 1/300~1/1000 크기이다.

1.3 자동차 배출가스 2차 오염물질

자동차 배출가스에 들어 있는 1차 오염물질은 대기 중에서 화학반응에 의해 2차 오염물질을 생성하며, 그 대표적인 것은 미세먼지와 오존이다.

1.3.1. 미세먼지

미세먼지는 머리카락 굵기의 1/5 가량인 10㎛이하의 지름을 가지는 작은 입자다. 크기에 따라 지름이 10㎛인 미세먼지는 PM10이라고 하고 2.5㎛인 미세먼지는 PM2.5라고 한다. 여기서 PM은 Particulate Matter, 미세먼지를 뜻한다.

이렇게 작고 고운 미세한 입자는 이름과 반대로 우리 몸에 나쁜 영향을 미친다. 2002년에 발표된 한 연구 결과에 따르면 PM2.5가 10㎛ 증가할 때마다 원인에 관계없이 모든 사망이 6% 증가하는데, 심폐질환에 의한 사망은 9%, 폐암에 의한 사망률은 14% 증가한다는 것이다. 이후 미세먼지가 천식과 만성폐쇄성폐질환, 기관지 확장증, 폐암, 특발성 폐섬유증 등의 발생과 악화에 미치는 영향에 대한 많은 연구가 시행되었다.

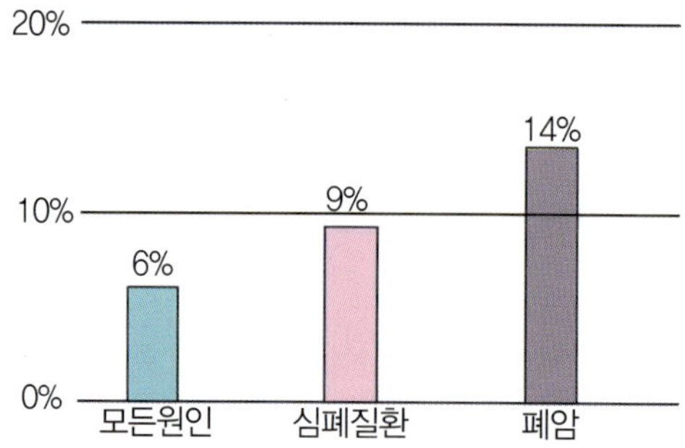

그림 1-5 PM2.5 10㎛ 증가시 사망율

상당량의 미세먼지(PM2.5)는 질소산화물(NOx), 휘발성유기화합물(VOCs), 암모니아(NH_3) 등의 가스상 전구물질이 특정조건에서 화학반응을 일으켜 2차적으로 생성된다.
자동차 배기가스는 반응성이 강한 물질과 화학 반응으로 2차 유기물 입자(Secondary Organic Particles)가 되기도 한다.
각종 불완전 연소과정에서 발생한 질소산화물(NO, NO_2)은 O_3와 반응해 NO_3가 되고, NO_3는 물과 반응하여 HNO_3를 생성한다. HNO_3는 대기 중에 NH_3 등과 반응하여 질산암모늄(NH_4NO_3, Ammonium Nitrate) 등 미세먼지를 구성하는 물질이 된다.
자동차 배기가스 이외에 화석연료의 연소과정에서 발생하는 황산화물(SO_2)은 물과 직접 반응하여 아황산(H_2SO_3)을 생성하고 아황산은 급격히 산화하여 황산(H_2SO_4)이 된다. 황산(H_2SO_4)은 암모니아와 복합적인 반응을 거쳐 황산암모늄((NH_4)2SO_4, Ammonium Sulfates)과 같은 미세먼지 입자를 생성한다.

1.3.2. 오존

전체 오존(O_3)의 약 90%는 지상 20~40㎞ 사이의 성층권에 존재하면서 태양광선 중 생명체에 해로운 자외선을 흡수하여 지상의 생물들을 보호하는 이로운 오존이다. 반면, 나머지 10%는 지상 10㎞ 이내의 대류권에 존재하여 지표 오존이라고도 하는데 호흡기나 눈을 자극하는 해로운 오존이라 할 수 있다.

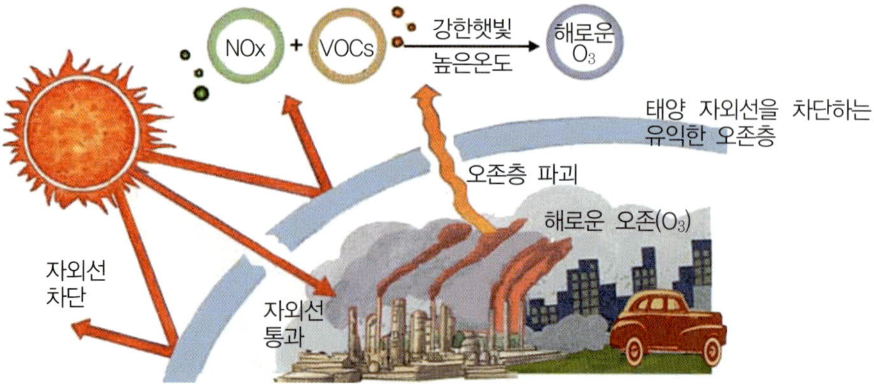

그림 1-6 오존

지표 오존은 가정, 자동차, 사업장 등에서 대기 중으로 직접 배출되는 오염물질이 아니라, 질소산화물(NOx), 탄화수소(HC), 메탄(CH_4), 일산화탄소(CO) 등과 같은 대기오염물질들이 햇빛에 의해 광화학 반응을 일으켜 생성되는 2차 오염물질이다. 특히, 질소산화물(NO, NO_2)과 휘발성유기화합물(VOCs)이 오존의 주요한 원인물질이다.

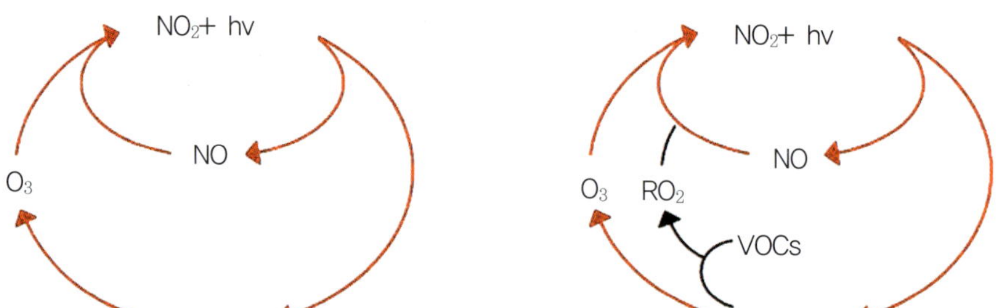

(a) VOCs 없을 때(일정 오존농도 유지)　(b) VOCs 있을 때(오존농도 증가)

그림 1-7 광화학반응에 의한 오존 생성반응

대기 중에 벤젠(C_6H_6), 톨루엔($C_6H_5CH_3$) 등 휘발성유기화합물이 없이 질소산화물만이 존재하는 경우라면 먼저 일산화질소(NO)가 이산화질소(NO_2)로 산화되고, 이산화질소가 햇빛(자외선 중의 장파와 가시광선 중의 단파에너지, hv) 에 의해 산소원자(O)와 NO로 광 분해된다. 그리고 산소원자는 대기 중의 산소 분자(O_2)와 반응하여 오존(O_3)을 만들며, 이 오존은 다시 NO를 NO_2로 산화시키는데 소비된다. 따라서 휘발성유기화합물이 없는 대기 중에서는 오존의 생성과 소멸이 균형을 이루어 오존농도가 증가 없이 일정하게 유지된다.

1.4 대기오염에 따른 건강 피해

생활 속에서 접하게 되는 먼지들은 호흡과정에서 코털, 기관지섬모 등에서 걸러지는 크기의 것들이 많다. 그러나 자동차에서 배출된 미세먼지 특히 PM2.5는 입자가 매우 작아서 폐를 거쳐 혈관 또는 혈액까지 침투하기도 한다.

미세먼지는 기도 점막을 자극하고 염증을 유발한다. 정상인에게도 기침・가래 등의 호흡기 증상을 유발하지만, 특히 호흡기질환, 천식 등 알레르기질환이나 심혈관질환의 증상을 악화시키는 것으로 알려져 있다.

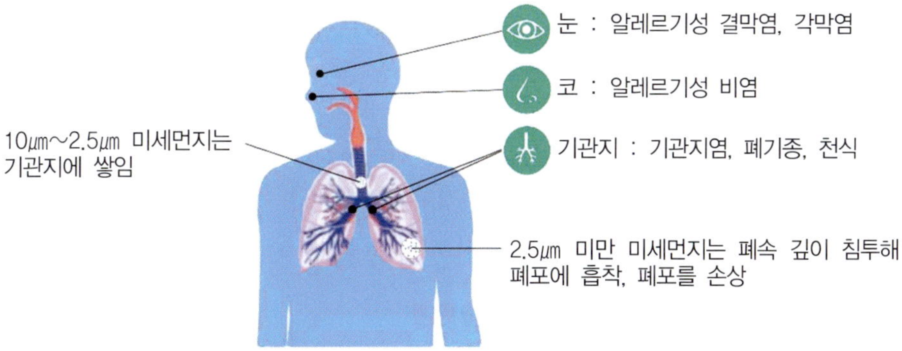

그림 1-8 대기오염이 인체에 미치는 영향

세계보건기구(WHO) 산하 국제암연구소(IARC)는 2012년 6월 12일 디젤 배기가스를 2A등급에서 1등급 발암물질로 바꾸어 지정하였다. IARC는 발암물질을 5개 등급으로 나눠 암 발생에 충분한 증거가 있는 물질을 1등급, 발암 개연성이 있는 물질을 2A등급, 발암 가능성이 있는 물질을 2B등급으로 분류하고 있는데, 1등급에는 석면, 비소, 담배, 알코올, 카드뮴, 수은 등

100여 종이 있으며, 가솔린(휘발유)엔진 배기가스는 2B등급으로 분류되어 있다.

1.4.1. 호흡기 질환

장기간 미세먼지에 노출되면 면역력이 급격히 저하되어 감기, 기관지염 등의 호흡기질환을 악화시킨다. 성인의 경우 미세먼지에 노출되면 폐 기능의 감소 속도가 빨라진다.

1.4.2. 심혈관 질환

미세먼지에 단기적으로 심하게 노출되면 폐, 혈액, 심혈관계 등 전신 순환계에 미세먼지가 순차적으로 침투하여 심근경색, 심부전 등 심혈관질환의 발생 위험을 높이게 된다.

이외에도 미세먼지는 혈압을 높이거나 교감 신경계를 활성화시켜 심박수 변동성, 부정맥을 증가시킬 수 있다. 이러한 영향은 건강한 정상인보다 고령인 사람(75세 이상), 기존 심혈관 질환을 가지고 있는 환자, 당뇨, 비만 등 감수성이 높은 환자에게서 더 크게 나타난다. 미세먼지로 인한 심혈관 질환 영향에 관한 질병관리본부의 연구결과는 다음과 같다.

① 초미세먼지(PM2.5)에 장기간 노출되면 심근경색과 같은 허혈성 심질환의 사망률은 30~80% 증가

② 부정맥, 심부전, 급성 심장사에 의한 사망과도 상당한 관련이 있는 것으로 보고되었고, 특히 초미세 먼지(PM2.5) 10㎍/㎥ 증가 시 심부전에 의한 입원률 30% 증가

③ 뇌혈관질환 관련 사망률이 미세먼지(PM10) 농도 10㎍/㎥ 증가 시 10% 증가, 초미세먼지(PM2.5) 농도 10㎍/㎥ 증가 시 80% 증가

1.4.3. 천식

미세먼지는 천식의 발생이나 악화와 관련하여 여러 단계에 걸쳐 관여하는 것으로 추정된다.

① 미세먼지는 체내에서 활성 산소의 농도를 높여 산화스트레스를 증가시키고, 증가된 산화스트레스는 기도 내 염증성 손상을 일으켜서 천식을 일으킨다.

② 미세먼지의 구성 성분의 독성에 의해 소기도와 폐에 손상을 일으켜서 천식을 일으키기도 한다.

③ 미세먼지는 자체적으로 염증반응 매개 물질의 발현을 유도함으로써 체내의 면역 기능을 저하시켜 천식을 일으키기도 한다.

질병관리본부에 의하면, 미세먼지는 단기적으로 알레르기나 천식 악화와 연관이 있으며 장기간 노출되는 경우 폐 기능을 감소시키고 천식 조절에 부정적 영향을 미치며 심한 경우에는 천식 발작을 일으키는 것으로 나타났다.

1.5 환경규제

1.5.1. 기후 변화에 대한 대응

자동차관련 환경규제는 미국, EU, 일본 등 선진국을 중심으로 규제가 강화되고 있으며 한국, 중국 등 주요 자동차 생산국들도 기술변화에 뒤처지지 않기 위해 규제강화에 동참하고 있다. 자동차 시장이 성숙한 나라에서는 여러 가지 의미로 자동차 배출가스 규제를 갖고 있다. 이른바 잘사는 선진국일수록 환경보호에 관심이 많기 때문에 규제가 엄격할 수도 있다.

(a) 전기차　(b) 하이브리드차　(c) 경유차　(d) 휘발유차

그림 1-9 자동차별 온실가스 배출량 비교(1㎞ 당)

하지만 그 뒤에 숨겨져 있는 것은 이러한 배출가스 규제가 환경을 보호한다는 명목 하에 기술적 장벽으로 작용하여 자국의 자동차산업을 보호하는 수단이 될 수도 있는 것이다.

기존에는 HC, CO, NOx 등 인체에 해로운 3가지 배출가스에 대하여 규제를 해왔었지만, 최근에는 온실가스에 관심이 높아지면서 유럽을 시작으로 CO_2 배출량 또한 규제가 되고 있다. 아무리 연료가 완전연소가 된다고 해도 배출되는 가스에는 CO_2와 H_2O가 포함되어 있기 마련이다. 그러므로 CO_2를 규제한다는 것은 최소한의 연료를 태우는 방법 밖에 없으며, 이것은 결국 연비와 직결되는 문제이다. CO_2를 규제한다는 것은 연비, 결국 엔진의 총체적인 기술에 대한 기술적 장벽이 하나 생기는 것이다.

1.5.2. 기후 변화에 대한 협약

지구온난화에 대한 지난 국제사회의 대응은 기후변화협약 채택을 통해 이루어져 왔다. 1972년 유엔환경계획(UNEP)을 창설한 이래, 환경보호에 관한 국제협력이 촉진되었고, 1979년「제1차 세계기후회의」가 개최된 후, 기후변화에 대해 적절한 조치를 취해야 한다는 의견이 국제적으로 제기되었다. 1988년 세계기상기구(WMO)와 UNEP이 주도하여「기후변화에관한정부간패널(IPCC)」을 설립하였으며, 이 IPCC에서 지난 20년 간 지구온난화의 과학적·기술적 평가를 수행해왔다.

1990년 IPCC는 "IPCC 1차 보고서"를 발간하여 기후변화에 대해 과학적인 증거자료를 제시하였다. 이 보고서를 토대로 1991년부터 92년 5월까지 기후변화협약을 위한 정부간협상회의(INC)가 5차례 개최되었으며, 세계 각국은 전 지구적 차원에서 사막화, 해수면 상승, 생태계 변화 등 심각한 지구온난화 문제에 공동대응하기 위하여 1992년 브라질 리우회의에서 기후변화협약(UNFCCC)을 체결하고 "공통의 그러나 차별화된 책임원칙(common but differentiated responsibilities)"에 따라 각국의 능력 및 사회・경제적 여건에 따른 대응체계를 구축하였다.

협약은 1994년 3월에 발효되었으며 현재 189개국(2006년 7월 기준)이 가입해 있다. 우리나라는 93년 12월 14일에 세계 47번째로 가입하였다. 1995년에 IPCC는 「IPCC 2차 보고서」를 발간하였으며, 이를 토대로 전세계 국가들이 1997년 「교토의정서」를 채택하게 되었다. 2001년에 IPCC는 지구온난화와 기후변화에 대한 「IPCC 3차 보고서」를 발간하였고, 2001년 11월, 제7차 당사국총회를 통해 교토의정서 이행방안 최종합의가 도출되었다.

파리협정(Paris Agreement)은 2015년 11월 30일부터 12월 11일까지 프랑스 파리에서 열린 제21차 유엔기후변화협약 당사국총회에서 195개국이 12월 12일 채택한 협정이다. 파리협정은 종료 시점이 없는 협약으로써 지구온난화로 인한 기온 상승을 산업화 이전 대비 2℃ 아래로 막고 산업화 이전 대비 1.5℃ 이상 기온 상승을 제한하도록 노력을 추구하며 이는 기후 변화로 인한 위험과 영향을 중대한 정도로 줄인다는 것을 인식하는 것이다.

2015년 6월 30일, 2030년까지 온실가스 배출전망치(BAU) 대비 37%를 감축하겠다고 결정했다. 25.7%만이 순수 감축 비율이고 11.3%는 국제시장을 이용한다는 방침이다. 20%대 감축을 예상했던 국내외의 예상을 뛰어넘는 감축 비율이었는데, 20년 사이 달라진 한국의 위상을 알리고 국제사회에서의 역할을 하기 위한 것으로 보인다.

2016년 12월 3일 정부는 파리협정을 발효했다. 선진국들이 주로 사용하는 절대감축량을 통한 목표 제시로 바꾸면서 2030년까지 2017년 대비 24.4%

감축하겠다고 발표했다. 미국은 2030년 까지 절대량 26~28%, 유럽 연합은 40% 감축 목표 값을 제출하였고 이를 위해 노력하고 있다.

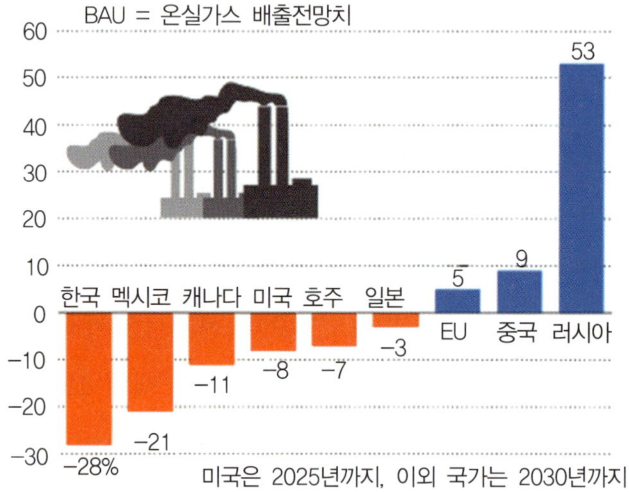

그림 1-10 2030년 BAU 대비 온실가스 감축율

1.5.3. 지구온난화에 대한 우리나라의 대응

우리 정부는 지구온난화를 방지하고 지구온난화의 주범이 되는 온실가스를 감축하기 위해서는 범부처간 통합적이고 체계적인 대책을 논의하고, 2000년 "기후변화협약대응종합대책"을 수립(8개 과제 36개 세부과제)하였으며, 세부추진계획을 확정 추진하고 있다.

에너지 부문에서는 고효율 에너지기기 보급 확대, 자발적 협약 체결, 경차 및 청정연료 보급 확대 등 에너지절약 및 온실가스 감축시책 대폭 강화, 에너지절약기술 개발, 대체연료 자동차 보급 등의 정책을 강화하였으며, 지구온난화방지법 제정을 추진하고, 에너지 관련법을 개정하며, 온실가스 통계를 구축하는 등, 관련 정책기반을 정비하였다. 환경부는 매립가스를 자원화정책을 개발하고, CNG 시내버스 보급 등 대체연료 자동차 보급을 촉진하는 등 환경부문의 온실가스 감축노력을 결집한 「제2차 국가폐기물관리종합계획」을 수립하여 폐기물 부문 온실가스 감축에 힘쓰고 있다.

그리고 우리 정부는 아래와 같은 2050탄소 중립 추진 전략을 발표하였고, 각 지자체별로 많은 노력을 하고 있다.

① 경제 구조 모든 영역을 저탄소화

② 신 유망 저탄소 산업 생태계 조성

③ 탄소 중립 사회로의 공정한 전환

④ 탄소 중립의 제도 기반 강화

2 친환경 자동차의 개발동향

2.1 개요

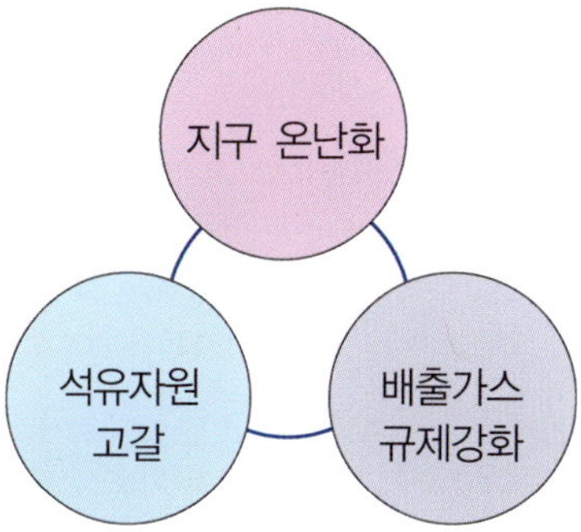

그림 1-11 친환경 자동차의 개발

유해 배출물을 감소시키기 위한 대책으로서 기존의 가솔린 및 디젤자동차보다 발전된 기술을 적용하는 방안 외에 석유계 연료가 아닌 대체연료를 사용하기 위한 연구가 진행되어 왔다.

이러한 대체연료에 대한 연구는 한때 겪었던 석유파동을 계기로 활발히 시작되었으나 현재에는 석유에너지의 고갈과 유해 배출물 저감이라는 동시적인 목적에 연구 개발되고 있으며, 배기가스 규제에 대한 보다 강화된 법안의 발효에 따라 자동차업계는 단시일 내에 배기 오염물질을 대폭적으로 감소시키거나 무공해 차량을 개발해야 하는 환경적 압력에 직면해 있다.

그림 1-12 친환경 자동차의 생산

현재 대체연료로는 가정용 및 산업용 연료로 널리 사용되고 있는 메탄올, 에탄올, 식물성 오일 등의 액체연료 외에 천연가스, 수소 등의 기체연료 등이 있으며 전기자동차와 이를 응용한 태양광자동차, 연료전지 자동차, 하이브리드 자동차와 같은 대체 에너지기술로 대별된다.

그림 1-13 환경오염

2.2 친환경 자동차의 정의

친환경자동차는 화석연료를 사용치 않아 배출가스, CO_2 등이 발생하지 않는 무공해 동력시스템의 활용 또는 장착, 이에 준하는 개선으로 기존 내연기관 대비 연비가 높고 배출 가스나 CO_2 배출량도 적은차량을 말한다.
현재 친환경자동차 시장에는 하이브리드 자동차를 비롯해 전기자동차, 플러그인 하이브리드, 클린디젤, 연료전지 등 다양한 유형이 나타나고 있다. 하지만 각각의 장단점으로 모두를 압도하는 주도적인 모델은 아직 나타나지 않고 있다.

[친환경자동차의 구분]

구 분	비 고
하이브리드 자동차(HEV)	내연기관과 전기모터 두 종류의 동력을 조합·구동하여 기존 내연기관 자동차보다 고연비·고효율 실현
플러그인 HEV(PHEV)	가정용 전기배터리에 충전해서 쓸 수 있는 하이브리드 자동차
전기자동차(EV)	배터리와 전기모터의 동력만으로 구동하는 자동차
연료전지 자동차(FCEV)	수소탱크를 통해 수소와 산소를 반응시켜 전기를 생성하는 연료전지가 내연기관을 대체한 자동차

<table>
<tr><th></th><th>하이브리드
자동차(HEV)</th><th>플러그인
하이브리드
(PHEV)</th><th>전기
자동차(EV)</th><th>수소연료전지
자동차
(FCEV)</th></tr>
<tr><td>동력발생
장치</td><td>엔진+모터</td><td>모터,
엔진(방전시)</td><td>모터</td><td>모터</td></tr>
<tr><td>에너지
(연료)</td><td>화석연료, 전기</td><td>전기,
화석연료(방전시)</td><td>전기</td><td>전기
(수소로 생성)</td></tr>
<tr><td>구동형태</td><td>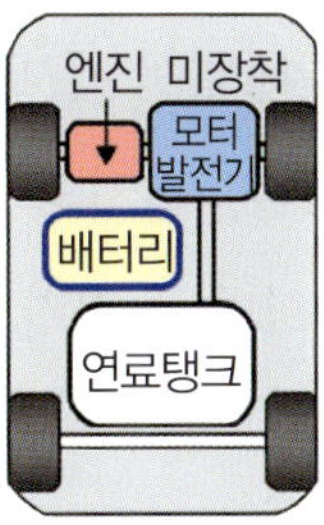
</td><td>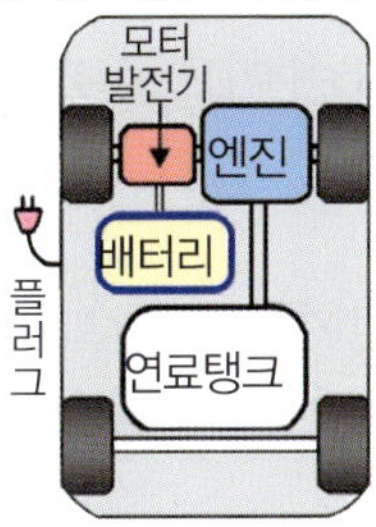
</td><td>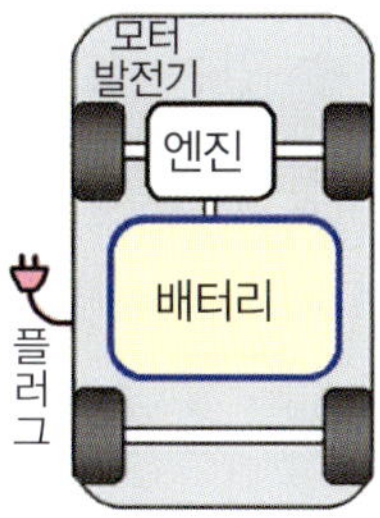
</td><td>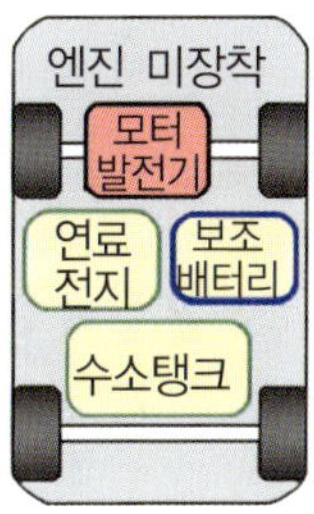
</td></tr>
<tr><td>특징</td><td>내연기관/모터를
적절히 작동시켜
연비향상</td><td>단거리는 전기,
장거리는
엔진사용</td><td>무공해 차량</td><td>무공해 차량</td></tr>
</table>

그림 1-14 친환경자동차의 종류

전기자동차의 엔진구조가 기존 엔진과 같이 연소로부터 에너지를 얻는 구조가 아닌 전기에너지를 통해 구동되는 엔진이 설치된 자동차이다. 전기로 에너지원을 얻기 때문에 배기가스나 환경오염이 없으며, 소음도 작다는 장점을 가지고 있다.

2030년 까지는 내연기관 자동차와 하이브리드차가 병존하여 시장을 형성할 것으로 전망되며, 이후 전기, 수소, 바이오 연료를 이용한 대체에너지 자동차로 점차적으로 전환될 것으로 전망된다.

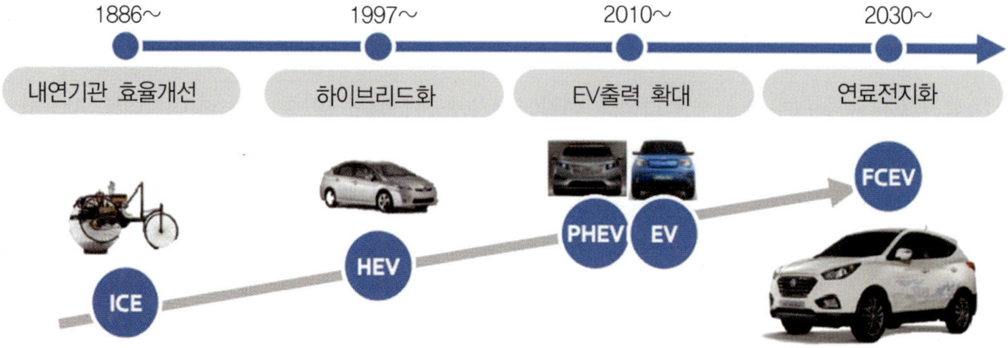

그림 1-15 친환경차 · 고연비 친환경차 기술발전 방향

전기로 가는 자동차는 폭발행정이란 과정이 없는 관계로 소음이 없게 된다. 다만 동력을 발생시키는 힘이 전기의 힘이므로 동력 전달과정에서 차륜을 회전시킬 때 날 수 있는 정도의 소음이므로 기름을 태워서 폭발행정을 거치는 폭음의 연속과정이 생략되므로 조용할 수밖에 없다. 전기의 새로운 충전과 발전과정이 연속적으로 충전되어져야 할 것이다. 그래서 전기의 힘이 충분하도록 운행 중에도 충전이 되도록 하는 기술이 중요하다.

선진 각국에서는 전기자동차의 조기 실용화를 위하여 정부차원의 대규모 투자와 아울러 강제 보급정책을 추진하고 있다. 우리나라도 세계적인 추세에 부응하여 대형 국가과제로 선정하여 지원하고 있으며, 자동차 제작회사들도 이에 적극 참여하고 있으므로 전기자동차의 개발 및 실용화 전망은 밝다고 할 수 있다.

더불어 순수한 전기자동차의 단점을 보완하기 위한 즉, 완벽한 전기자동차의 전 단계라고 할 수 있는 하이브리드 전기자동차(HEV : Hybrid Electric

Vehicle), 플러그인 하이브리드 전기자동차(PHEV : Plug-in HEV) 등에 대한 연구도 활발히 진행되고 있다. 하이브리드 전기자동차는 전기자동차와는 달리 주행거리에 제한을 받지 않으며, 엔진의 효율이 가장 좋은 회전속도에서 발전기를 회전시킴으로써 생성된 에너지를 축전지에 충전하고, 도심지에서는 전기자동차 모드로 주행하기 때문에 대도시의 대기오염을 줄일 수 있는 장점이 있다.

2.3 전기자동차 개발의 필요성

2.3.1. 배출가스 규제

유럽연합의 경우 2020년부터 유럽 내에 판매하는 신차의 이산화탄소 평균 배출량을 기존 130g/km에서 95g/km로 낮출 것을 요구했다. 만약 이 조건을 준수하지 못하면 초과분 1g당 95유로(한화 약 13만원)의 벌금이 한해 판매 대수만큼 부과된다. 25년에는 이 기준이 81g/km로, 30년에는 59g/km로 더 강화될 예정이다.
미국의 온실가스 배출규제 기준은 현재 110g/km이다. 2025년 103g/km로 강화될 것으로 전망하고 있으며, 친환경차 활성화 정책으로 세금공제, 보조금 지원 및 인프라 구축 등의 정책안까지 발표했다. 또한 그린 뉴딜(Green New Deal, 저탄소 사회를 지향하는 그린(Green)과 정부 재정 투자로 구조 전환을 추구하는 뉴딜(New Deal)의 합성어로 저탄소 사회 경제로의 전환 정책)의 일환으로 미국 환경부와 도로교통안전국이 21년부터 26년까지 신차의 연비 규제를 매년 약 1.5%씩 강화하는 방침을 발표하기도 했다. 이에 따라 26년 판매하는 신차의 경우 승용차를 기준으로 20km/L를 충족해야 한다.
우리 정부 또한 2030년까지 이산화탄소 배출량을 지금보다 24%줄이기로 결정했다. 2020년 97g/km을 2025년까지 단계적으로 89g/km로 낮추며, 2030년에는 70g/km으로 줄일 예정이다. 이 조건을 맞추지 못하면 과징금을 물어야 하고, 지난해까지 미달성분 1g/km당 5만원의 과징금 요율이 적용되었다.

2.3.2. 내연자동차 퇴출

빠르면 2025년 네덜란드와 노르웨이, 독일・인도・이스라엘・중국 등도 2030년, 영국・서울・미국(켈리포니아주)등은 2035년이고 프랑스・스페인・대만・싱가포르 등은 2040년 이면 내연기관 차량 판매를 금지한다.

서울은 2035년에는 내연기관 차량등록을 금지하고, 사대문 안의 녹색 교통지역 내에서는 친환경 자동차만 운행 가능한 계획을 발표했다. 주요 메이커별 계획은 벤츠의 경우 Electric First(전기 우선)의 전략을 1년 만에 Electric Only(오직 전기)로 변경하여 2030년까지 친환경 차량 판매 목표 비율을 50%로 설정하였다.

GM은 2025년까지 30종의 전기차를 선보이기 위해 270억 달러(한화 약 32조 3천억원)을 투자하기로 결정하였고, 토요타도 2030년까지 30개의 전기차를 출시하고, 350만대 글로벌 판매 목표를 공개하였다. 폭스바겐도 2030년까지 글로벌 판매량의 50%를 전기차로 판매하겠다는 목표를 제시하기도 했다.

그리고 벤틀리, 람보르기니 등의 고급차・스포츠카 브랜드 역시 내연기관을 버리고 전기차를 개발하기로 발표했다. 글로벌 경영 연구소는 2040이 되면 내연기관은 사실상 퇴출되어 전기차가 자동차 시장을 지배할 것이라 전망하고 있다.

2.3.3. 전기 자동차 전망

인류가 자동차를 발명하여 사용하여 온 이래 화석 연료의 사용을 증가시켜 에너지 문제와 온실가스 배출로 인한 지구 기후 변화 문제를 초래하게 되었고, 이를 해결하고 완화시키기 위해서 전기자동차의 보급 확대가 어느 때보다도 중요하게 되었다.

2020년 이후에 전기 자동차의 보급이 급증하지만 2030년에도 90%가까이는 내연기관을 탑재한 차량(하이브리드 자동차 포함)일 것으로 예상을 하고 있다.

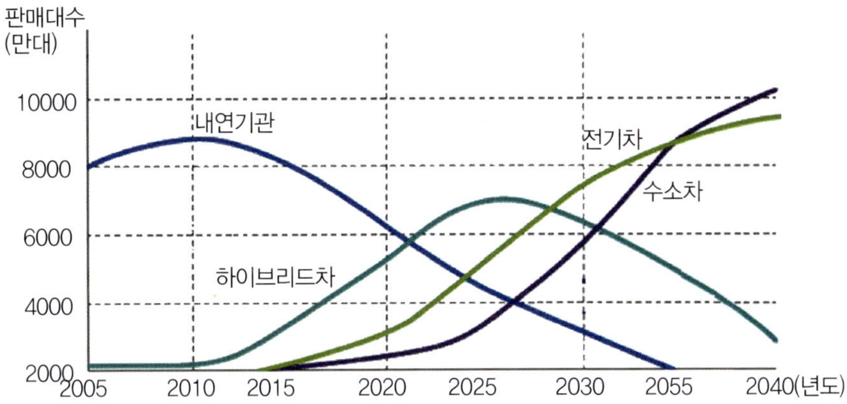

그림 1-16 친환경자동차의 시장전망

온실가스로 인한 기후 변화 문제에 대처하기 위해서 각국 정부는 보다 강력한 정책 지원을 하고 있고, 배터리 비용이 감소함에 따라 세계 전기자동차 시장은 빠르게 성장하고 있다. 2018년에 전 세계 전기자동차 차량은 전년 대비 2백만 대 증가한 510만 대를 돌파했으며 새로운 전기자동차 판매량은 거의 두 배가 되었다.

2040년까지 전기 자동차는 새로운 자동차 판매의 75%를 차지할 것으로 예상하지만, 다양한 이유로 인하여 전기자동차의 판매가 주춤하고 있다. 그러나 전기자동차의 급속한 성장은 전력 시스템에 중요한 영향을 미치게 된다. 전기자동차의 보급으로 기후 변화 문제를 해결하기 위해서는 전력 생산 방식을 현재의 화석 연료 위주에서 태양광 및 풍력 등 신재생 에너지로 전환을 해야만 하는 과제를 안고 있다.

현재 전 세계적으로 대부분 가정에서 전기자동차를 충전하고 있어 직장에서 돌아온 저녁에 충전이 집중되기 때문에 충전 시기를 효율적으로 재배치하지 않으면 2040년 도로 운송에서 CO_2 배출량의 증가는 전기자동차로 인하여 제일 높아 질 것으로 예상하고 있다. 따라서 전기자동차의 충전 시간 및 위치를 개선해야만 내연기관 자동차를 전기자동차로 전환해서 얻을 수 있는 CO_2 배출량 저감 효과를 얻을 수 있게 된다.

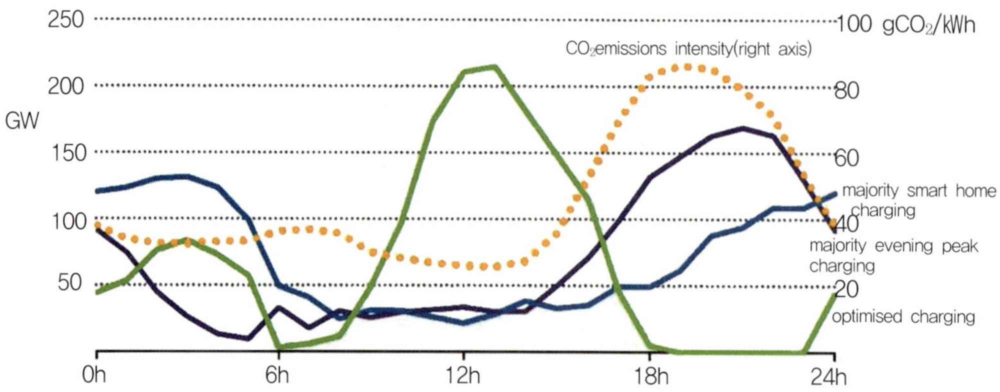

그림 1-17 전기자동차 충전 패턴에 따른 CO_2 배출량의 변화

가정에서의 스마트 충전이 널리 보급되면 최대 전력 수요의 집중을 줄이고 전체 CO_2 배출량도 줄일 수 있게 된다. 또한 낮에 태양광 발전량이 가장 높은 작업장 또는 공동 충전 장소에서 충전하는 차량의 비율이 증가하면 CO_2 배출량 을 더욱 줄일 수 있게 된다. 주간에 작업장 충전과 야간 주택 충전을 결합한 방식을 적용하여 CO_2 배출량을 약 절반으로 줄일 수 있을 것으로 예상하고 있다. 또한 전기자동차를 전력 피크 타임 동안 그리드 또는 건물에 전기 및 기타 서비스를 공급하는 데도 사용할 수 있다. 이를 위하여 적합한 규제 체계와 인센티브를 도입 하면 전기자동차의 대규모 도입으로 인한 CO_2 배출량을 줄일 수 있게 된다.

전기자동차의 보급을 위해서 해결해야 하는 과제는, 전기차 충전 인프라에 대한 우려뿐만 아니고, 소비자는 더 크고 무거운 자동차를 원하는 추세가 있는 점이다.

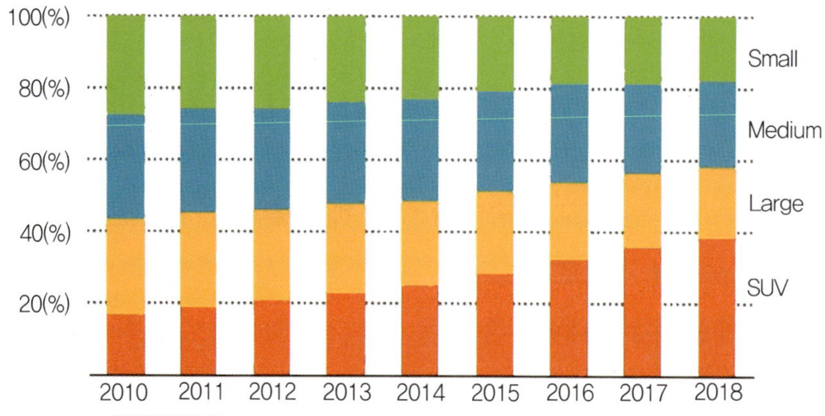

그림 1-18 2010~2018년간 전 세계 자동차 크기의 변화

전력 생산의 증가로 인한 CO_2 배출의 증가도 해결해야 하는 과제이다. 전기자동차가 내연기관 자동차를 대체하기 위해서는 높은 유가와 저렴한 배터리 가격의 조합이 필요하다. 따라서 전기자동차의 보급을 위한 각종 규제와 보조금의 지급, 세제 혜택 등의 친환경 정책 등으로 앞으로 기하급수적으로 늘어날 전망이다.

3 전기 자동차란

3.1 내연기관 자동차와 전기자동차의 비교

내연기관 자동차(ICV : Internal combustion vehicle)와 전기자동차(EV : Electric vehicle)의 대표적인 차이는 에너지원으로부터 출발한다.

내연기관 자동차는 탄화수소계 연료를 엔진의 내부에서 압축, 발화, 폭발, 팽창시켜서 나오는 에너지를 이용하는 것이다. 에너지의 변환을 아주 간단하게 표현하자면 석유상태에서의 화학적 에너지가 산화(연소)시키면서 발생되는 열, 압력, 소리 등의 에너지 중 압력에너지를 바퀴가 구를 수 있게 하는 운동에너지로 변환한다. 이에 대해 전기자동차는 축전지에 축전되어 있는 화학에너지를 방전될 때 전기에너지로 변환하여 모터를 구동시키는 운동에너지로 변환한다.

실제로 내연기관 자동차는 에너지 변환단계가 더 복잡하게 표현된다. 좀 더 넓게 본다면 연료전지 자동차(FCV : fuel cell vehicle)나 태양전지 자동차도 모터에 전기를 공급한다는 것은 동일하다. 단 이 경우에는 전기가 연료전지나 태양전지 내부에 화학적 에너지 형태로 축전되는 경우가 아니라 알코올이나 수소 등의 연료 또는 태양광이나 태양열 같은 에너지원으로부터 생산되는 경우이다.

배터리에 축적된 전기로 모터를 회전시켜서 자동차를 구동시키는 전기자동차는 가솔린자동차보다 먼저 제작되었으나, 배터리의 무거운 중량, 충전에 걸리는 시간 등의 문제 때문에 활성화되지 못했다.

그래도 구조가 간단하고 내구성이 크며 운전하기가 쉬운 점 등이 있어 주로 여성용으로 미국에서 1920년대 중반까지 소량 생산되었다. 최근 공해문제가 심각해지면서 다시 활발히 개발되고 있다.

양산된 전기자동차 1호는 미국 캘리포니아 주 지역에서 시판되었던 고성능 전기자동차 GM EV1이다. GM은 90년대 들어 적극 개발해 온 전기자동차를 96년부터 시판하였다. 이 전기자동차는 한번 충전으로 최장 208㎞까지 최고 시속 150㎞로 달릴 수 있다. 이후 포드 레인저, 도요다 RAV4, 혼다 EV Plus 등이 시판되었다.

그러나 기존의 전기자동차들은 배터리충전에 8시간 이상 걸리고 주행거리가 짧아 실용성이 많이 떨어져서 기술적 한계로 인해 가솔린이나 디젤엔진을 탑재한 자동차에 밀렸다.

전기자동차가 최근 들어 각광을 받는 것은 미국과 유럽 등을 중심으로 배기가스 규제가 높아지고 있으며, 유가가 급등하고 있기 때문이다. 특히 환경에 대한 인식이 높아지면서 화석연료를 사용하는 기존 차량보다 친환경적인 전기자동차에 대한 인식이 높아지고 있다. 배터리와 구동 모터 등이 주요 부품인 전기자동차는 기계공학보다 전자공학 등 IT 비중이 높다. 그렇기 때문에 기술의 발전도 내연기관 자동차와 달리 급속도로 성장하고 있다.

물론 전기자동차도 단점이 있다. 충전하는데 시간이 오래 걸리고, 전용 충전 시스템도 필요하다. 한번 충전으로 갈 수 있는 주행거리가 짧다는 점, 배터리를 주기적으로 교체해야 하는 점이나 안정성도 해결해야할 문제이다.

그림 1-19 쉐보레 전기자동차 볼트(BOLT)

그림 1-20 닛산 전기자동차 리프

그림 1-21 테슬라 모델 3

전기자동차가 1년에 두 배씩 성장하는 IT부문 성장세를 대입해보면 현실은 훨씬 빠르게 다가오고 있다.

최근 환경오염(대기오염), 에너지절약 대책의 일환으로 전기자동차 개발, 성능 향상, 보급추진의 중요성이 증대되고 있다. 이중 2003년부터 미국의 캘리포니아 주에서는 대기보전법이 발효되어 무공해 자동차(ZEV : Zero Emission Vehicle) 일정비율 판매를 의무화하고 있다.

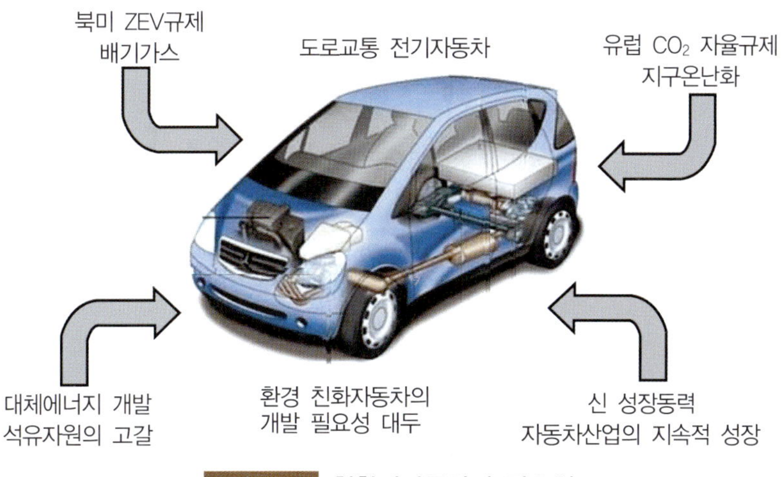

그림 1-22 친환경자동차의 필요성

3.2 전기자동차 개요

전기자동차란 내연기관 대신에 축전지에 저장된 전기에너지로 전동기를 작동시켜 동력을 발생시키고, 이를 동력전달장치를 통해 차륜을 회전시켜 주행하는 차량으로 전기차는 모터드라이버를 통하여 PWM제어를 통해 동력의 손실을 최소화하여 전달이 가능하다. 이 때문에 내연기관의 차량에 비해 큰 기동 토크를 가지고 있어서 가속력이 좋고 언덕을 잘 오르며 소모되는 전력도 상대적으로 매우 적은 편이다. 아예 모터를 바퀴에 직접 연결한 모터 직결식은 동력 효율이 거의 100%에 근접한다. 그리고, 전기자동차는 배기가스가 없어 무공해이며, 내연기관의 폭발음이 없어 저소음이고, 또한 에너지 이용효율이 좋은 등 많은 장점이 있다.

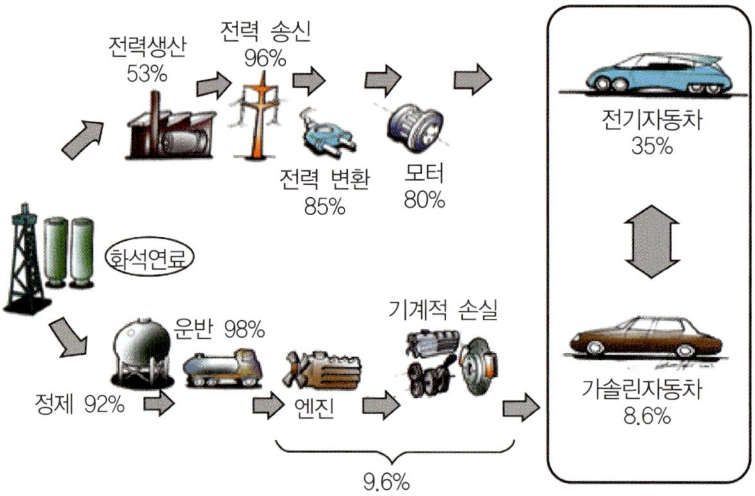

그림 1-23 가솔린차와 전기자동차의 에너지효율 비교

출력 상승에 유리하기도 하다. 이미 전기 동력의 도입이 적극적으로 도입된 철도 차량의 경우, 전기 기관차들은 비슷한 체급의 디젤 기관차보다 2~3배 이상의 출력을 발생시킬 수 있다. 게다가 회생제동을 사용하기 때문에 감속 시 에너지 소모만이 일어나는 내연기관에 비해 제동에서 사라지는 에너지가 압도적으로 적다. 원 페달 드라이빙에 익숙해져야 한다는 난점이 있긴 하나 익숙해지면 문제없다. 원 페달 드라이빙의 난해함은 단점이 아니라 차이점으로 보는 게 중론이다.

따라서 가속과 감속이 자주 일어나는 도심 저속주행에서의 효율이 매우 높다. 하이브리드 자동차도 이러한 전기 모터의 장점을 활용하여 연비를 높인 것이지만, 모터 출력의 한계로 조금만 엑셀을 강하게 밟거나 언덕을 오를 때면 바로 엔진이 작동하는 반면 전기차는 고속에서도 가속력이 뛰어나 내연기관은 엄두도 못 내는 압도적인 제로백 성능을 자랑한다. 높은 토크에 비해 최고속도가 내연기관에 비해 낮다는 단점은 있으나 일상 주행에서 최고속을 찍으면서 달릴 일은 거의 없기 때문에 가속력을 이용한 긴급 회피에는 전기차가 훨씬 유리하다.

또한 연소로 인해 작동되므로 필연적으로 배기가스가 발생할 수 밖에 없는 내연기관 자동차와 달리 전기자동차는 작동할 때 별도의 배기가스가 발생하지 않으므로 내연기관에 비해 작동시에 대기 오염을 적게 일으킨다는 장점이 있다. 또한 그로 인해 별도의 배기가스 처리 장치를 필요로 하지 않기 때문에 구조가 간단하고 따라서 내구성도 내연기관 자동차에 비해 뛰어나다.

그런데 이 부분이 승차감에 다른 형태로 악영향을 끼치기도 한다. 급가속과 회생제동을 통한 급정지에 용이한 부분이 전기택시나 전기 버스와 같은 대중교통에서는 오히려 승객들에게 불편함을 가져다 준다. 전기버스를 탑승하면 멀미가 더 심하게 자주 일어난다는 불만은 언론에서도 자주 다루고 있다.

4 전기차 플랫폼(EV Platforms)

4.1 플랫폼의 정의

내연기관과는 다른 동력원과 약 500kg의 무거운 고전압 배터리가 차량 중앙에 장착된 전기차는 그에 맞는 뼈대를 갖춰야 한다. 이러한 특별한 의미를 담고 개발된 플랫폼은 동력장치(엔진 또는 모터), 섀시 또는 차체가 없는 기본 차량의 프레임을 의미한다. 기본 구조는 플랫폼이 배터리 어셈블리, 휠,

서스펜션 시스템과 같은 EV의 많은 요소로 구성된 안전 자율 시스템으로서 작동한다는 개념하에 이루어진다. 제조사의 요구사항에 따라서 조정되는 배터리 수 변경과 플랫폼의 길이와 너비 변경이 이루어져서 완제품에 적용된다.

그림 1-24 EV 플랫폼

4.2 플랫폼의 역할

플랫폼은 자동차의 주행성능과 연비, 안정성, 승차감 및 내부 공간과 디자인 등 전체적으로 자동차 제품 경쟁력을 결정하는 중요한 역할을 한다고 할 수 있다. 일반적으로 자동차 제조 회사들은 여러 가지 차종 사이에 플랫폼을 공유하는 형태로 신차 개발에 적용해 왔다. 이는 자동차 개발 비용 및 생산 비용을 줄이는데 크게 효과적이다. 검증된 플랫폼을 이용하여 각기 서로 다른 차종에 맞게 부품을 공용할 수 있고 재배치할 수 있기 때문에 설계 및 시험과 같은 개발 프로세스를 좀 더 효과적으로 수행할 수 있고 공장에서도 새로운 생산 라인을 설치할 필요가 없기 때문이다.

4.3 플랫폼의 개념

4.3.1. 플랫폼의 규모

플랫폼의 규모는 자동차라는 제품에서 플랫폼이 차지하는 비중을 의미한다. 플랫폼의 규모가 크면 클수록 신제품을 만들 때 추가로 사용하는 비용이나 시간이 줄어든다. 반대로 플랫폼의 규모가 크면 모델 간 차별화가 어려울 것이다. 플랫폼의 규모가 크다는 의미는 모델 간에 공통되는 부분이 많다는 걸 의미하는데, 그렇게 미리 정해두고 플랫폼을 정해두면 모델 간 차별화를 하지 않거나 어렵게 만들어 둔 플랫폼을 안 쓴다는 의미가 된다.

4.3.2. 플랫폼의 적용 범위

한 번 플랫폼을 만들었으면, 최대한 많은 모델에서 사용해야 한다. 어렵게 플랫폼을 정의해서 만들었는데, 사용하지 않는다면 플랫폼을 개발할 때 사용한 투자비를 낭비하게 된다. 그래서 플랫폼을 만드는 건 어느 정도 모델의 다양성이 확보됐다는 가정 하에 진행한다. 플랫폼을 만들었다는 건 플랫폼을 레버리지(leverage : 타인의 자본을 지렛대처럼 이용하여 자기 자본의 이익률을 높이는 것이다. 고정비용이 있을 때 매출액의 변화가 기업의 손익에 미치는 영향을 분석하는 데에 쓰인다.) 삼아서 그만큼 다양한 모델을 파생하겠다는 의지 표시이기도 하다.

4.4 전기차 전용 플랫폼의 특징

내연기관 자동차에서는 엔진과 구동축이 필수적으로 필요하지만 전기 자동차에서는 더 이상 이런 부품이 필요 없고 배터리와 모터를 배치해야 하기 때문에 이에 맞는 플랫폼이 필요하게 되었다. 따라서 기본적으로 대용량 배터리 팩을 자동차 하부에 배치하고 전륜과 후륜에 전기 모터를 배치하여 무게 배분의 균형도 최적화할 수 있고 실내 공간 확보에도 매우 유리하다.

4.5 전기차 회사별 플랫폼의 종류

[전기차 회사별 플랫폼의 종류]

회사명	플랫폼 종류
폭스바겐	MEB 플랫폼
	MLB evo 플랫폼
	J1
	SSP
메르세데스-벤츠	EVA 플랫폼
현대 자동차	E-GMP
GM	BEV3 플랫폼
토요타	E-TNGA
Nissan/Mitsubishi/Renault	FWD 플랫폼
볼보	SEA
아우디, 포르쉐	PPE
테슬라	Skateboard
Rivian	R1S 플랫폼

4.5.1. 폭스바겐

폭스바겐의 전기차 전용 플랫폼은 MEB와 J1이 있다. MEB는 폭스바겐의 내연기관 플랫폼인 MQB를 전기차 전용 플랫폼으로 개발한 것인데 대중적인 보급형 전기차용으로 개발된 것이다. 반면 J1은 고성능 전기차 전용 플랫폼을 지향한다. MEB 플랫폼은 스케이트보드 방식으로 배터리를 차체 바닥에 배치하는 형태이다. 아우디 Q4 e-tron, ID 시리즈 및 아우디 Q5 e-tron에 적용되었다. J1 플랫폼은 배터리를 T자로 배치하여 앞뒤 무게 배분을 이상적으로 유지하고 낮은 무게 중심으로 최상의 운동 성능을 지향한다. 포르쉐 타이칸, 아우디 e-tron GT와 같은 고성능 전기차에 적용되었다. MEB의 수정 및 개선 버전인 MEB+플랫폼을 도입하고 있다. MEB+플랫폼 특징은 다음과 같다.

① 향상된 주행 거리 : 최대 700km

② 더 빠른 충전 : 175kW~200kW

③ 모듈형 배터리 개념 : 다양한 주행 요구 사항을 충족하기 위해 다양한 배터리 크기에 옵션을 제공하여 비용 효율성을 최적화함으로써 배터리 용량을 최적으로 조정할 수 있다.

④ 넓은 내부 공간

⑤ 미래 지향성 : 폭스바겐의 차세대 배터리 유닛 셀을 사용하여 고급 기능과 더 긴 범위를 지원, 또한 저렴한 가격의 보급형 옵션을 포함하여 확장된 모델 제공을 약속하여 다양한 옵션과 고객 만족을 보장

4.5.2. 현대자동차

현대차 그룹의 전기차 전용 플랫폼은 E-GMP(Electric-Global Modular Platform)라 불린다. 현대자동차 아이오닉 5, 아이오닉 6, 기아자동차 EV6, 제네시스 GV60 등에 적용되어 있다.

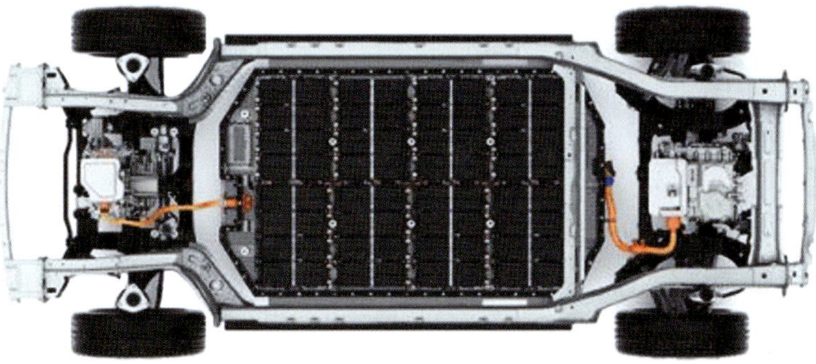

그림 1-25 E-GMP 플랫폼(출처 : 현대자동차)

E-GMP의 주요 특징은 다음과 같다.

① 각종 프레임을 보강하여 다중 골격 구조를 완성하였고, 이를 통해 충격 에너지를 분산시키고 충돌의 영향을 완화하여 승객을 안전하게 보호하는 수동 안전 스틸 구조

② 1회 충전으로 500㎞ 이상 주행 가능 : 기존 전기차 대비 에너지 밀도가 약 10% 향상된 효율적이고 가벼운 고전압 배터리가 장착되고, 세계 최고 수준의 에너지 효율을 지닌 PE(Power Electric : 내연기관을 대체하는 전기차의 구동 시스템)시스템이 적용되었다.

③ 18분 만에 초고속 충전이 가능한 800V고전압 충전 시스템 및 V2L 적용 : 800V 고전압을 이용한 초고속 충전과 기존 충전 인프라인 400V 급속 충전이 모두 가능한 멀티 충전 시스템과 고전압 배터리를 대용량 보조 배터리 개념으로 사용하는 V2L(Vehicle to Load : 전기자동차에 탑재된 배터리의 전력을 외부로 끌어다 사용할 수 있는 기술이다.)이 세계 최초로 적용되었다.

④ 전기차 전용 플랫폼만의 새로운 디자인과 넓은 실내 : 엔진과 구동축이 사라지고 그 자리에 부피가 작은 PE 시스템을 적용하고, 차체 바닥에 가장 큰 구성 요소인 고전압 배터리가 놓이는 전기차는 공간 활용성이 커진다. 또한 완전 다른 비율의 디자인이 완성된다.

⑤ 저중심 설계와 새시 전용 기술로 완성한 E-GMP의 주행 성능 : 차체 중앙의 배터리는 최적의 전/후륜 무게 배분을 갖고, 이로써 직진 가속, 코너링 및 승차감 등의 전반적인 주행 품질이 우수해진다.

4.5.3. GM

GM의 전기차 플랫폼은 현재 3세대로 발전했다. 1세대 전기차 플랫폼은 EV1으로 불린다. EV1은 1996년 첫 번째 순수 전기차 양산 모델 EV1의 모델명이다. 2세대 전기차 플랫폼은 BEV2이다. 쉐보레 볼트 EV에 적용되었다. 3세대 전기차 플랫폼이 BEV3이다. 현재 대세인 스케이트보드 형태로 전륜과 후륜 사이에 배터리 팩이 하부에 납작하게 장착되게 설계되어 있다. GM은 얼티엄 전기차 플랫폼 및 배터리 시스템을 출시하면서 모든 미래 모델을 위한 공동 아키텍처와 모듈형 배터리 패밀리를 구축할 것이라고 발표한 바 있다. 해당 계획은 수년간 수백만대의 전기차를 지원, GM이 대규모로 충분한 배터리를 생산해 전기차가 높은 수익을 올릴 수 있을 것이라는 기대로 이어졌으나 실제 대규모 생산이 큰 어려움으로 다가오면서 GM은 얼티엄 브랜드명을 폐지, 기반 기술은 유지하면서 배터리를 맞춤형 방식으로 변경한다.

4.5.4. 루시드

2007년 배터리 관련 스타트업으로 시작하여 2016년 본격적으로 전기차 개발을 시작한 회사이다 스케이트보드형 플랫폼을 사용하는데 LEAF라고 불린다. 루시드는 소형 전기 모터를 사용하기 때문에 실내 공간을 확장할 수 있는 큰 장점이 있고 차체 크기에 따라 크기를 자유롭게 늘리거나 줄일 수 있는 모듈러 플랫폼을 적용하였다.

4.5.5. 메르세데스-벤츠

벤츠의 전기차 전용 플랫폼은 EVA이다. 모듈러 방식을 채용하여 C클래스부터 S클래스까지 적용 중인 MRA플랫폼과 서스펜션과 차체 구조를 공유하는 특징이 있다.

4.5.6. 테슬라

2014년 양산하기 시작한 모델 S부터 스케이트보드 플랫폼이라고 불리는 전용 플랫폼을 적용하였다. 흡사 스케이트보드 모양의 플랫폼에 배터리 및 전기 모터를 탑재하는 형태이다. 무거운 배터리를 차량 하부에 배치함으로써 운동 성능을 높일 수 있고 코너링 성능에서도 우수한 성적을 보여줄 수 있다. 또한 무게 중심이 낮게 설정되어 전복 사고 예방에도 장점을 가질 수 있고 비틀림 강성도 높아지는 효과를 보여 주었다. 모델 X, 모델 3에도 이 플랫폼이 적용되었다.

전기차 고전압 시스템

02

CHAPTER 02

전기차 고전압 시스템

1 전기차 고전압

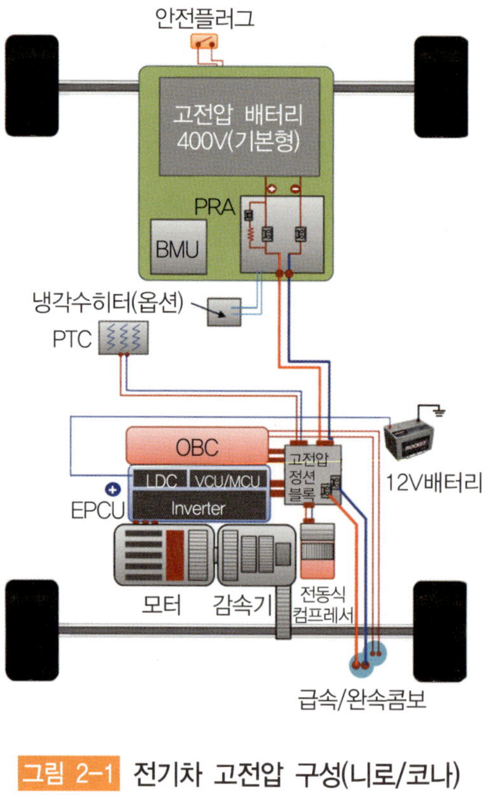

그림 2-1 전기차 고전압 구성(니로/코나)

1.1 전기차에 고전압을 사용하는 이유

최근 800V 고전압 배터리를 탑재한 전기자동차가 많이 출시되고 있다. 포르쉐의 타이칸, 루시드의 Air, 현대자동차의 아이오닉5, 아이오닉6, 기아의 EV6, 제네시스 GV60, G80전기차, GV70전기차, GM의 트럭 플랫폼 등이 있다. 그에 반해 테슬라의 전기차, 현대자동차의 코나 전기차, 기아의 니로 전기차는 400V 고전압 배터리를 적용하고 있다. 자동차 회사에서 왜 800V 시스템을 적용하려고 하는지 알아보도록 하겠다.

전력의 정의는 전압과 전류의 곱이다. 그리고 단위는 [W]를 사용한다.

$$전력[P] = 전압[V] \times 전류[I]$$

전류값이 커지면 높은 전류를 대응하기 위해 회로를 구성하고 있는 와이어링, 릴레이, 퓨즈, 버스바 등 모든 부품들의 사이즈 및 용량이 커져야 하고 열손실도 많이 발생하게 된다. 동일 공급 전력에 전압을 상승시키면, 사용 전류를 낮출 수 있게 되어 회로의 경량화 및 불필요한 열손실을 방지할 수 있다. 그렇기 때문에 모터를 메인 구동 수단으로 사용하여 상대적으로 많은 전력이 필요한 전기차는 800V 혹은 400V의 고전압을 사용하게 된다.

[부하별 공급 전압에 따른 소모 전류 비교(아이오닉 5 기준)]

구분		실내 PTC히터	에어컨 컴프레서	구동 모터(리어)	구동 모터(프런트)	승온 히터
출력		6,300W	8,000W	160,000W	70,000W	4,000W
전류	12V공급	525A	666A	13,333A	5,833A	333A
	800V공급	7.9A	10A	200A	87.5A	5A

그리고, 충전스탠드에서 전기차로의 전력을 높인다는 것은 충전 속도를 높이는 것을 의미한다. 급속충전의 경우 완속충전에 비해 전압과 전류가 모두 높은 것을 확인할 수 있다. 테슬라 모델 3 또는 현대자동차의 코나 전기차는 400V 배터리가 적용되어 있고, 급속충전 시 80%까지 충전하는데 30분 정

도 소요된다. 그렇다면 전력을 더 높여야 하는데, 전력을 높이기 위해서는 전압 또는 전류를 높일 수 있다. 전류를 높이게 된다면 주울 열($W = I^2Rt[J]$)에 의해 부품에서 발열에 대한 문제가 발생하게 된다. 특히 전류의 제곱에 비례한다는 점이 문제가 있다.

전기차 완속충전과 급속충전의 전력을 살펴보면 다음과 같다.

완속충전	400V 급속충전	800V 급속충전
220V×8A=1.8㎾ 220V×16A=3.5㎾ 220V×32A=7.0㎾ 220V×50A=11㎾	500V×100A=50㎾ 500V×200A=100㎾ 500V×300A=150㎾	1000×350A=350㎾

대표적으로 충전 스탠드에서 차량까지 이어지는 와이어 하네스, 차량 내부의 와이어 하네스, 그리고 릴레이, 버스바 등과 같은 각종 부품들이 전부 전류 용량이 커져야 한다. 이는 부품 사이즈와 중량이 커지게 되고 원가도 증가하게 된다. 예를 들어 충전 스탠드에서 차량까지 이어지는 와이어 하네스가 더 무거워지게 되면, 사용자가 전기차 충전을 하기 위해 충전 커넥터를 들었을 때 상당히 무겁게 느껴지고 불편함으로 이어질 수 있습니다. 또한, 차량 내의 부품 중량이 증가하게 되면 주행 효율이 떨어지기 때문에 전비가 나빠지게 된다.

전압을 높이게 되면 고전압에 따른 절연 설계, 보호 설계에 신경을 많이 써야 한다. 또한 고전압 부품의 스트레스 증가로 내구성에 신경 써야 하고, 노이즈에 대한 대책도 고려를 많이 해야 한다. 그리고 가장 큰 문제인 400V 급속과 800V 급속이 모두 가능하게 시스템을 구성해야 한다.

전기차 회사 중 일부는 앞으로 충전속도를 향상시키기 위한 방향으로 전류를 높이는 것보다 전압을 높이는 것이 더 효과적이고 확장성이 있다고 판단하여 800V 전기차 시스템이 탄생하게 되었다.

800V 급속충전 장치는 350A 전류를 사용하여 최대 350㎾까지 출력이 가능

하다. 예를 들어 아이오닉5의 배터리 용량은 72.6kWh이다. 배터리 용량은 전력×시간으로 에너지 단위인 kWh를 사용한다. 그리고 아이오닉5의 800V 급속충전 시간은 SOC 10~80%까지 18분이다. 하지만 아이오닉5의 배터리 정보와 충전스탠드 출력 정보를 통해 아래와 같이 충전 예상시간을 계산해 보면 9분 정도이다.

$$350\text{kW} \times t = 72.6\text{kWh} \times 70\%$$
$$t = 0.15 \rightarrow 9\text{분}$$

그 이유는 충전스탠드의 평균 출력이 350kW가 아니라 최대 출력이 350kW이기 때문이다. 350kW 충전스탠드는 항상 350kW 출력을 발생시키는 것이 아니라 배터리 온도, 배터리 SOC 등을 고려한다. 물론 충전 효율도 고려해야 한다. 다시 현대자동차에서 명시한 SOC 10~80%까지 18분이라는 정보를 통해 800V 급속충전 스탠드의 평균 출력을 계산하면 식 4와 같이 평균 출력이 170kW라는 것을 알 수 있다.

$$72.6\text{kWh} \times \frac{70\%}{18\text{min}} = 170\text{kW}$$

1.2 고전압 취급시 주의사항

전기차는 고전압 배터리가 탑재되어 있지만 차량의 메인제어기와 각 단품에 따른 제어기들이 항시 전력 문제를 주시하고 있어 일반적인 12V저 전압 회로는 차체와 연결되어 전류가 흐르나 고전압의 (+)와 (−)회로는 차체와 완벽히 차단되도록 절연되어 구성되며, 사고 발생 시에는 에어백 시스템과의 연계로 수초 만에 전원이 꺼지는 시스템을 갖추고 있어 감전으로 인한 사고 발생 확률은 제로에 가깝다. 고전압 회로에 고전압 외부 노출을 감지하기 위해 각 커넥터마다 인터락 회로를 적용하고, 차체와 고전압 회로 간 절연 저항을 항시 모니터링하는 시스템으로 구성되어 있다. DC 60V 이상의 고전압을 사용하는 배선을 인지하기 쉽게 주황색 케이블로 되어 있고, 만일 외부로 고전압 노출이 되더라도 시스템 간 협조 제어를 통해 배터리 팩 메인 릴레이를 차단하여 차량에 고전압 공급을 중단한다.

1.2.1. 감전(Electric shock)

전기자동차의 배터리 전압은 보통 400~800V 가까이 되며, 배터리 용량은 72kWh를 넘는다. 즉, 높은 출력을 낼 수 있는데 전기자동차에 적용되는 리튬 이온배터리는 고전압, 고용량의 배터리가 적용되기 때문에 전기자동차를 점검 또는 수리 시에는 감전에 주의를 해야 한다.

감전은 외부적인 상황에 의해 전기를 느끼게 되는 것으로 대체로 감전사나 화상 등 외부의 전기가 신체에 흘러 해로운 결과를 발생시키는 것으로 쓰이는 경우가 많다. 감전은 전류가 신체를 통해 흐르는 것을 총칭한다.

인간이 특히 감전에 취약한 이유는 바로 우리 몸에 약한 전류가 흐르기 때문이다. 오히려 이게 더 위험한 게 약한 전류는 신경 전달을 돕지만 강한 전류는 말 그대로 사람을 움직이지 못하게 만드는 수준이다. 그래서 감전된 상태에서는 스스로 손을 뗄 수도 없으니까 더더욱 위험하다.

감전이 가능한 상태는 고전압이 인가된 회로에 서로 다른 극성을 만지게 되면 사람이 저항의 일부로 작용하기 때문에 전류가 흐르게 된다. 같은 극성을 만지게 되면 회로의 저항보다 인체의 저항이 훨씬 크기 때문에 전류가 흐르지 않는다.

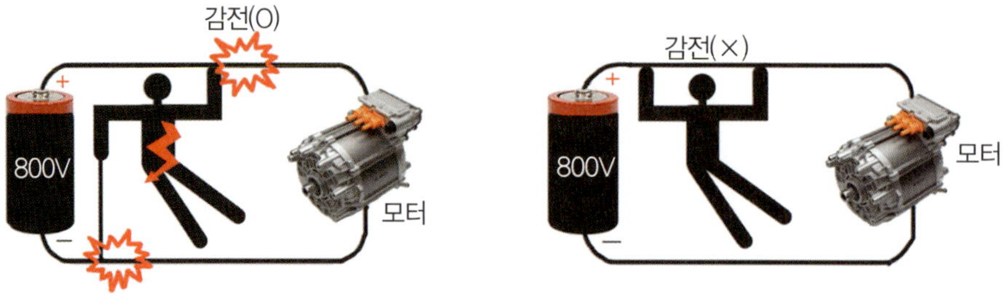

그림 2-2 감전

1.2.2. 감전 노출 시간

감전에 의한 인체의 반응 및 사망의 한계는 그 속성상 인체실험이 어렵고, 또 어떠한 실험결과가 나와도 그것은 검증이 어렵다는 점과 인간의 다양성, 재해 당시의 상황변수 등의 이유로 획일적으로 정하기는 어렵지만, 인체의 감전 시 그 위험도는 통전전류의 크기, 통전시간, 통전경로, 전원의 종류에 따라 틀려진다.

인체에 전류에 노출된 시간이 길어질수록 인체에 더 많은 전류가 흐르게 되므로 위험하다. 통전 전류가 작은 경우에는 노출 시간이 길어도 인체에 무리가 없지만, 통전 전류가 큰 경우에는 노출시간이 길어지면 통전 전류의 크기에 따라 인체에 미치는 영향도 커지므로 누전 차단기를 작동하여 전류를 차단해야 한다. 고전압 차량에서는 절연저항이 300㏀ 이하일 경우 BMS (Battery Management System)가 PRA(Power Relay Assembly)의 메인 릴레이를 차단한다.

[1] 감전사고시 전류의 강도에 의한 신체에 영향

① 1mA : 찌릿함을 느낀다.

② 5mA : 상당한 통증을 느낀다.

③ 10mA : 견딜 수 없는 통증을 느낀다.

④ 20mA : 근육이 심하게 수축하여 감전을 일으키는 것으로부터 벗어날 수 없다.

⑤ 50mA : 단시간이라도 죽음으로 이어질 수 있다.

⑥ 100mA : 치명적인 결과로 이어진다.

[2] 통전전류에 의한 영향

① 최소 감지전류 : 통전전류의 크기가 어느 한계 값 이하의 경우에는 인체가 느끼지 못하고 이 값 이상이 되면 전격을 느끼게 되는데 이 전류값을

최소 감지전류라 부르며 직류에서는 2~5mA, 상용주파수 60Hz 교류에서는 0.5~1.0mA 정도가 된다. 이 정도의 전류로서는 위험이 없다.

② 고통전류(이탈전류) : 통전전류가 감지전류의 한계를 넘게 되면 점차로 고통을 느끼게 되고 이 고통을 참을 수 있으면서 생명에는 위험이 없는 한계의 전류로 교류 상용주파수 60Hz에서 성인남자의 경우 약 7~8mA이다.

③ 이탈 불능전류(마비 한계전류) : 통전전류가 이탈전류의 한계를 넘게 되면 전류가 흐르는 부위의 인체는 근육이 경련현상을 일으키거나 신경이 마비되어 운동을 자유로이 할 수 없게 되므로 자력으로는 위험지역을 벗어날 수 없게 되는 전류로 직류에서는 약 60~90mA, 교류 상용주파수 60Hz에서는 10~15mA 정도이다.

④ 심실 세동 전류(치사전류) : 심장의 맥동에 영향을 주어 혈액 순환이 곤란하게 되고 끝내는 심장 기능을 잃게 되는 현상을 일반적으로 심실 세동이라 하며 이 값은 대개 15mA 이상이다. 심실 세동을 일으킬 때 그대로 방치하면 수분 이내에 사망하게 되므로 즉시 인공호흡을 실시하여야 한다.

1.3 고 전원 전기장치 개인보호 장비

자동차관리법 시행규칙의 하이브리드차 및 전기차 등의 고 전원 전기장치 검사기준 및 검사방법에 따르면, 전기차 등 고 전원 전기장치를 검사하기 위해서는 절연저항시험기, 고 전원용 절연장갑, 절연화, 절연매트, 보안경, 앞치마 등 시설 및 장비를 갖춰야 하며, 교통안전공단이 시행하는 "고전원전기자동차 등 취급자 안전교육"을 21시간 이상 이수한 정비인력에게 검사자격이 부여하고 있다.

절연공구는 반드시 국제규격인 IEC60900 또는 ASTM F1505, VDE를 만족하는 제품으로 교류 1,000V, 직류 1,500V에서 절연성능이 보장되어야 한다. 또한 이들 절연공구는 반드시 VDE 또는 이에 상응하는 인증기관으로부터 부여받은 인증마크가 있어야 한다. 예를 들어 VDE의 경우 10,000V에서 테스트를 통과해야만 교류 1,000V/직류 1,500V에서도 절연이 가능해 안전한 사용이 가능함을 인증하고 있다.

① 절연화 : 절연화는 고전압 부품 점검 및 관련 작업 시 바닥을 통한 감전을 방지하기 위해 착용한다. 절연성능은 AC1,000V/300A 이상 되어야 한다.

② 절연장갑 : 절연장갑은 고전압 부품 점검 및 관련 작업 시 착용하는 가장 필수적인 개인 보호 장비이다. 절연성능은 AC1,000V/300A 이상 되어야 하고 절연장갑의 찢어짐 및 파손을 막기 위해 절연장갑 위에 가죽장갑을 착용하기도 한다.

그림 2-3 절연화

그림 2-4 절연장갑

③ 절연 헬멧 : 고전압 부품 점검 및 관련 작업 시 머리를 보호하기 위해 착용한다. KS기준 7,000V 이하 사용범위, 배터리 부딪힘, 낙하, 감전 시 부상 방지용으로 착용한다.

④ 보호안경, 안면 보호대 : 스파크가 발생할 수 있는 고전압 작업 시 착용한다.

그림 2-5 절연 헬멧 및 보호안경

그림 2-6 제한표시

⑤ 절연 피복 : 고전압 부품 점검 및 관련 작업 시 신체를 보호하기 위해 착용한다. 절연성능은 AC1,000V/300A 이상 되어야 한다.

⑥ 절연 매트 : 탈거한 고전압 부품에 의한 감전사고 예방을 위해 부품을 절연 매트 위에 정리하여 보관하며, 절연 성능은 AC1,000V/300A 이상 되어야 한다.

그림 2-7 절연피복

그림 2-8 절연매트

⑦ 절연 덮개 : 절연 덮개는 보호 장비 미착용자의 안전사고 예방을 위해 고전압 부품을 절연 덮개로 차단한다. 절연성능은 AC1,000V/300A 이상 되어야 한다.

⑧ 경고 펜스 : 작업 중 허가받지 않은 일반인들의 접근을 차단하고 임의의 사고 발생을 방지하기 위해 차량 주변에 설치한다.

⑨ 구조후크 : 고전압 안전사고 발생 시, 추가적인 감전 피해를 막고 사상자를 고전압 위험 요소로부터 물리적으로 분리하기 위해 사용한다.

⑩ 절연공구 : 기본적으로 작업자와 접촉을 통해 전류가 흐르지 않게 특수하게 설계된 공구들로 고전압 차량에서 작업 시, 작업자의 안전을 확보할 수 있다. 일반 공구와 상이하게 절연특성(성능 : AC 1,000V이상)을 갖도록 설계되어 고전압 부품 작업에 사용한다.

그림 2-9 경고 펜스

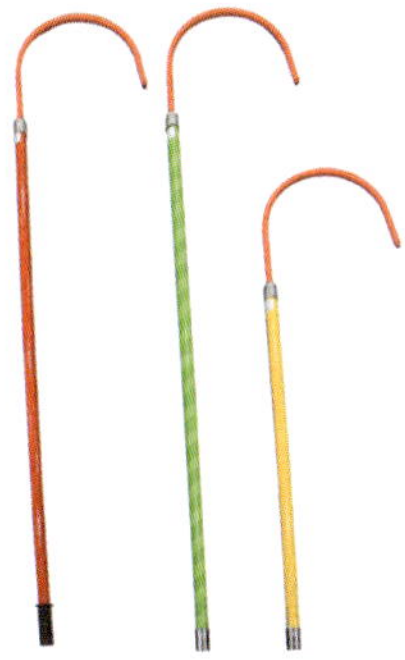

그림 2-10 구조후크

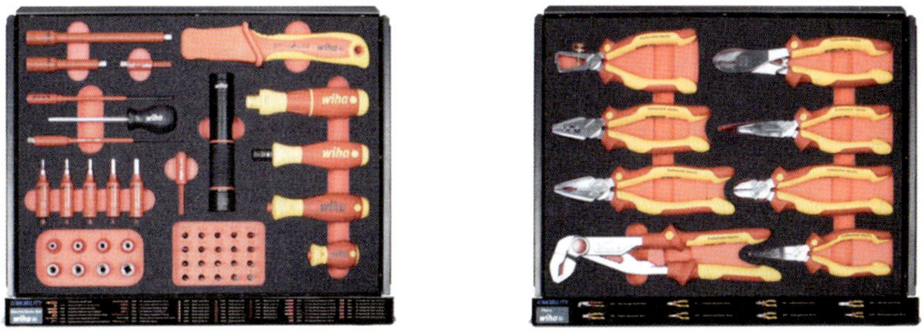

그림 2-11 절연공구

⑪ 방염복 : 높은 열 차단성, 방호성, 내약품성의 아라미드 섬유를 사용하여 작업 중 화재 발생 시 탄화온도 500도 이상에서도 신체를 방호한다.

⑫ 화학복 : 고전압 배터리 전 해질 누출 시 신체를 보호한다.

⑬ 검전기 : 전류 누출 여부 탐지(테스터기 : AC/DC 60~1000V)한다. 전기가 흐르고 있으면 불이 들어오고 소리가 난다.

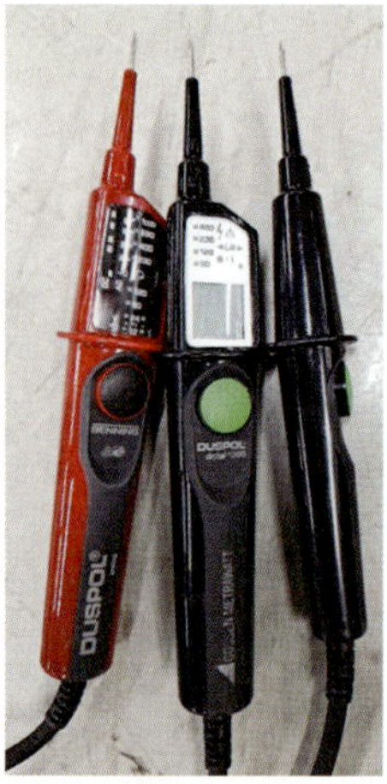

그림 2-12 전기

2 고전압 회로 구성

전기자동차의 경우 고전압부품으로 전력전지, 구동모터, 고전압 배전박스(PDU), 전기 컴프레서, DC/DC, OBC, PTC, 고전압 배선 하네스 등이 있다. 이러한 구성 요소는 전원 배터리, 구동 모터 및 고전압 제어 시스템이 순수 전기 자동차의 세 가지 핵심 구성 요소인 전체 차량의 고전압 시스템을 구성한다.

고전압 회로는 전원인 고전압 배터리로부터 시작하여 전 후방에 있는 정션블록에서 각종 부하(전력변환장치)로 분배 되어 부하를 구동하고 다시 고전압 배터리로 돌아오는 폐회로로 구성되어 있다.

2.1 전기 자동차의 고전압 흐름

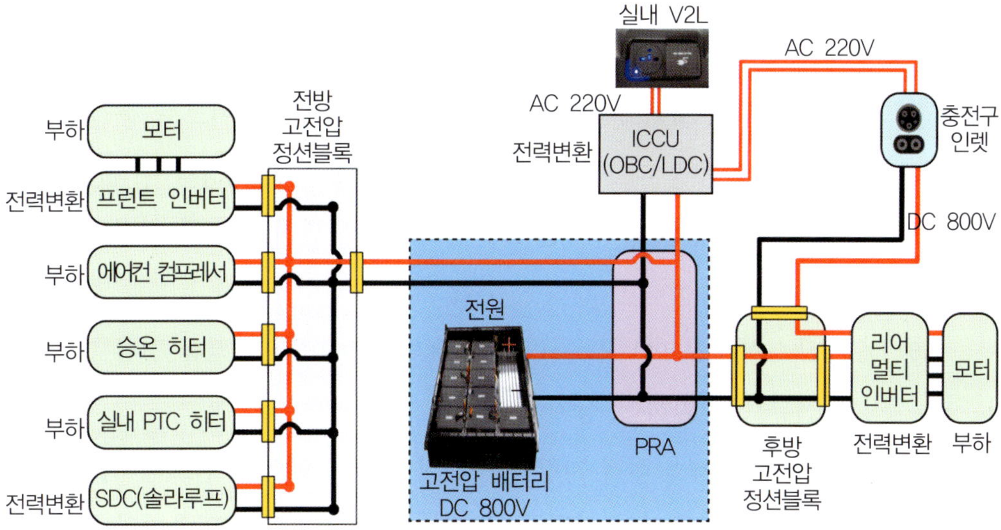

그림 2-13 아이오닉 5 고전압 흐름

① 고전압 배터리 및 전원 배터리 관리 시스템 BMS : 전기자동차의 각종 부하 구동시 고전압 배터리를 메인 전원으로 사용하고, 충전시에는 고전압 충전기를 전원으로 이용한다. 충전 중에는 고전압 배터리가 메인 부하로 작용한다.

② 드라이브 모터 및 모터 컨트롤러 MCU : 드라이브 모터는 전기 에너지를 기계적 에너지로 변환하여 자동차를 구동한다. 모터 컨트롤러 MCU는 고전압 직류 전류를 교류 전류로 변환하고 차량의 다른 모듈과 신호 상호 작용을 수행하여 구동 모터를 효과적으로 제어한다.

③ 고전압 배선 하네스 : 고전압 배선 하네스는 절연 차폐가 적용된 주황색 케이블을 사용하고, 커넥터마다 안전을 위해 탈거 상태를 감지하는 인터락 회로가 적용되어 있다.

④ 고전압 정션블록 : 고전압 배전 박스는 저전압 회로 시스템의 전기 퓨즈 박스와 유사한 전체 차량의 고전압 전력을 위한 배전 장치로 고전압 배터리로부터 나온 전원을 각 부하에 분해한다. 고전압 퓨즈 박스 PDU(전력

분배 장치)는 많은 고전압 릴레이와 고전압 퓨즈로 구성되어 있어 회로연결 및 차단을 해주는 역할을 한다. 내부에는 관련 모듈과의 신호 통신을 실현하여 전체 차량에 대한 고전압 전기의 안전성을 보장합니다.

⑤ 자동차 충전기 OBC : 배터리 팩은 고전압 DC 전원이므로 충전을 위해 AC 전원을 사용할 때 AC 전원을 배터리 팩에 직접 저장할 수 없다. 따라서 고전압 AC 전력을 고전압 DC 전력으로 변환하여 전원 배터리를 충전하는 장치이다.

⑥ DC/DC : 새로운 에너지 차량에서 DC/DC는 고전압 직류 전류를 저전압 직류 전류로 변환하는 장치이다.

⑦ 에어컨 컴프레서 : 전기 차량에는 엔진이 없어 에어컨 컴프레서는 고전압 전원 공급 장치에 의해 직접 구동된다. 기존 자동차의 압축기와 구별하기 위해 전기자동차의 에어컨 컴프레서를 전기 압축기라고도 한다.

⑧ PTC 히터 : PTC 히터는 온도 상승에 따라 저항이 증가하는 서미스터 소자를 활용하는 난방장치이다.

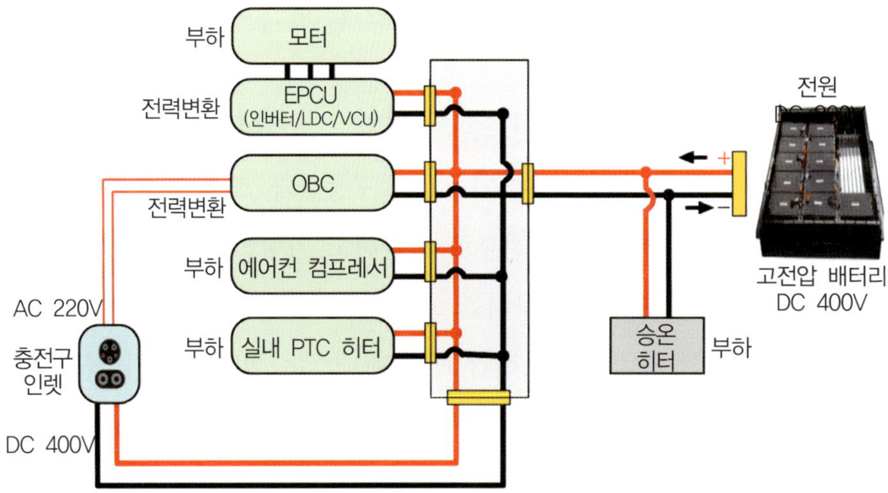

그림 2-14 코나 고전압 흐름

코나 일렉트릭에서 고전압의 흐름은 구동모터가 PE룸 내에 있어 고전압 배터리에서 나오는 전류는 각종 퓨즈 및 릴레이가 장착되어 있는 고전압 정션블록을 거쳐 고전압 부품들로 연결되며, 배터리 승온 히터의 경우는 정션블록을 거치지 않고 바로 고전압 배터리와 연결된다. 고전압 부품을 보면 OBC, EPCU(인버터/LDC)와 모터, 에어컨 컴프레서, 실내 PTC히터, 승온 히터로 나누어 볼 수 있다.

2.2 고전압 안전장치

고전압 배터리의 안전한 작업을 위해 여러 안전장치 중 안전플러그와 퓨즈가 있다. 안전플러그 또는 퓨즈는 배터리 팩 회로 중간 회로에 적용되어 차량 정비 시 안전플러그 또는 퓨즈를 탈거하여 배터리 회로를 차단할 수 있어 가장 안전하게 고전압 배터리 정비를 할 수 있다. 최근 출시되는 차량의 고전압 배터리에서는 안전플러그가 삭제되고 퓨즈로 고전압 회로 차단하는 방법으로 일원화 되고 있다.

2.2.1. 안전플러그(Safety Plug)

안전플러그는 위험상황을 예방하기 위해 고전압배터리의 전기를 차단하는 안전장치로 안전플러그를 탈거하면 고전압배터리의 연결회로가 단선되어 차량에 공급되는 고전압 전원이 차단되는 원리로 가정집의 두꺼비집(차단기)과 같은 역할이다.

2.2.2. 퓨즈(Fuse)

리튬 배터리 시스템은 리튬 배터리, 에너지 저장 커패시터, 모터, 컨버터 및 전기 자동차의 기타 중요한 장치를 위한 가장 중요하고 비싼 장치이다. 또한 차량 내 고압 케이블의 경로가 매우 짧다. 퓨즈는 EV장비를 과부하 및 단락과 같은 전기적 결함으로부터 보호하는 데 사용된다. 단락 오류가 발생하면

1~2밀리초(ms) 이내에 강한 서지 충격 전류(약 5~10kA 이상)가 형성된다. 단락 전류는 고전압 아크의 파괴적인 에너지를 제거하기 위해 매우 짧은 시간에 안전하게 차단되어야 한다. 그래야만 급격한 과열로 인한 리튬 배터리 및 반도체 장치의 폭발, 누출, 화재 및 연소가 발생할 수 있어 효과적으로 방지한다. 퓨즈는 진동, 중력, 습도 등을 견딜 수 있도록 견고하게 제작되어 있다.

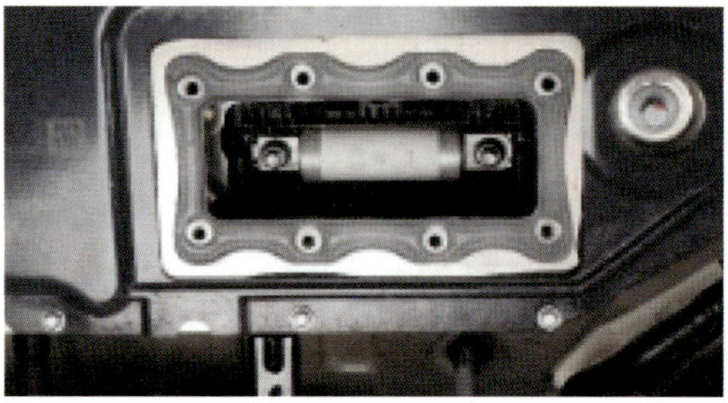

그림 2-15 고전압 퓨즈

2.2.3. 안전플러그 및 인터락 커넥터 해제

[1] 안전플러그 탈거

(1) 시스템 off

① 전원스위치를 눌러 시스템을 OFF시킨다. 시스템이 OFF되었는지 디스플레이를 확인하고 만약의 사태에 대비하여 스마트키는 5m 이상 이격시킨다.

그림 2-16 전원스위치 OFF

② 후드가 닫히지 않도록 안전하게 거치 후, 12V배터리에서 (–)극을 분리하여 12V배터리의 연결을 차단한다.

③ 남아있는 (+)극도 제거한다.

(a) (–)단자 탈거

(b) (+)단자 탈거

그림 2-17 12V 배터리 단자 탈거

④ 아이오닉의 고전압시스템은 트렁크 하부에 위치하고 있다. 트렁크 하부의 내장재를 제거한다. 사고차의 경우 트렁크가 열리지 않을 경우 에는 후방 시트를 제거하고 트렁크로 진입한다.

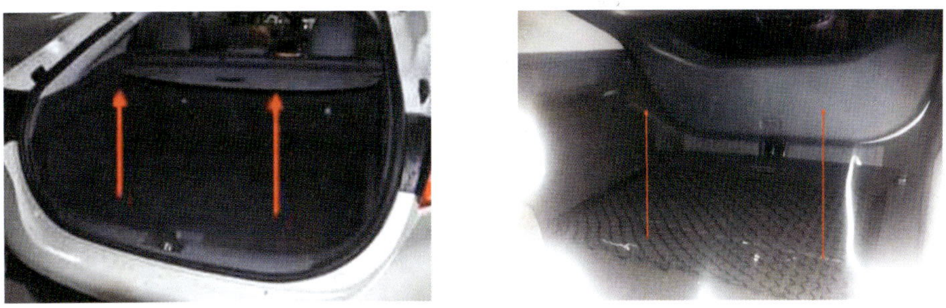

그림 2-18 내장재 제거

⑤ 내장재를 제거하면 사진과 같은 스위치커버를 확인하고 화살표방향으로 제거한다.

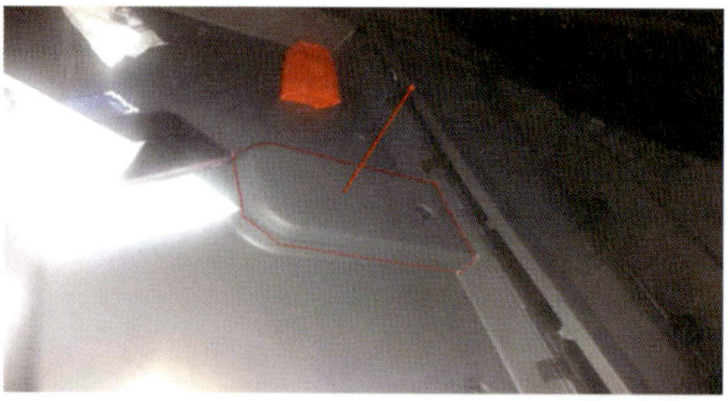

그림 2-19 스위치 커버 탈거

⑥ 커버를 제거 후 스위치를 확인한다. 화살표방 향으로 레버를 당겨 스위치를 제거한다.

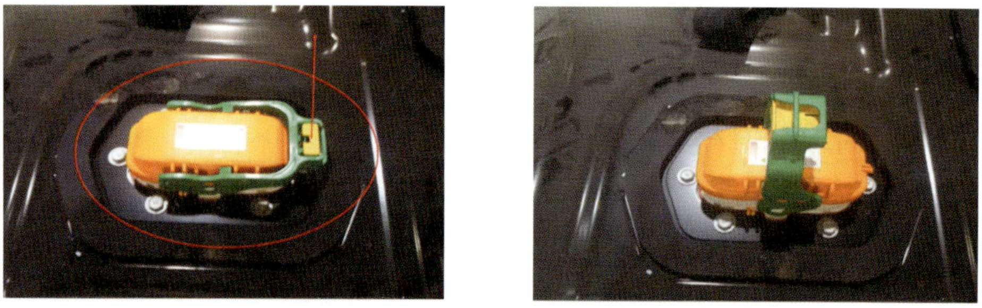

그림 2-20 레버를 당겨 스위치 제거

⑦ 레버를 당기고 스위치를 완전히 제거한다.

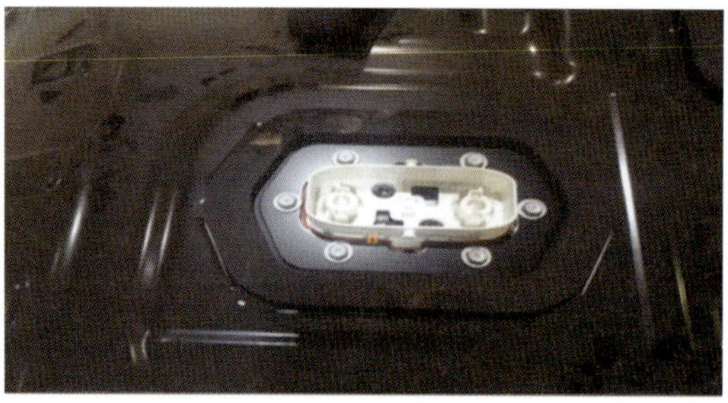

그림 2-21 스위치를 제거한 커넥터 부위

⑧ 고전압시스템차단 스위치 제거 후 5분 동안 작업을 금지한다. 고전압시스템차단 스위치 제거 후 콘덴서 등에 축적 된 전하의 방전에 약 5분 정도 소요되므로 고전압 차단 직후는 단락에 의한 발화, 발연, 파열 및 감전 등의 위험이 있다.

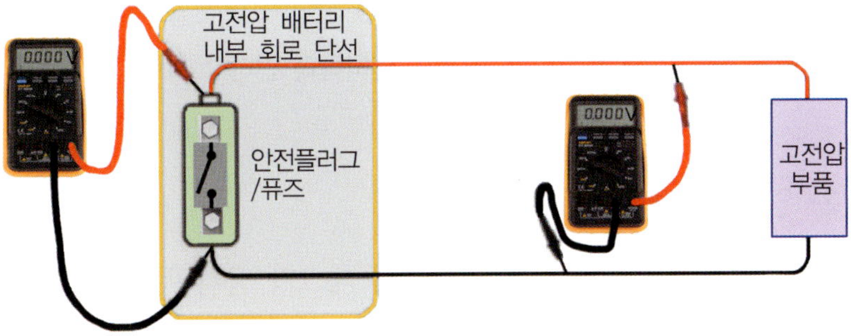

그림 2-22 안전플러그 및 퓨즈 단선 시

[2] 인터락 커넥터 해제

(1) 인터락(interlock) 역할

고전압 커넥터가 제대로 체결이 되어있는지 확인해 주는 장치이다. 인터락의 역할은 다음과 같다.

① 차량 정비를 하기 위해 고전압 커넥터를 탈거할 때, 실수로 고전압 계통을 차단하지 않은 경우 위험할 수 있다. 따라서 고전압 커넥터를 탈거할 때, 무조건 고전압 계통 차단시켜 안전하게 정비할 수 있게 한다.

② 충돌/추돌 사고로 인해 고전압 계통이 단락 및 단선이 되면 감전 및 화재로 이어질 수 있다. 사고로 인해 인터락 회로에 먼저 이상이 발생하면, 고전압 계통을 차단시켜 사고 후 발생할 수 있는 감전 및 화재를 방지할 수 있다.

(a) 인터락

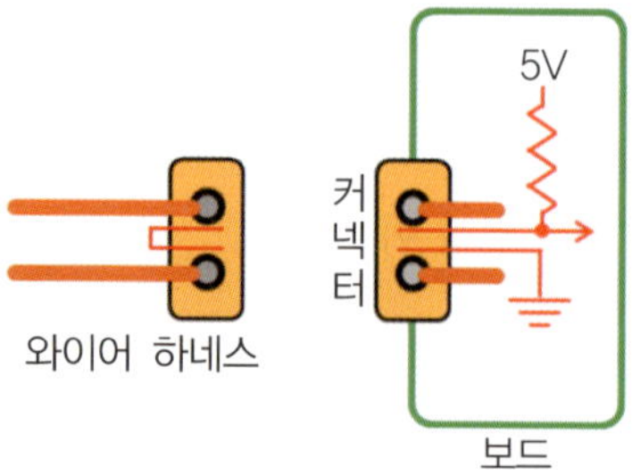

(b) 인터락 회로

그림 2-23 **인터락과 인터락 회로**

(2) 인터락 커넥터 해제

후드를 열고 PE룸에 위치한 노란색 태그가 달려있는 서비스 인터락 커넥터를 해제하면 차량은 회로 단선을 감지하고 그 즉시 메인 릴레이를 열어 고전압을 차단하게 된다. 이 때 유의해야 할 점은 고전압 배터리 어셈블리 내부는 고전압이 살아 있는 상태이기 때문에 고전압 배터리 내부 작업 시에는 반드시 안전플러그나 퓨즈 차단을 통해 배터리 내부회로를 단선시킨 이후 작업을 진행해야 한다. 인터락 커넥터 탈거 후에도 반드시 서비스 데이터 인버터 커패시터 전압 값 확인 및 고전압 회로 전압을 직접 측정하여 고전압 회로에 전원이 차단됐는지 확인해야 한다.

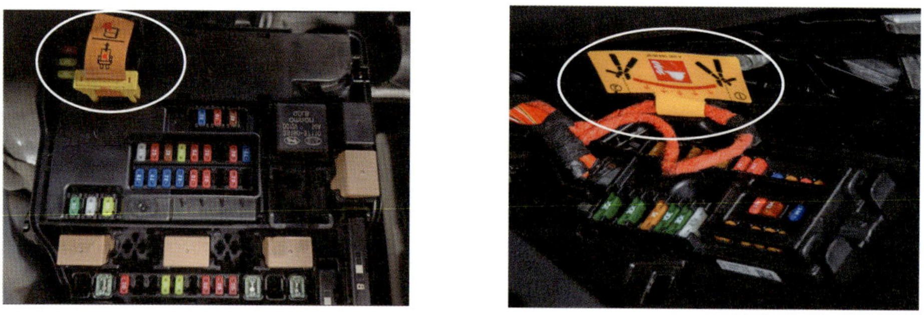

그림 2-24 **인터락 위치**

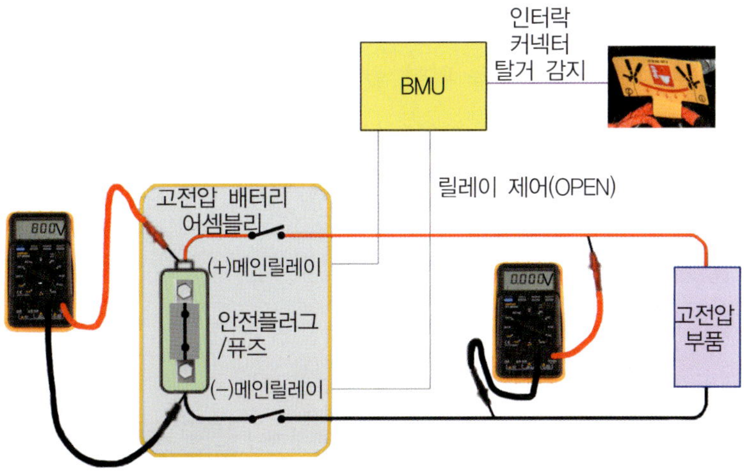

그림 2-25 인터락 회로 단선시

2.2.4. 정션박스(Junction Box)

퓨즈와 릴레이를 한곳에 모아 놓은 것을 퓨즈블록(또는 퓨즈박스)라고 하는데 최근에는 자동차의 전장 시스템이 복잡해지면서 퓨즈블록 대신 정션박스(정션블록 : Junction Block)을 적용하고 있다.

정션박스는 전기 배선을 연결하는 장치로, 금속이나 플라스틱으로 만들어진 인클로저이다. 전기 배선을 안전하게 연결하고 보호하는 역할을 한다. 정션박스의 역할은 다음과 같다.

① 전기 배선을 안전하게 연결하는 중심점 역할을 한다.

② 외부 요소나 부식성 환경으로부터 연결부를 보호한다.

③ 원치 않는 조작으로부터 배선을 보호한다.

④ 무단 접근을 방지한다.

⑤ 전기 연결 조작으로 인한 감전이나 화재 등의 사고 위험을 줄인다.

[1] 후방 고전압 정션블록

(1) 후방 고전압 정션블록 구성

아이오닉 5 후방 고전압 정션블록은 리어 PE모듈 상단에 위치해 있으며, 고전압 배터리, 후륜 멀티 인버터, 급속 충전 충전구가 외부에서 연결되어 있다. 내부는 급속 충전을 위한 릴레이 및 회로가 구성되어 있고, 아이오닉 5 이후 차량은 400V에서 800V 승압 시스템이 적용된 멀티 인버터를 사용하기 때문에 급속 충전 시 인버터로 들어가는 (N)단자가 추가되었다.

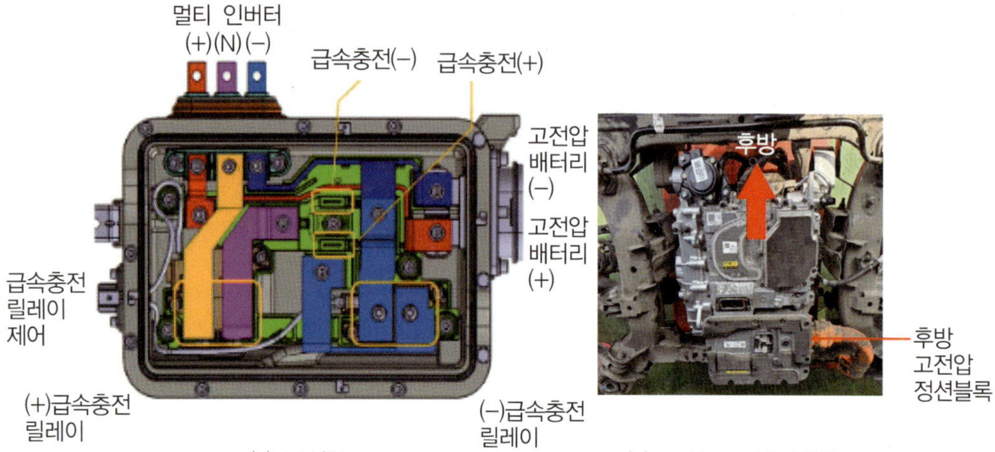

(a) 구성품 (b) 리어 크로스 멤버

그림 2-26 후방 고전압 정션블록 구성품

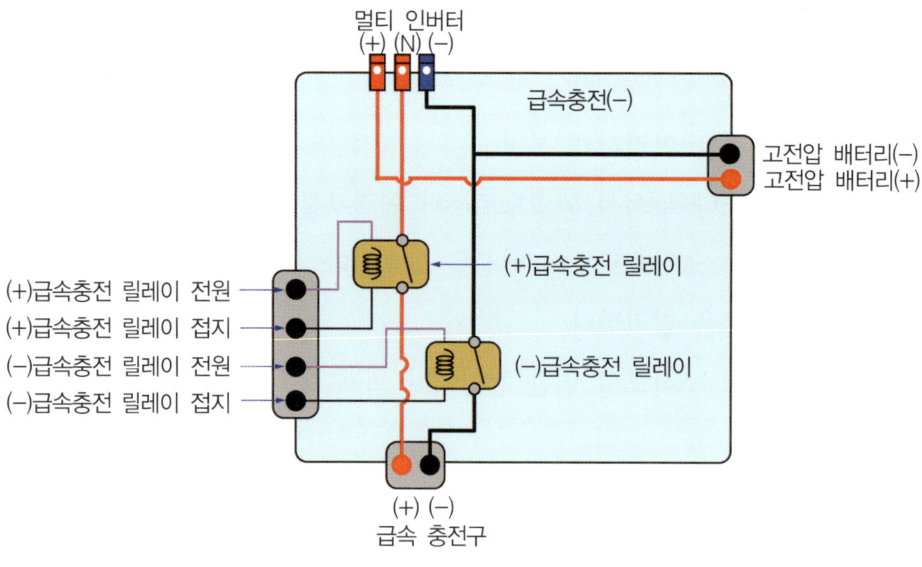

그림 2-27 후방 고전압 정션블록 회로

(2) 후방 고전압 정션블록 A/S 절차

① PE룸 저전압 정션박스 커버를 열고 A/S인터락을 화살표 방향으로 "딱" 소리가 날 때까지 당겨 해제 후 고전압 전류 차단을 위해 5분 대기한다.

(a) PE룸 저전압 정션블록 (b) 인터락 해제

그림 2-28 A/S 인터락 해제

② 러기지룸에 있는 후방 고전압 정션블록 A/S커버를 탈거한다.

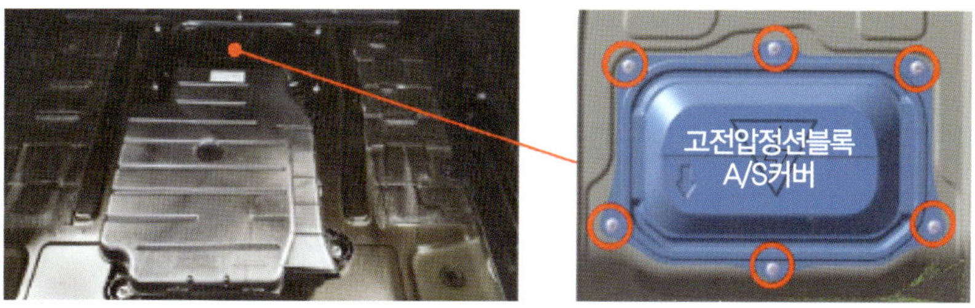

(a) 러기지룸 (b) 너트 6개 탈거

그림 2-29 정션블록 A/S커버 탈거

③ 후방 고전압 정션블록 상단 급속 충전 커넥터를 탈거한다.

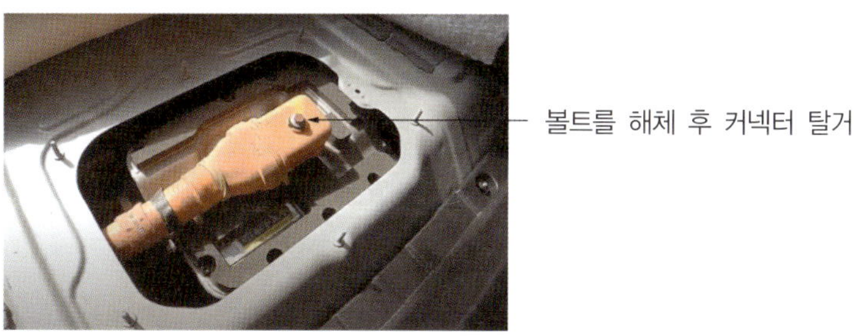

그림 2-30 급속 충전 커넥터를 탈거

④ 고전압 정션블록 볼트 해제 후 상단커버 탈거

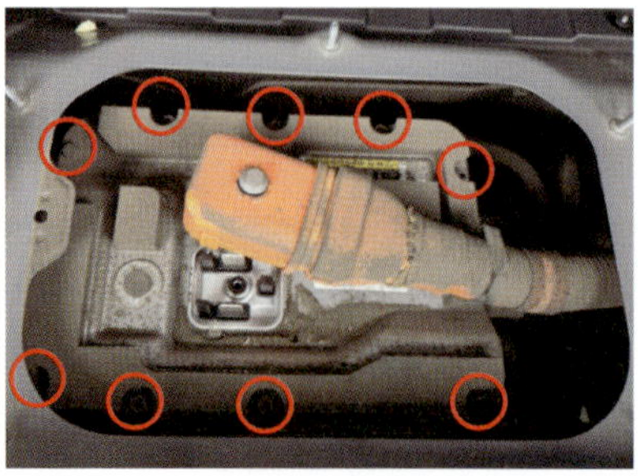

그림 2-31 상단커버 탈거

[2] 전방 고전압 정션블록(4WD)

전방 고전압 정션블록은 프런트 PE상단에 위치해 있으며, 고전압 배터리, 인버터 및 각종 고전압 전장 부하가 외부에서 연결되어 있다. 내부에는 BMU가 제어하는 승온 히터 릴레이 및 전장 부하들의 퓨즈가 장착되어 있고, 전륜 인버터로 (+), (−)단자가 연결되어 있다. 충전구가 차량 앞쪽에 위치한 차량(G80, GV70)은 전륜 인버터가 멀티 인버터 역할을 하기 때문에 급속 충전 및 승압 관련된 회로가 전방 고전압 정션블록에 구성되어 있다.

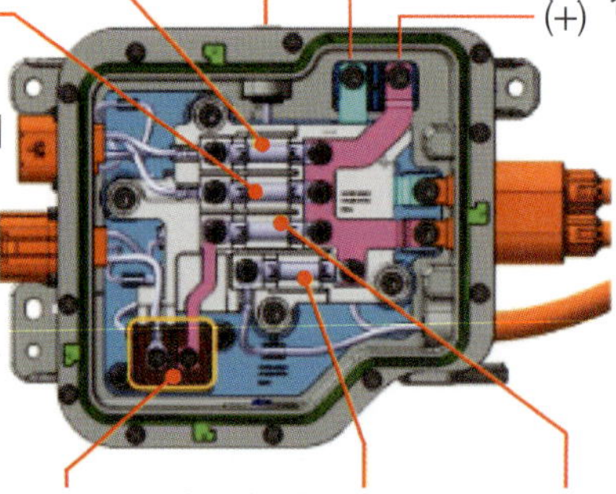

(a) 구성품

(b) PE 룸

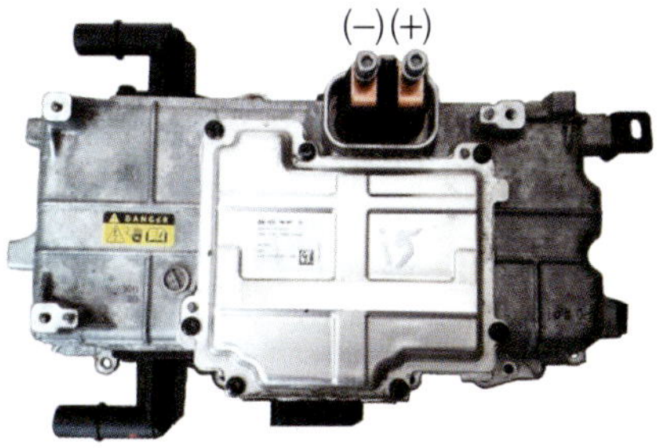

(c) 전륜 인버터

그림 2-32 전방 고전압 정션블록 구성품(4WD)

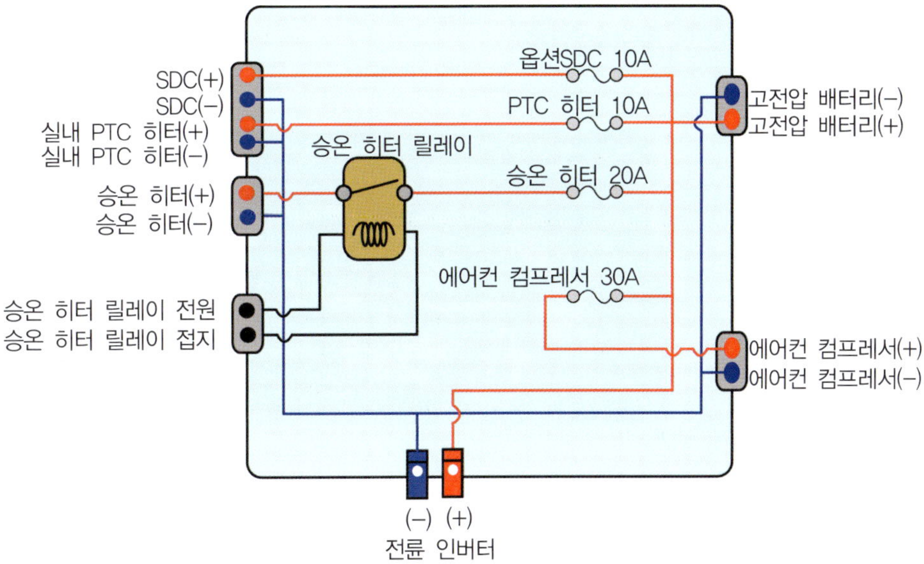

그림 2-33 전방 고전압 정션블록 회로(4WD)

[3] 전방 고전압 정션블록(2WD)

2WD 사양의 전방 고전압 정션블록은 전륜 인버터가 없기 때문에 인버터로 가는 회로만 삭제되고 나머지 회로는 4WD사양과 동일하다.(아이오닉 5 기준)

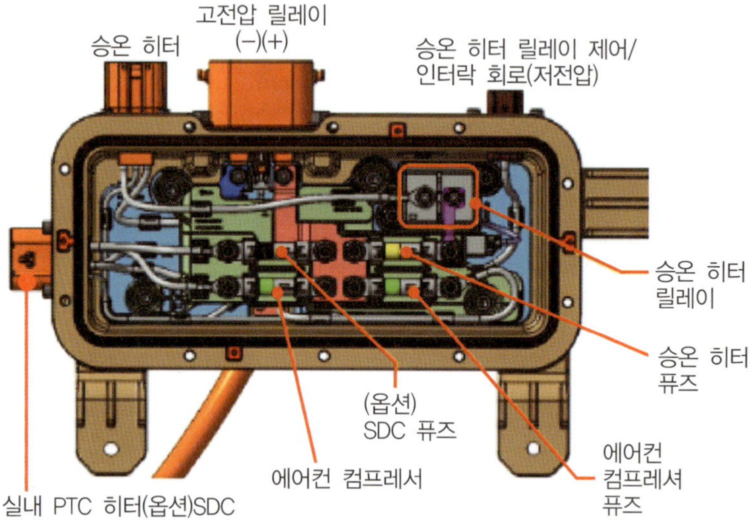

(a) 구성품

(b) PE 룸

그림 2-34 전방 고전압 정션블록 구성품(2WD)

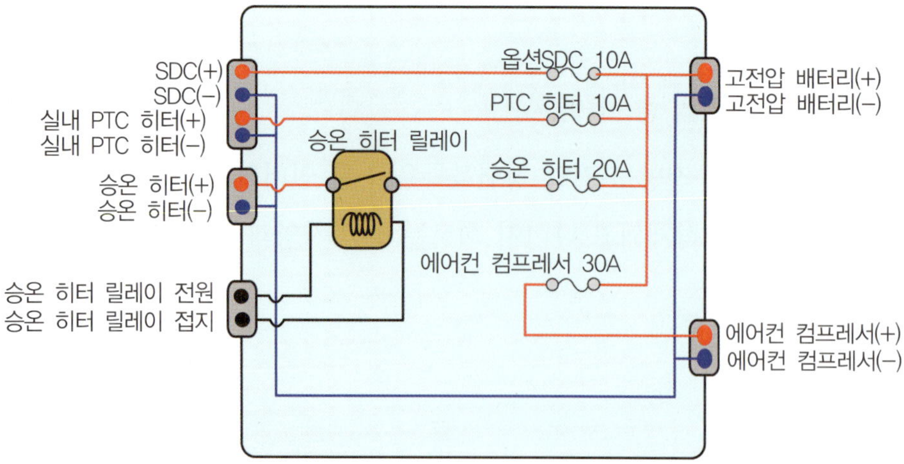

그림 2-35 전방 고전압 정션블록 회로(2WD)

3 전력변환 시스템

전력변환 시스템은 전기에너지를 각 전장품이 요구하는 다양한 전원형태로 변환 및 제어하는 장치들을 모두 포함하는 개념으로 주요 전력변환 시스템으로 전장품 전원의 사양(전압, 전류, 주파수 등)에 적합하도록 전기에너지를 변환하는 장치로, 부하 중 DC 800V가 아닌 전원을 이용해야 할 경우 전력의 형태를 용도에 맞춰 변환시켜 주는 장치(AC↔DC, 고전압↔저전압)로 입력 및 출력 전원의 형태에 따라 인버터와 컨버터가 있으며, 외부 전기에너지로 차량 내 배터리를 충전하는 전기자동차에서는 차량 탑재형 충전기도 전력변환 시스템에 속한다.

[전력변환 장치]

전력변환 목적	입력	전력변화 시스템	출력
급속 충전	DC 400V(충전기)	멀티 인버터	DC 800V(고전압 배터리)
완속 충전	AC 220V(충전기)	ICCU(OBD)	DC 800V(고전압 배터리)
저전압 출력	DC 800V(고전압 배터리)	ICCU(LDC)	DC 12V(저전압 회로)
V2L	DC 800V(고전압 배터리)	ICCU(OBC)	AC 220V(V2L)
모터 구동	DC 800V(고전압 배터리)	인버터	AC 3상(모터)

3.1 ICCU(Integrated Charging Control Unit)

3.1.1. ICCU 개요

기존 차량 탑재형 충전기(OBC : On-board charger)는 단방향 충전만 가능하여 외부 전력에 의한 차량 내부로의 충전만 가능했다. 하지만, 통합 충전 시스템(ICCU)은 차량에 있는 고전압 배터리와 보조배터리 모두 충전이 가능하도록 새롭게 개발한 현대차 그룹의 통합 충전 시스템으로 양방향 전력 변환이 가능하여 V2L 기능이 구현되었다. 즉 별도의 제어기 혹은 장치가 없어도 110V, 220V일반 전원 공급이 가능하다.

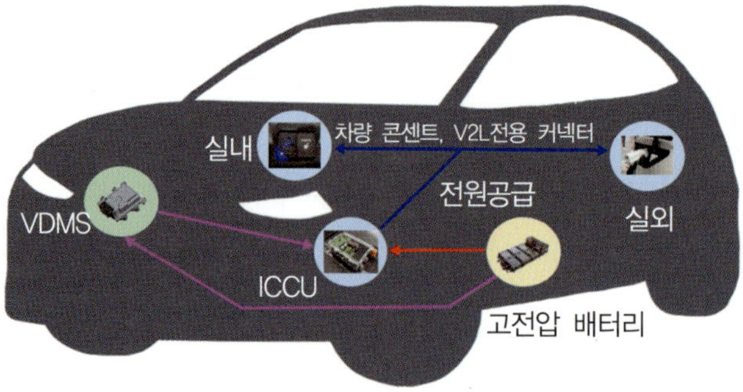

그림 2-36 ICCU 시스템

E-GMP의 V2L 기능이 제공하는 최대 공급 전력은 주택용 계약 전력(한국전력공사와 어느 정도의 전기를 쓸지 계약하고 이에 맞게 공급받는 전력) 3 kW보다 많은 3.5kW다. 덕분에 E-GMP 기반의 전기차는 220V 완속 충전이나 캠핑장 등에서 가전용 전자제품을 아무런 불편함 없이 쓸 수 있는 양방향 전력 사용이 가능하고, 비상시에는 외부 전력원 으로도 활용할 수 있다. 뿐만 아니라 E-GMP 기반의 전기차는 비상용 충전 케이블(ICCB : In-Cable Control Box)을 사용해 다른 전기차의 배터리를 완속으로 충전하는 등 활용 범위가 넓다.

ICCU는 OBC+LDC 통합 전력변환 시스템으로 위치는 아이오닉 5는 2열 시트 하단에 있으며, 충전구가 앞에 있는 차종은 PE룸 내부에 있다. ICCU 장착 위치마다 고전압 퓨즈의 위치도 다르다.

[ICCU 사양]

냉각 온도(최대)		65℃
절연 저항		10MΩ 이상
OBC (완속 충전)	입력 전압	AC 220V(충전기)
	출력 전압	DC 360~826V(고전압 배터리)
	최대 용량	10.9㎾
OBC (V2L)	입력 전압	DC 360~826V(고전압 배터리)
	출력 전압	AC 220V
	최대 용량	3.52㎾
LDC	입력 전압	DC 360~826V(고전압 배터리)
	출력 전압	DC 12.8~15.1V(저전압 보조 배터리)
	최대 용량	1.8㎾

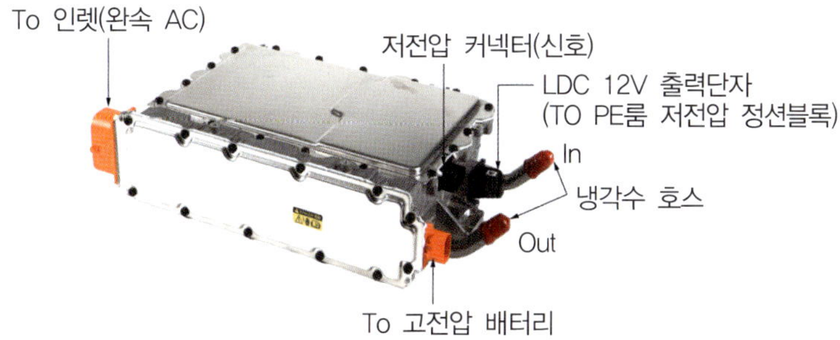

그림 2-37 ICCU

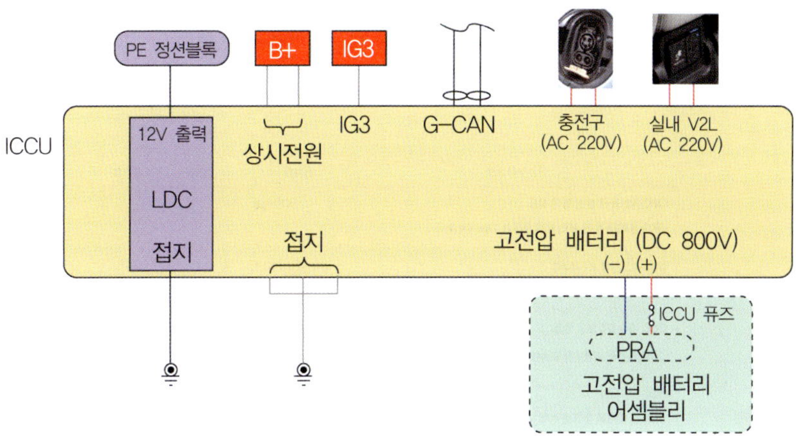

그림 2-38 ICCU 회로도

3.1.2. ICCU 전력 흐름

[1] 완속 충전 시 전력 흐름

완속 충전 시 ICCU(OBC)는 충전기로부터 AC 220V의 전력을 입력 받는다. 교류 전기는 전압과 전류의 크기가 바뀌는데 그 타이밍이 다를 수 있다(역률). 이는 곧 전력 손실을 의미하기 때문에 효율을 높이기 위해 전압과 전류의 크기가 바뀌는 타이밍을 맞추는 작업을 진행하면서 1차 승압이 이루어진다. 그리고 고전압 배터리의 전압까지 DC-DC컨버터를 통해 2차로 승압시켜 고전압 배터리를 충전한다. ICCU(OBC)는 최대 10.9kW의 전력을 변환하여 고전압 배터리로 충전할 수 있다.

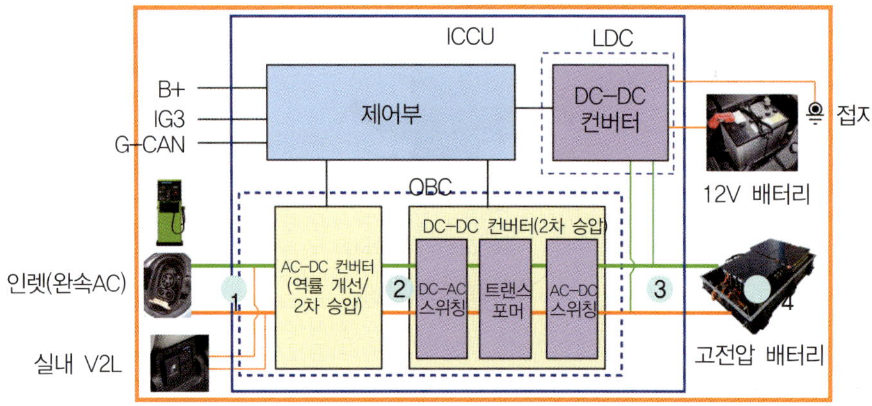

그림 2-39 완속 충전 시 전력 흐름

센서명(198)	센서값	단위	링크업
OBC AC 충전-방전 동작 모드 - 완속 충전시 충전-방전 동작 모드는 Charge 표시	Charge	-	
OBC AC 전압 A (RMS) - 완속 충전기에서 ICCU(OBC)로 입력되는 전압	① 210.7	V	
OBC 내부 DC 링크 전압 - 역률 개선을 위해 1차 승압된 전압	② 575.9	V	
OBC DC 전압 - 고전압 배터리 충전을 위해 2차 승압된 전압	③ 675.6	V	
BMS 고전압 배터리 전압 - 고전압 배터리 전압 (BMS로부터 수신)	④ 677.4	V	

그림 2-40 ICCU 센서데이터(완속 충전 시 단계별 전압)

[2] V2L(Vehicle to Load)

(1) V2L 개요

V2L이란 전기자동차에 탑재된 배터리의 전력을 외부로 끌어다 일반 가정용 전자기기를 전기차에 꽂아 사용할 수 있는 기술이다. V2L은 통합 충전 시스템과 차량 충전관리 시스템을 통해 별도의 추가 장비 없이 외부로 전력을 공급할 수 있다.

(2) V2L 구성품 역할

① VCMS(Vehicle Charging Management System) : 전기차 내의 모든 충전 관련 기능을 총괄하며, ICCU와 함께 V2L 시스템을 제어한다.

② 실내 V2L : 실내 220V 전원 연결 콘센트로 실외 V2L 체결 시 실내 V2L 전원이 차단되도록 릴레이가 구성되어 있다. VCMS가 코드체결을 인식하면 릴레이제어 및 출력전압 감지할 수 있도록 내부 회로가 구성되어 있다.

③ 실외 V2L 젠더 : 충전구(인렛)와 220V 전원 코드 연결 잭이다. VCMS가 PD라인을 통해 젠더 인렛 체결 및 젠더코드 체결 감지할 수 있도록 내부 회로가 구성되어 있다.

④ ICCU : 배터리 DC 800V 전압을 220V 교류로 변환하여 출력하며, 실내/실외 V2L 별도 포트를 적용한다(내부 조인트).

⑤ 고전압 배터리 : ICCU에 DC전원을 공급한다.

⑥ AVN(Audio, Video, Navigation) : V2L 표시장치로 유틸리티 모드 선택

⑦ 클러스터 : V2L 표시장치

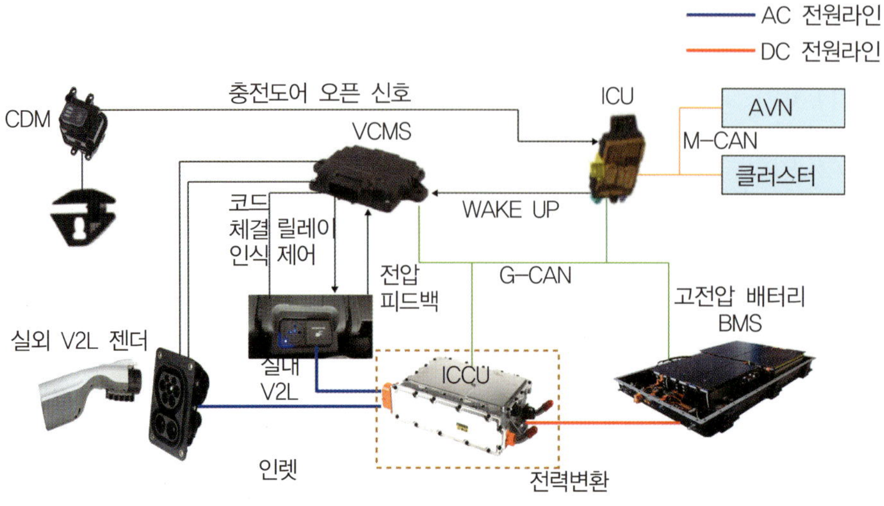

그림 2-41 V2L 구성

(3) V2L 작동시 전력 흐름

V2L 작동시 ICCU(OBC)는 고전압 배터리로부터 DC 800V의 전원을 입력받는다. OBC 내부의 DC-DC컨버터에서 고전압 배터리의 전압을 1차로 감압하고, DC-AC컨버터에서 2차 감압 및 컨버팅 작업을 통해 가정용 전기인 AC 220V로 변경하여 실외 충전구(V2L 젠더) 및 실내 V2L 콘센트로 보내준다.

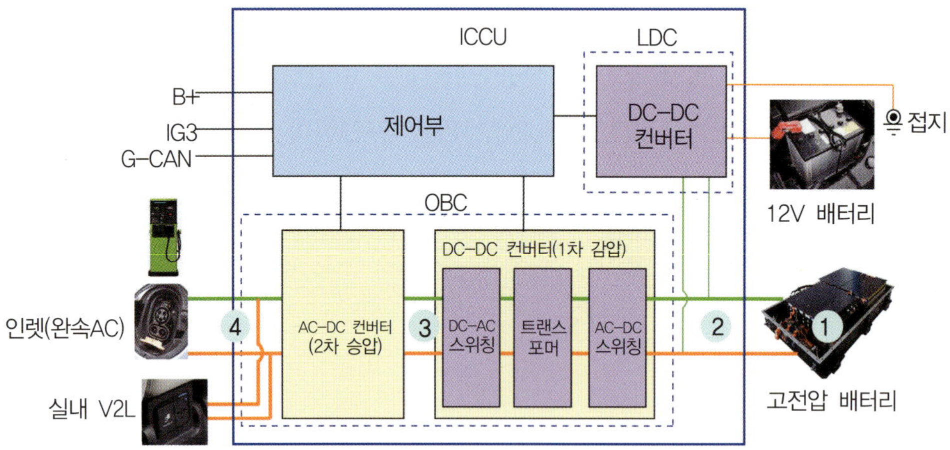

그림 2-42 V2L 작동시 전력 흐름

센서명(198)	센서값	단위	링크업
OBC AC 충전-방전 동작 모드 - V2L작동시 충전-방전 동작 모드는 Discharge(V2L) 표시	Discharge(V2L)	-	
BMS 고전압 배터리 전압 - 고전압 배터리 전압 (BMS로부터 수신)	① 675.3	V	
OBC DC 전압 - 고전압 배터리에서 ICCU(OBC)로 입력되는 전압 (1차 감압 전)	② 673.8	V	
OBC 내부 DC 링크 전압 - DC-DC 컨버터에서 1차 감압된 전압	③ 491.2	V	
OBC AC 전압 A (RMS) - DC-AC 컨버터에서 2차 감압된 교류 전압	④ 220.6	V	

그림 2-43 ICCU 센서데이터(V2L 작동 단계별 전압)

(4) V2L 사용절차

1) 실외 V2L

① V2L 커넥터의 커버와 전원 소켓 덮개를 연다.

② V2L 커넥터를 차량의 충전구에 연결한다.

③ 작동 스위치를 눌러 LED 조명이 켜졌는지 확인한다.

④ 전력 공급이 필요한 제품과 연결한다.

⑤ 덮개를 닫는다.

⑥ 사용 종료 시에는 V2L 커넥터 작동 스위치를 눌러 LED 조명 소등 확인한다.

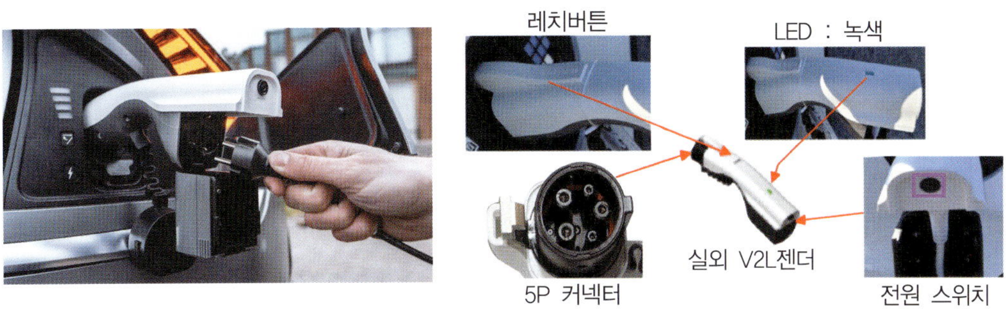

그림 2-44 실외 V2L 연결

2) 실내 V2L

① 시동 "ON"(READY) 및 유틸리티 모드를 활성화한다.

② 스마트키를 활용하여 콘센트 커버의 잠금 장치를 해제한다.

그림 2-45 잠금 장치 해제

③ 가전제품 및 전기 제품을 콘센트에 연결하십시오. 콘센트의 전면 인디케이터를 통해 작동 상태를 확인할 수 있다.

㉮ 파란색 : 사용 대기 상태

㉯ 빨간색 : 콘센트가 연결되어 있으나 전력은 공급되지 않는 상태

㉰ 초록색 : 콘센트가 정상 연결되어 전력이 정상적으로 공급되는 상태

그림 2-46 작동 상태를 확인

그림 2-47 콘센트에 연결

3) 유의사항

① 시동 "ON" 상태에서 실내 V2L 사용 중 시동이 꺼지면 자동으로 V2L 방전모드가 중지된다.

② 실내 V2L 사용 중 충전 도어를 열거나 V2L 커넥터를 충전구에 연결하면 자동으로 V2L 방전 모드가 차단된다. 차량 내/외부에서 동시에 V2L 사용을 원할 경우 먼저 V2L 커넥터를 충전구에 연결 후 실내

V2L을 사용한다.

③ V2L 기능을 사용할 때에는 예약 공조 설정을 해제한다. 예약 공조 설정이 작동 중인 경우에는 V2L 기능이 작동하지 않을 수 있다.

(5) V2L 사용시간

1) 고전압 배터리 용량(kW)

1kW는 1kW의 전기에너지로 1시간 동안 하는 일의 양을 의미한다. 예를 들어 아이오닉 5 롱레인지 모델 배터리의 공칭 에너지양은 72.6kW이므로, 72.6kW의 전력을 1시간 동안 소비할 수 있는 에너지양을 의미한다. 달리 얘기하면 1kW의 전력을 72.6시간 동안 소비할 수 있는 에너지양이기도 하다.

[아이오닉 5의 고전압 배터리 용량 기준으로 가전제품 사용시간]

전력량	가전제품 (소비전력)	사용시간
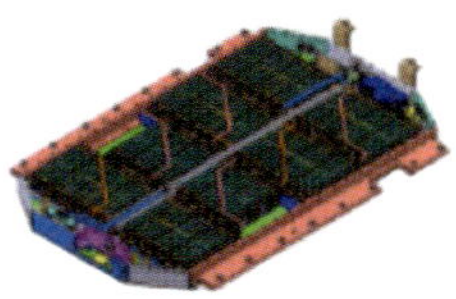 완충 시 : 72.6kW	전자렌지 (1.05kW)	약 69시간(2.9일)
	32인치 LED TV (0.1kW)	약 726시간(30.3일)
	선풍기 강풍 (0.05kW)	약 1,452시간(60.5일)

2) V2L 사용시간 산출

① 가용 SOC를 확인한다.[가용 SOC=현재 SOC−V2L 방전제한 설정 SOC]

예) 현재 SOC : 80%, V2L 방전 제한 설정 SOC : 20%→가용 SOC=60%

② 사용 가능한 전력량을 계산한다.

예) 아이오닉 5 롱 레인지 기준 : 72.6kWh×60%=43.56kWh

③ 사용 가능한 전력량을 가전제품의 소비전력으로 나누어 사용시간을 계산한다.

예) 43.56kWh/0.1kW(32인치 LED TV)=약 435.6시간

3) 기타 유의사항

방전제한 설정시, 주행 가능 거리를 고려하여 V2L 기능을 사용해야 하고, 차량에서도 V2L을 구동하기 위한 전력이 발생하고, 차량 상태 및 사용조건(외기온도, 배터리 상태, 공조 사용여부 등)이 모두 다르므로, 실제 사용 시간은 차이가 발생할 수 있다. 방전제한 설정은 AVN에서 설정 가능하며 설정된 SOC 이하에서는 V2L 사용이 불가능하다.

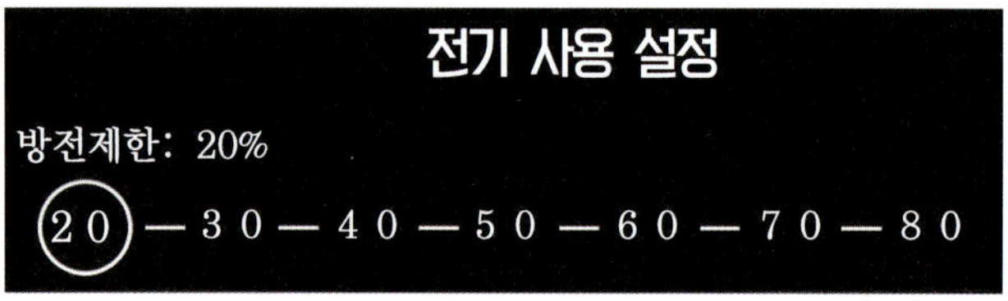

그림 2-48 AVN에서 방전제한 설정

[3] LDC(12V 배터리 충전시) 전력 흐름

LDC 작동 시 ICCU(LDC)는 고전압 배터리로부터 AC 220V의 전력을 입력받는다. DC-DC컨버터에서 고전압 배터리의 전압을 12V 감압하여 12V 배터리를 충전한다. 이때 출력된 전압은 보조배터리 센서가 측정한 전압과 ICCU제어기의 입력 전압과 비슷한 전압 값이 나오게 된다.

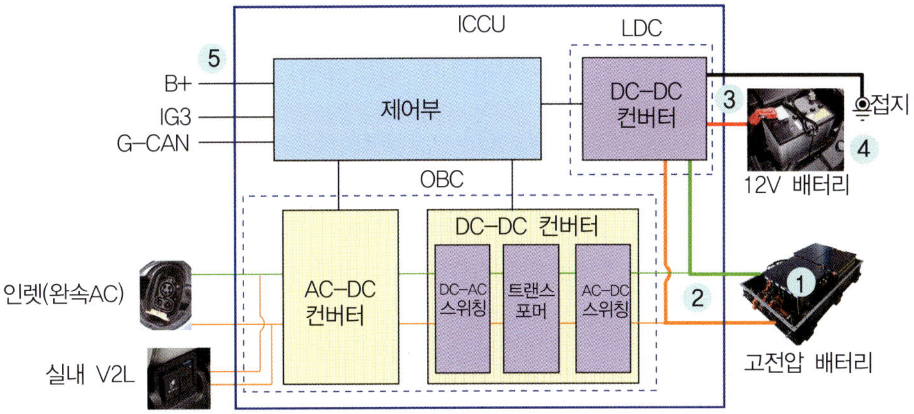

그림 2-49 LDC(12V 배터리 충전시) 전력 흐름

센서명(198)	센서값	단위	링크업
BMS 고전압 배터리 전압 - 고전압 배터리 전압 (BMS로부터 수신)	① 676.7	V	
LDC 입력 전압 - 고전압 배터리에서 LDC DC-DC 컨버터로 입력되는 전압	② 674.8	V	
LDC 출력 전압 - LDC에서 감압하여 12V 배터리 및 PE정션박스로 출력되는 전압	③ 14.885	V	
보조배터리 센서 전압 - 12V 배터리 센서에서 측정되는 전압	④ 14.714	V	
LDC 구동 전압 - ICCU 제어기 구동을 위한 B+ 전압	⑤ 14.504	V	

그림 2-50 ICCU 센서데이터(LDC 작동 단계별 전압)

3.2 전기차의 12V 전원 종류

[전기차의 12V 전원 종류]

전원 종류	Full Name	설명	전원 릴레이 제어기
B+	Battery Plus	상시전원 공급	상시
ACC	Accessory	악세서리 전원공급	SMK(IBU)
IG1	Ignition 1	시동에 필요한 전원 공급 및 wake up신호	SMK(IBU)
IG2	Ignition 2	일반전장에 필요한 전원 공급(시동 이후)	SMK(IBU)
IG3	Ignition 3	충전 및 원격공조에 필요한 전원 공급 및 wake up신호 ※ IG1 전원공급 시에도 같이 공급됨	ICU(IGPM), OBC, AVN (※ 차량에 따라 상이)

3.2.1. 전원제어

전기차는 KEY OFF시에도 고전압 배터리 충전 및 예약공조 등 많은 작업을 수행해야 한다. 이때 관련 제어기들의 WAKE UP 및 각종 액추에이터들의 전원을 공급하기 위해 IG3 전원이 별도로 적용된다. 기존의 ACC, IG1, IG2 전원은 SMK 유닛이 릴레이 제어를 통해 전원을 공급하였지만, IG3 전원은 ICU가 제어하게 된다. 그렇기 때문에 KEY OFF시 IG3 전원 공급이 필요할 때 관련 제어기들 [VCMS(충전 및 V2L), AVN(블루링크를 통한 공조 작동), VCU(예약충전)]은 가장 먼저 ICU를 MAKE UP시키고 ICU는 IG3 전원을 공급한다.

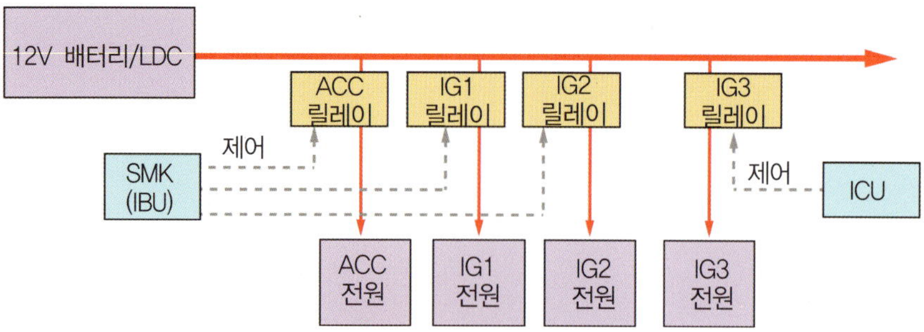

그림 2-51 전원제어

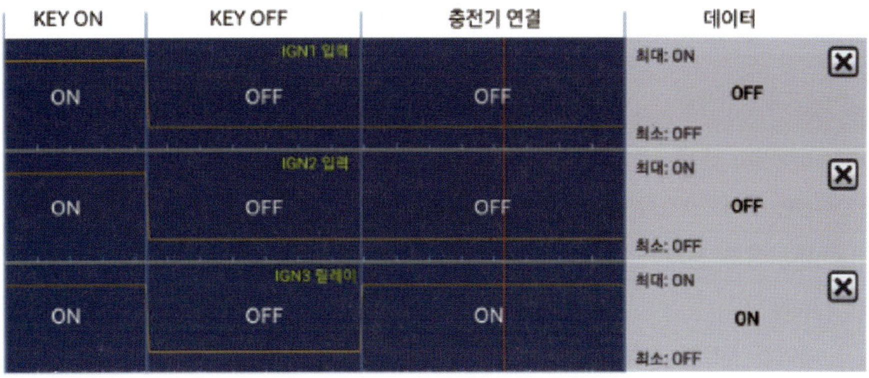

그림 2-52 충전기 연결시 센서 데이터

3.2.2. IG3 전원

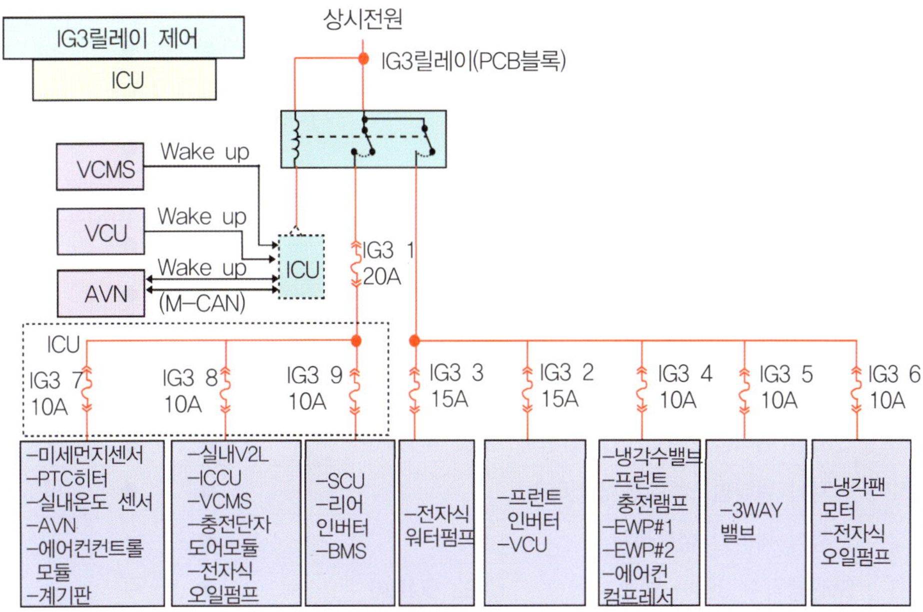

그림 2-53 IG3 전원회로

[IG3 전원 부하(아이오닉 5)]

<table>
<tr><th>순서</th><th>부하</th><th>퓨즈(PL)</th><th>퓨즈
(실내)</th><th>IG3</th><th>B+</th><th>IG1
or 2</th><th>ACC</th></tr>
<tr><td>1</td><td>미세먼지 센서</td><td rowspan="14">IG3 1(20A)</td><td rowspan="6">IG3 7
(10A)</td><td>●</td><td>–</td><td>–</td><td>–</td></tr>
<tr><td>2</td><td>PTC 히터</td><td>●</td><td>–</td><td>–</td><td>–</td></tr>
<tr><td>3</td><td>실내 온도 센서</td><td>●</td><td>–</td><td>–</td><td>–</td></tr>
<tr><td>4</td><td>AVN</td><td>●</td><td>●</td><td>●</td><td>●</td></tr>
<tr><td>5</td><td>에어컨 컨트롤 모듈</td><td>●</td><td>●</td><td>●</td><td>–</td></tr>
<tr><td>6</td><td>계기판</td><td>●</td><td>●</td><td>●</td><td>–</td></tr>
<tr><td>7</td><td>실내V2L</td><td rowspan="5">IG3 8
(10A)</td><td>●</td><td>–</td><td>–</td><td>–</td></tr>
<tr><td>8</td><td>ICCU</td><td>●</td><td>●</td><td>–</td><td>–</td></tr>
<tr><td>9</td><td>VCMS</td><td>●</td><td>●</td><td>–</td><td>–</td></tr>
<tr><td>10</td><td>충전단자 도어모듈(리어)</td><td>●</td><td>●</td><td>–</td><td>–</td></tr>
<tr><td>11</td><td>전자식 오일펌프(리어)</td><td>●</td><td>●</td><td>–</td><td>–</td></tr>
<tr><td>12</td><td>SCU</td><td rowspan="3">IG3 9
(10A)</td><td>●</td><td>●</td><td>–</td><td>–</td></tr>
<tr><td>13</td><td>리어 인버터</td><td>●</td><td>●</td><td>●</td><td>–</td></tr>
<tr><td>14</td><td>BMS</td><td>●</td><td>●</td><td>–</td><td>–</td></tr>
<tr><td>15</td><td>전자식 워터펌프</td><td>IG3 3(15A)</td><td>–</td><td>●</td><td>–</td><td>–</td><td>–</td></tr>
<tr><td>16</td><td>프런트 인버터</td><td rowspan="2">IG3 2(15A)</td><td>–</td><td>●</td><td>●</td><td>●</td><td>–</td></tr>
<tr><td>17</td><td>VCU</td><td>–</td><td>●</td><td>●</td><td>●</td><td>–</td></tr>
<tr><td>18</td><td>냉각수밸브(히트펌프)</td><td rowspan="5">IG3 4(10A)</td><td>–</td><td>●</td><td>–</td><td>–</td><td>–</td></tr>
<tr><td>19</td><td>프런트 충전펌프 유닛</td><td>–</td><td>●</td><td>–</td><td>–</td><td>–</td></tr>
<tr><td>20</td><td>전자식 워터펌프#1(고전압배터리)</td><td>–</td><td>●</td><td>●</td><td>–</td><td>–</td></tr>
<tr><td>21</td><td>전자식 워터펌프#2(고전압배터리)</td><td>–</td><td>●</td><td>●</td><td>–</td><td>–</td></tr>
<tr><td>22</td><td>전자식 에어컨 컴프레서</td><td>–</td><td>●</td><td>–</td><td>–</td><td>–</td></tr>
<tr><td>23</td><td>BMS냉각수 3웨이 밸브</td><td>IG3 5(10A)</td><td>–</td><td>●</td><td>–</td><td>–</td><td>–</td></tr>
<tr><td>24</td><td>냉각팬 모터</td><td rowspan="2">IG3 6(10A)</td><td>–</td><td>●</td><td>●</td><td>–</td><td>–</td></tr>
<tr><td>25</td><td>전자식 오일펌프(프런트)</td><td>–</td><td>●</td><td>●</td><td>–</td><td>–</td></tr>
</table>

3.2.3. 고전압 배터리로 12V 배터리 충전

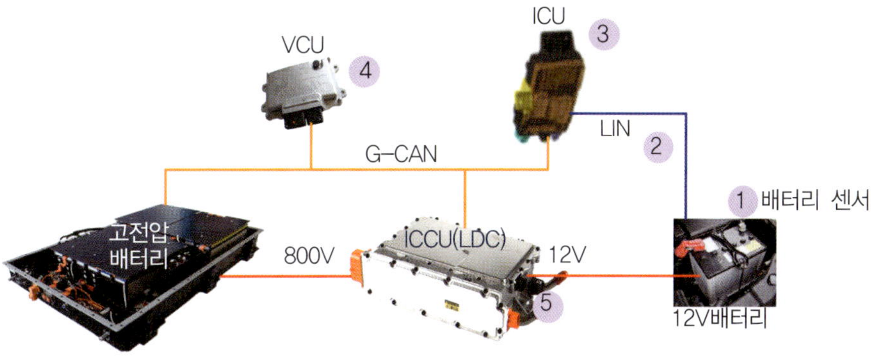

그림 2-54 키 전원 상태와 상관없이 LDC 구동하여 12V배터리 충전

READY ON 상태라면 LDC는 상시 구동되기 때문에 지속적으로 12V배터리 충전이 이루어지지만, READY OFF 조건에서는 12V 배터리 SOC(State of Charge)가 낮아지면 방전을 방지하기 위해 LDC를 구동하여 보충전을 진행한다.

① 시동 OFF 이후, 12V 배터리에 부착된 배터리 센서가 배터리 상태를 지속적으로 모니터링한다.

② 배터리 센서가 12V 배터리의 SOC를 80%이하로 감지하면 LIN통신으로 ICU에게 상태를 알려준다. 만약 ICU가 슬립 중이더라도 LIN통신 요청으로 ICU는 WAKE UP된다.

③ ICU가 IG3 릴레이를 작동시켜, 보충전에 필요한 제어기들을 모두 깨운다.

④ VCU는 차량 상태(P단, 후드 닫힘, 테일게이트 닫힘)를 확인하고 고전압 배터리 SOC가 35% 이상 조건이라면, ICCU(LDC)에게 전력변환을 요청하여 12V 배터리 충전을 진행한다.

⑤ 12V 배터리가 90%까지 충전이 되면 보충전을 중단한다.

3.3 멀티 인버터

3.3.1. 멀티 인버터의 구성과 회로

메인 구동모터에 적용된 멀티 인버터는 모터 구동시에는 고전압 배터리의 직류 전압을 모터 구동용 3상 교류 전압으로 변환하고, 400V급 급속 충전시에는 모터와 함께 800V로 승압하여 배터리로 공급한다. 멀티 인버터의 전력변환은 다음과 같다.

① 모터 구동시 : DC 800V(고전압 배터리)→AC 3상(인버터)→모터

② 급속충전승압 : DC 400V(급속 충전기)→DC 800V(인버터+모터)→고전압 배터리

[멀티 인버터 사양]

냉각 온도(최대)		65℃
모터 구동시	입력	800V(고전압 배터리)
	출력	AC 3상(모터)
급속 충전 승압시	입력	400V(급속 충전기)
	출력	800V(고전압 배터리)

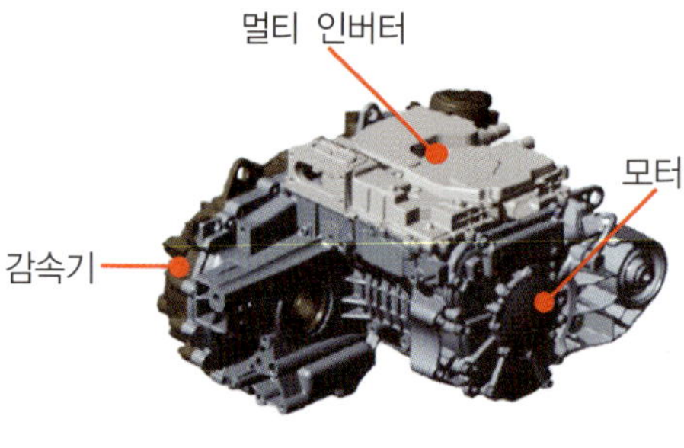

그림 2-55 멀티 인버터 위치

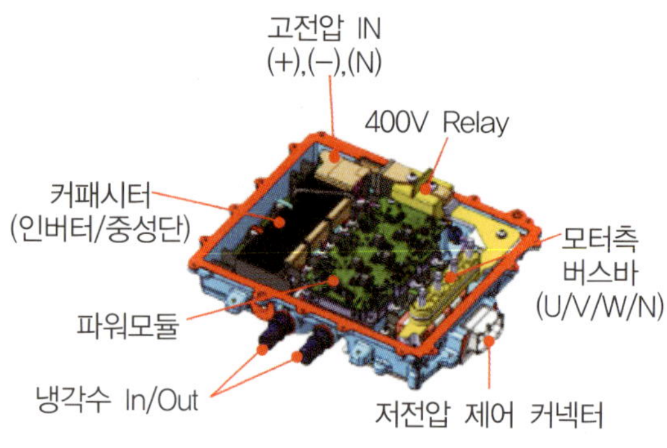

그림 2-56 멀티 인버터 구성

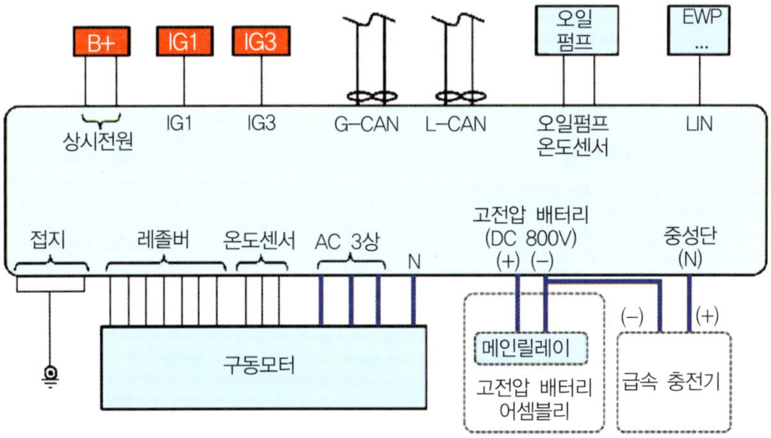

그림 2-57 멀티 인버터 회로도

3.3.2. 급속 충전 시 전력흐름(DC 400V→DC 800V 승압)

급속 충전기에서 DC 400V 전원을 공급하면 멀티 인버터 충전단에 있는 중성단 커패시터에도 동일한 전압이 형성된다. 이후 모터의 코일과 인버터의 회로를 거쳐 스위칭 작업으로 고전압 배터리의 전압까지 승압한 후 고전압 배터리로 보내게 된다.

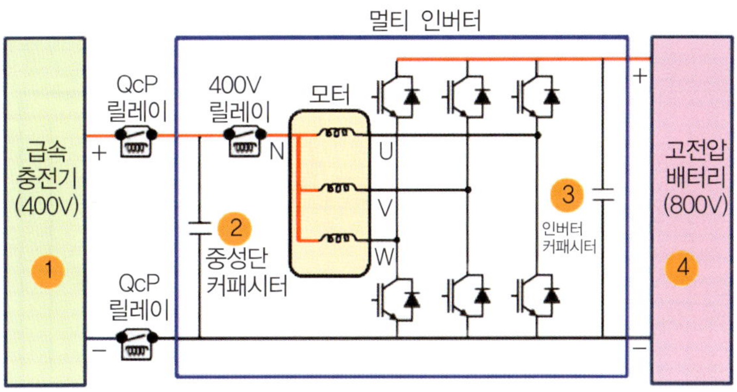

그림 2-58 급속 충전 시 전력흐름

센서명 (VCMS)	센서값	단위
DC 급속 충전 모드 - 충전기 사양 표시 (초고속 충전기는 800V 표시)	400V	-
EVSE 출력 전압 - 급속 충전기에서 출력되는 전압	① 449.1	V
인버터 중성단 CAP 전압 - 인버터 내부 중성단 커패시터에 측정된 전압	② 449.9	V

센서명(198) (BMS)	센서값	단위	링크업
인버터 커패시터 전압 - 모터 코일과 인버터에 의해 승압 된 전압	③ 763	V	
배터리 팩 전압 - 고전압 배터리 내부 전압	④ 761.2	V	

그림 2-59 급속 충전 중 센서 데이터

3.3.3. 모터 구동시 전력흐름(DC 800V→AC 3상)

모터 구동시에는 인버터 내부의 스위칭 작업으로 고전압 배터리 DC 전원을 이용하여 AC 3상 전원으로 변환하여 모터의 코일에 공급한다. 이때 스위칭 되는 주파수 및 전류의 세기로 모터의 회전속도 및 토크를 제어한다.

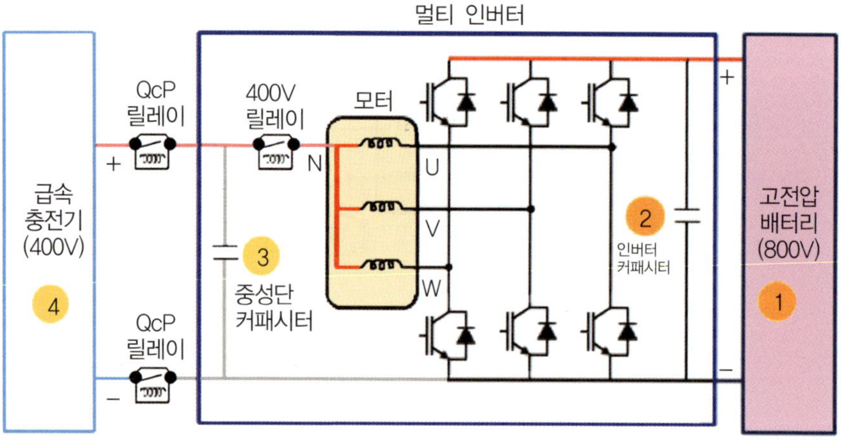

그림 2-60 모터 구동시 전력 흐름

시스템	센서명(13)	센서값	단위	링크업
BMS	배터리 팩 전압	① 662.7	V	
- 고전압 배터리 내부 전압				
BMS	인버터 커패시터 전압	② 664	V	
- 인버터 내부 고전압 배터리에 의해 충전된 커패시터 전압				
VCMS	인버터 중성단 CAP 전압	③ 1.0	V	
- 인버터 내부 중성단 커패시터에 측정된 전압 (모터 구동시에는 400V 릴레이 작동 안함으로 전압 생성 안됨)				
VCMS	EVSE 출력 전압	④ 0.0	V	

그림 2-61 모터 구동시 센서 데이터

고전압 배터리 시스템

03

CHAPTER 03

고전압 배터리 시스템

1 고전압 배터리 시스템 구성

고전압 배터리 시스템은 고출력, 고 에너지, 고 내구성을 가지고 있는 배터리와 배터리 상태 예측, 입/출력 에너지 제한, 냉각 및 안전제어 그리고 에너지 잔존 용량 계산 등을 총괄 제어하는 배터리 제어기를 포함하고 있다. 그 외에도 배터리 보호를 위한 트레이 부분과 배터리의 최적 동작환경 조성을 위한 냉각시스템, 전원공급 및 안전 제어를 위한 각종 릴레이와 퓨즈, 안전 플러그 및 센서 등으로 구성되어 있다.

1.1 전기자동차 전지

1.1.1. 전기자동차 전지의 특징

전기자동차의 각 부품 중에서 가장 중요한 역할을 하는 것 중의 하나는 전지이다. 기존의 내연기관에서 화석연료를 대체하는 근원적인 에너지원인 전기를 저장하는 장치이기 때문이다. 그러므로 전지 기술이야말로 성능 좋은 전기자동차를 만드는데 가장 핵심적인 사항이기도 하다.

그림 3-1 리튬이온전지

최근 들어 전자, 통신, 컴퓨터 산업의 급속한 발전에 따라 캠코더, 휴대폰, 노트북 PC 등이 출현하였고, 이에 따라 가볍고 오래 사용할 수 있으며, 신뢰성이 높은 고성능의 소형 2차 전지 개발이 절실히 요청되고 있다. 또한 환경 및 에너지문제의 해결 방안의 하나로 전기자동차의 실현과 심야 유휴전력의 효율적 활용을 위한 대형 2차 전지의 개발이 심각히 대두되고 있다.

2차 전지 중 Ni–Cd(Nickel–cadmium) 및 Ni–MH(Nickel–Metal Hydride) 전지는 메모리 효과와 유해한 Cd 사용 등으로 인해 점차 시장에서 입지가 좁아지고 있으며 휴대용 IT 기기에는 리튬이온 전지가 가장 큰 시장 점유율을 가질 것으로 예상되며, 리튬폴리머 전지는 Ni-MH 시장을 잠식하며 꾸준히 성장할 것이다.

리튬 2차 전지는 전해질 형태에 따라 유기용매 전해질을 사용하는 리튬금속 전지 및 리튬이온 전지와 고체고분자 전해질을 사용하는 리튬폴리머 전지로 나눌 수 있다.

리튬금속 전지는 리튬금속을 음극으로 사용하는 것으로 사이클 수명 및 안전성이 낮아 상용화에 어려움을 겪고 있으며, 이를 극복하기 위해 리튬금속 대신 카본을 음극으로 사용하는 리튬이온 전지가 개발되어 상용화되고 있다. 현재는 일본뿐만 아니라, 우리나라의 여러 전지회사에서 양산을 하고 있으며 특히, 국내의 몇몇 기업에서 리튬이온 전지에 대한 대량생산 체제를 갖추고 세계시장에서의 점유율을 높이고 있다.

리튬폴리머 전지인 경우는 음극으로 리튬금속을 사용하는 경우와 카본을 사용하는 경우가 있어 카본음극을 사용하는 경우는 구별하여 리튬이온폴리머 전지로 표기하는 경우가 있으나, 대부분의 경우 편의상 리튬폴리머 전지로 통용하고 있다.

리튬금속을 음극으로 사용하는 전지의 경우는 충·방전이 진행됨에 따라 리튬금속의 부피변화가 일어나고 리튬금속표면에서 국부적으로 침상리튬의 석출이 일어나며 이는 전지 단락의 원인이 된다. 그러나 카본을 음극으로 사용하는 전지에서는 충·방전시 리튬 이온의 이동만 생길 뿐 전극활물질은 원형을 유지함으로써 전지수명 및 안전성이 향상된다.

그림 3-2 2차 전지의 발전

1.1.2. 전지의 역할

전 세계의 자동차를 소유하고 있는 이들은 환경에 대한 관심의 증가와 고유가 때문에 자동차의 재구입시 하이브리드자동차, 전기자동차 등에 대한 구입의 유혹에 많은 관심을 보이고 있다. 전 세계 승용차와 트럭 99%가 휘발유로 움직인다. 기름 의존도를 낮추기 위해서는 전지 또는 전기자동차 등 대체교통수단으로 전환하는 것이 필수적이다.

미래의 전기자동차 전지는 그 가격을 낮추고 에너지 축전용량 및 사용가능기간을 연장시키는 것이 필요하다. 축전용량의 경우 리튬이온 전지, 리튬폴리머 전지, 공기 아연 전지를 통해 증가된 용량을 확보할 수 있을 것이다.
전기자동차가 실질적인 성공을 거두려면 전지기술이 발전해야 한다. 안전, 충전 시간, 전력 전달, 극한 온도에서의 성능, 환경 친화성, 수명이 오늘날 전기자동차에 이용할 수 있는 충전식 전지 기술의 문제이다.
전기자동차는 리튬이온 전지, 리튬폴리머 이온 전지를 제품에 채용하는 추세이다. 예를 들어, 도요타 자동차의 프리우스, 캠리, 하이랜더는 밀폐형 Ni-MH 전지 팩을 사용하여 전기모터에 전기를 공급하였으나 리튬이온 전지와 비교할 때 Ni-MH의 전력 수준이 낮고 자가방전율이 높다. 보관 수명이 3년에 불과한 Ni-MH는 EV에 적합하지 않다.

그림 3-3 Li-ion Battery

기존 리튬이온 전지는 특정한 높은 에너지를 제공하고 무게가 가볍다. 그러나 높은 가격, 극한 온도의 불용, 안전(리튬이온 전지의 가장 큰 장애 요인임) 때문에 이 전지는 적합하지 않다.
도요타는 안전에 대한 염려 때문에 리튬이온 전지를 장착한 신형 장거리 주행 하이브리드의 출시를 연기 한 경험이 있다. 기존 리튬이온 전지는 수명이 3~5년이고 충전 주기는 1,000사이클이다. 다른 문제는 적절한 전지 수명 범위를 보장할 수 있는 리튬이온 전지의 크기이다. 랩톱이나 휴대폰의 경우 사용하는 동안 전원연결이 가능하기에 매체를 통하여 선전한 작동 시간보다 짧아도 용인되지만 자동차에는 이러한 장치가 없다.

[전지의 특징]

종류	특징	사용 예
Ni-MH 전지 (니켈메탈하이드라이드)	· 전력 수준이 낮다 · 자가 방전율이 높다. · 보관 수명이 3년에 불과하다 · 메모리 효과 갖음	· 도요타 프리우스, 캠리, 하이랜더
리튬이온 전지	· 특정한 높은 에너지를 제공 · 무게가 가볍다.	· GM 볼트 · 현대기아차, 지엠, 포드, 장안기차
	· 높은 가격 · 극한 온도의 불용 · 안전에 문제 있음(가장 큰 장애 요인)	

참 고 ⊂⊃ 메모리 효과

① 2차 전지로 흔히 사용되는 것이 니카드전지이다. Ni-Cd(니카드=니켈카드뮴), Ni-MH(니켈메탈하이드라이드)전지 등은 공통적으로 니켈이 포함된다.

② 이러한 전지는 메모리 효과를 가진다. 리튬이온 전지는 리튬산화물질로 + 극을 만들고, 탄소로 - 극을 만든다. 휴대폰을 사용하기 시작하면 + 극의 리튬이온이 중간의 물질을 지나서 - 극의 탄소격자 속으로 들어간다. 이 때, 극판에 손실이 거의 없기 때문에 장수명 특성을 가진다.

③ 니켈로 만든 전지에서는 활물질로 사용된 NiOH에서 OH가 떨어졌다 붙었다 하면서 전하를 전달하는 현상이 바로 충전과 방전이라는 전기적 흐름으로 나타난다.

④ 여기서 shallow charge-discharge를 반복을 하면, 즉 조금 사용하고 다시 충전하고, 조금 쓰고 또 충전하고 하면 NiOH는 고용체를 형성하게 되는데 이 고용체의 형성은 비가역적인 반응이므로 한번 고용체가 생성이 되면 다시는 되돌아가지 못하게 되어 남아있는 용량을 사용하지 못하게 된다. 이와 같이 전지가 마치 사용할 수 있는 용량의 한계를 기억하는 것과 같은 이러한 현상을 메모리효과라고 한다.

⑤ 따라서 Ni(니켈)을 포함하고 있는 전지는 완전충전(100%충전)하였다가 완전 방전될 때까지 사용하는 것을 반복하는 것이 가장 좋은 사용방법이다.

⑥ 그러나 리튬이온 전지는 메모리 현상이 없으므로 사용자가 임의대로, 주변 환경에 따라 수시로 충전하여 사용하여도 거의 수명에 영향을 미치지 않는다. 오히려 조금 쓰고 충전하고 조금 쓰고 또 충전하고 하면 Ni-계 전지와는 정반대로 수명이 길어지는 효과가 있다.

⑦ 이러한 이유 때문에 리튬이온 전지가 Ni-계 전지보다 훨씬 비싼데도 수요가 늘어나고 사용자가 찾게 되는 것이다.

1.1.3. 전지가 갖춰야 할 조건

전지가 터무니없는 가격대를 형성하고 있다면 정부의 보조금이 나온다고 할지라도 쉽게 구할 수 없는 상황에 처하게 된다. 특히 전지는 수시로 교환해 주어야 하는 소모성 부품으로 가격이 비쌀 경우 그 부담감은 소비자들에게 무척 큰 짐으로 전락할 수 밖에 없다. 따라서 전지가 갖춰야 할 조건은 다음과 같다.

첫째, 자동차 자체의 보조금은 물론 전지에 대한 보조금 또는 기술적 발전을 통한 생산성, 효율성 향상으로 전지 자체의 가격을 낮추는 것이 시급하다.

둘째, 안전성이다. 손안에 들어오는 작은 전지 폭발로 크고 작은 사건 사고가 발생하는 것을 볼 수 있었다. 그런데 그 보다 수십, 수백 배 큰 자동차 전지가 폭발하는 사고가 발생한다고 했을 때 그 피해는 엄청날 것으로 예상된다. 또한, 교통사고 발생 시 충격으로 인한 전지 폭발 등이 발생하지 않도록 하기 위해 단단한 내구성과 충격 흡수율을 높이기 위한 방안 등을 마련해야 한다.

셋째, 수명이다. 차량을 교체하는 시기가 각기 다르겠지만 5~10년 정도 사용한다고 봤을 때 그 전지 수명 역시 이와 비슷하거나 그 이상의 수명을 지니고 있어야 한다. 이는 가격과도 밀접한 연관이 있다. 전지 수명이 짧다고 하더라도 그 전지 교환비용이 적절한 가격에 책정된다면 사실 수명은 기준 이상만 유지해주면 된다.

넷째, 마지막으로 집적화이다. 무게나 부피 등을 줄일 수 있는 기술력이 필요하다. 전지가 크고 무거울 경우 결국 전지 효율대비 사용시간은 턱없이 줄어들 수밖에 없다. 따라서 집적화된 기술력을 바탕으로 작고 가벼운 하지만 반비례하여 파워, 수명은 긴 전지를 완성해야 한다.

기타, 그 외에도 "전지 충전 시간", "충전을 위한 인프라 구축" 등 갖춰져야 할 부분이 많다. 이러한 점들만 보더라도 전지와 관련한 문제가 해결되는 시점이 바로 전기자동차의 대중화로 이어지는 시점일 것이다.

기존 리튬이온 전지의 충전 시에 리튬 원자(분해된 리튬 이온)는 양극 안쪽에 쌓이고 방전 시 떨어진다. 리튬 이온이 양극에 붙거나 떨어질 때 양극의 흑연판이 이동하고 변형되어 흑연판이 10% 이상 분리되고 리튬 이온 크기를 수용한다. 방전 시에는 이러한 과정이 반대로 진행된다.

전지 전 수명에 걸쳐 이러한 반복적 이동 및 변형은 흑연판을 피로하게 하고 흑연 구조의 균열을 일으킨다. 이러한 균열 때문에 입자 간 전기 접촉이 상실되고 따라서 전지의 기능, 용량, 수명이 떨어진다.

흑연 대신에 나노 크기의 리튬 티타늄 산화물을 사용할 경우 리튬 티타늄 산화물은 "변형이 0"인 재료이다. 따라서 이 재료는 리튬 이온이 입자로 들어가고 나올 때 모양이 변형되지 않는다. 리튬 티타늄 산화물 재료는 3차원 결정 구조이다. 이 구조에는 크기가 원자와 거의 같아 리튬 이온이 들어갈 수 있는 장소가 있다. 따라서 충전과 방전 과정에서 응력이나 변형이 일어나지 않는다. 그러므로 흑연과 같은 재료를 파괴하는 입자 피로가 없기 때문에 기존 리튬이온 전지보다 자주 이 전지를 충전하고 방전할 수 있다. 기존 리튬이온 전지는 수명이 다할 때까지 약 1,000번 충전할 수 있으며 리튬 티타늄 산화물 재료를 사용하는 전지는 2만 5,000번 이상 충전과 방전을 할 수 있다.

1.1.4. 전기차 배터리의 구성요소

전지에는 산화제인 양극 활물질과 환원제인 음극 활물질, 양 활물질간에 있어 이온 전도에 의해 산화반응과 환원반응을 중개하는 전해액, 양극과 음극이 직접 접촉하는 것을 방지하는 격리판이 필요하다. 또한 이것들을 넣는 용기(전지캔), 전지를 안전하게 작동시키기 위한 안전밸브나 안전장치 등이 필요하다.

고성능 전지란 다음과 같은 조건을 갖추어야 한다.

① 고전압

② 고용량

③ 고출력
④ 긴 사이클 수명
⑤ 적은 자기방전
⑥ 넓은 사용온도
⑦ 안전하고 높은 신뢰성
⑧ 쉬운 사용법
⑨ 낮은 가격 등이 요구된다.

이와 같은 것을 모두 만족시키는 이상적인 전지를 얻기는 어려우므로 가능한 이와 같은 조건을 만족시키는 용도에 따라 특징이 있는 전지가 제조되고 있다. 고성능 전지를 위해서는 그 구성요소가 우수한 특성을 나타내야 한다. 축전지의 구성은 다음과 같다.

① 전극(부극과 정극)활물질
  ㉮ 양극(Positive Electrode) : 전자를 받아 양극 활물질이 환원되는 전극(Al집전체, Li산화물 등)
  ㉯ 음극(Negative Electrode) : 산화반응을 하여 도선에 전자를 방출하는 전극(Cu집전체, Carbon등)
② 전해질 : 양극과 음극사이에서 화학반응이 원활하도록 이온 이동이 일어나는 매체(유기용제, 리튬염, 첨가제 등)
③ 분리막 : 양극과 음극사이의 물리적으로 야기되는 전지 접촉을 방지하며, 이온의 이동은 자유롭다.

1.1.5. 전기자동차 전지의 종류와 특성

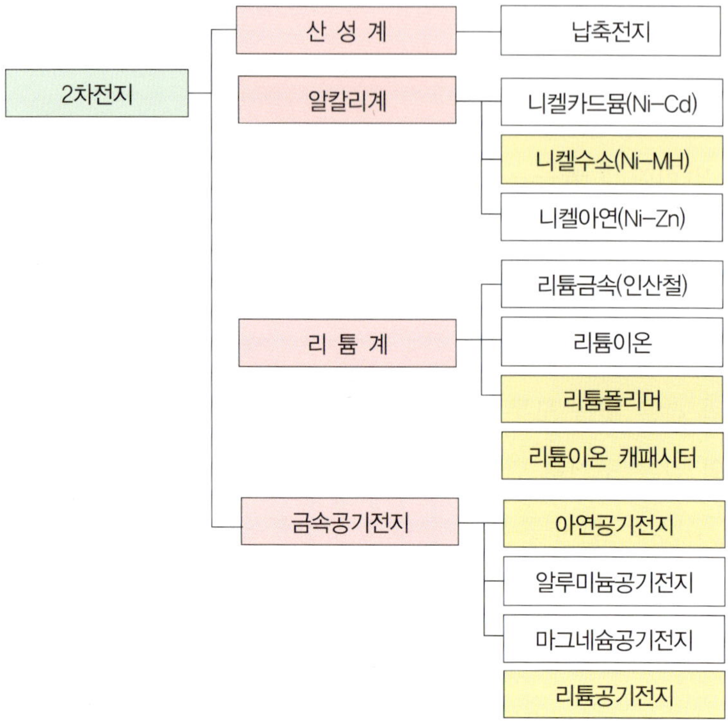

그림 3-4 2차 전지의 종류

가솔린 자동차의 핵심 기술에 해당되는 엔진 기술과 함께 전지 기술은 전기자동차의 핵심 기술이라 할 수 있으며, 전기자동차의 특성으로는 가솔린 자동차에 비해 유해가스가 나오지 않고, 소음이 적으며, 운전이 용이하고, 구조가 간단하여 고장률이 적으며, 운전 경비가 적게 드는 장점이 있다. 그러나 현재 탑재되고 있는 전지는 무겁고, 1충전 거리가 짧으며, 최고 속도와 가속력이 적은 결점이 있다.

따라서 전기자동차 전원으로서 갖추어야 할 전지의 조건으로는 가볍고, 에너지 밀도(Wh/kg) 및 출력 밀도(W/kg)가 커야 한다. 재래형 전지를 전기자동차용 전원으로 사용하기에는 성능이 상당히 떨어지기 때문에 우수한 성능의 신형 전지를 개발하기 위해 선진 각국에서는 이의 연구개발에 적극적으로 나서고 있다.

전기자동차가 실용화되기 위한 전제로는 전지 가격이 저렴하여야 하므로 우선 주재료인 전극 재료가 자원적으로 풍부해야 하고, 폐전지로부터 금속의 회전 및 리사이클이 용이해야 하며, 경제성이 좋아야 한다. 아래의 표는 현재 전기자동차용으로 사용되는 주요 전지의 제특성을 나타낸 것이다. 재래형 전지로는 현재 널리 사용되고 있는 납축전지, Ni/Cd 전지 등이 있고, 신형 전지는 다양하다.

[리튬계 전지의 종류와 특징]

전지종류	리튬이온 전지	리튬폴리머 전지	리튬금속폴리머 전지
음극	탄소	탄소	리튬
전해질	액체전해질	고분자 전해질	고분자 전해질
양극	금속산화물	금속산화물	금속산화물
	$LiCoO_2, LiNiO_2, LiMn_2O_4$	$LiCoO_2, LiNiO_2, LiMn_2O_4$	유기설퍼, 전도성고분자
평균전압	3.7V	3.7V	2.0~3.6V
에너지밀도	high	high	very high
저온특성	excellent	good	poor
안정성	poor	medium	good

[2차전지의 특징]

특성	Ni/Cd 전지	Ni/MH 전지	Li-Ion 전지	Li-Ion Polymer전지
양극활물질	NiOOH	NiOOH	$LiMO_2$	$LiMO_2$
음극활물질	Cd	MH	Carbon	Carbon
전해액	KOH/H_2O	KOH/H_2O	LiX/유기용매	LiX/고분자전해질
평균전압(V)	1.2	1.2	3.7	3.7
에너지밀도(Wh/L)	160	240	300~350	250~300
수명(회)	1000	1000	1200	1000
자기방전율(%/월)		20~25	〈10	〈〈10
환경친화도	Bad	Bad	Good	Good
저온특성	Good	Good	Good	Bad

1.1.6. 리튬이온 전지(Lithium ion battery)

전기차에 사용되는 리튬이온 배터리는 일반적으로 3가지로 나누며 형태별로 보면 파우치형, 각형, 원통형으로 나누어 볼 수 있다. 리튬이온 배터리는 용기에 배터리 4대 소재인 양극, 음극, 분리막, 전해액을 채워 만드는데 용기가 각 기둥 형태이면 각형, 파우치 형태이면 파우치형, 원통 형태이면 원통형으로 분류한다.

[리튬이온 배터리 형태]

구분	장점	단점	제조사	자동차 제조사
파우치형	다양한 크기와 모양으로 제작가능, 높은 에너지 밀도	높은 생산 원가	LG에너지솔루션 SK이노베이션 등	현대자동차, GM, 포드, 르노, 볼보, 폭스바겐, 닛산 등
각형	외부 충격에 강함	열관리 어려움	삼성SDI, CATL, 노스볼트, BYD 등	BMW, 벤츠, 아우디, 폭스바겐, 포르쉐, 페라리 등
원통형	표준화된 크기/디자인으로 대량생산, 원가절감 가능	공간 효율성 낮고 무거움	LG에너지솔루션, 파나소닉	테슬라, 리비안

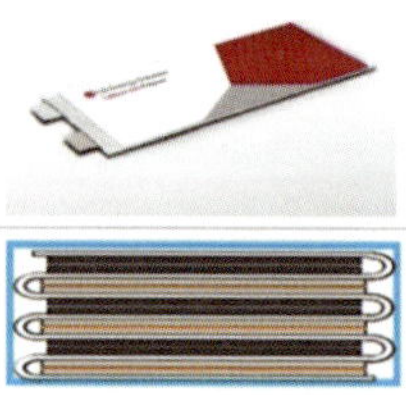

(파우치형)

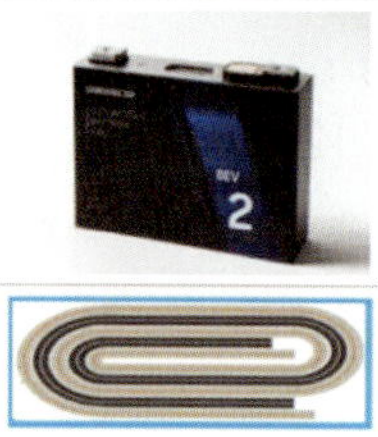

(각형)

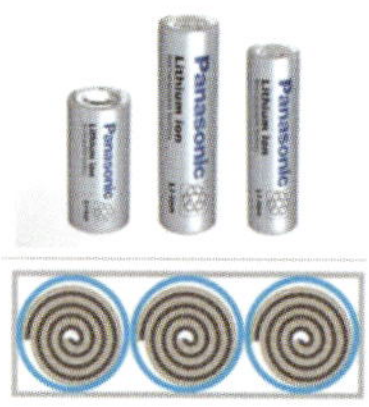

(원통형)

열관리 용이도 : 각형 〈 파우치형 〈 원통형
충격 위험도 : 원통형 〈 각형 〈 파우치
가격 경쟁력 : 파우치형 〈 각형 〈 원통형
화재 위험도 : 원통형〈 각형 〈 파우치형
공간 활용도 : 원통형 〈 각형 〈 파우치형
외피 재질
각형 : 금속, 파우치 : 플라스틱, 원통형 : 금속 캔

[1] 리튬이온 배터리의 성능을 좌우하는 4대 구성요소

2차전지는 크게 4가지 구성요소(양극, 음극, 분리막, 전해액)로 된 구조를 갖는다. 리튬이온 배터리의 성능을 좌우하는 4대 구성요소에 대해 살펴보도록 한다. 배터리 성능 발전을 위해 신소재에 대한 연구개발을 강화하며, 또한 기존 소재의 성능 향상과 핵심기술에 대한 지속적인 연구개발 노력도 계속 필요하다. 리튬이온 배터리의 고용량·고효율 혁신을 이끌어야, 우리 삶의 풍요를 가져올 미래 배터리 산업을 이끌어 나갈 수 있다.

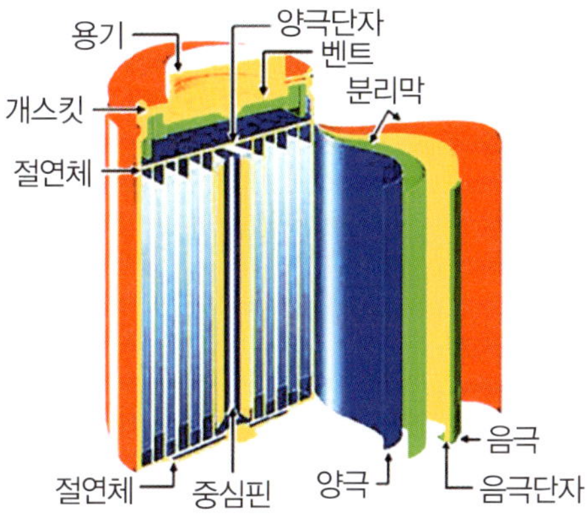

그림 3-5 원통형 리튬이온 전지의 구조

양극과 음극의 구조는 기재와 합제로 구성되고, 합제는 활물질 + 도전재 + 바인더로 이뤄진다.

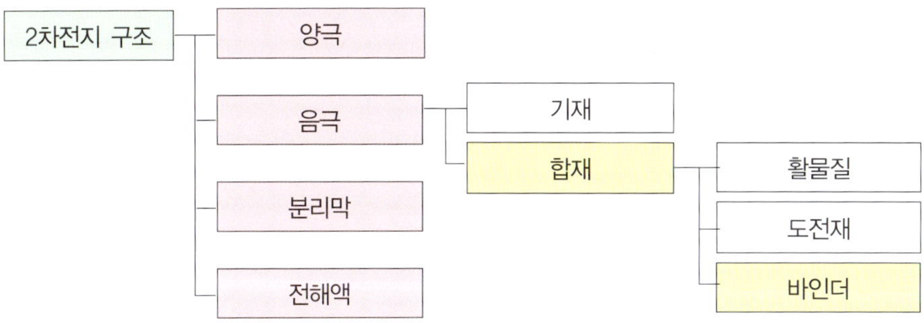

[2] 리튬이온 배터리의 구성요소

[리튬이온 전지의 주요 구분과 구성요소]

구분	주요 구성요소
양극 (Positive electrode)	활물질, 도전재, 결합제, 기재
음극 (Negative electrode)	활물질, 결합제, 기재
분리막 (Separator)	미세 다공성 폴리에틸렌 수지막(격리막)
전해액 (Orgaic electrolyte)	리튬염+유기용매 ($LiPF_6$, $LiBF_4$, $LiClO_4$ 등)+(EC, PC, DMC, DEC 등)
안전장치 (Safety devices)	Safety vent, PTC, CID, 보호회로

2차전지는 크게 양극과 음극, 전해액과 분리막 구조로 구성된다.

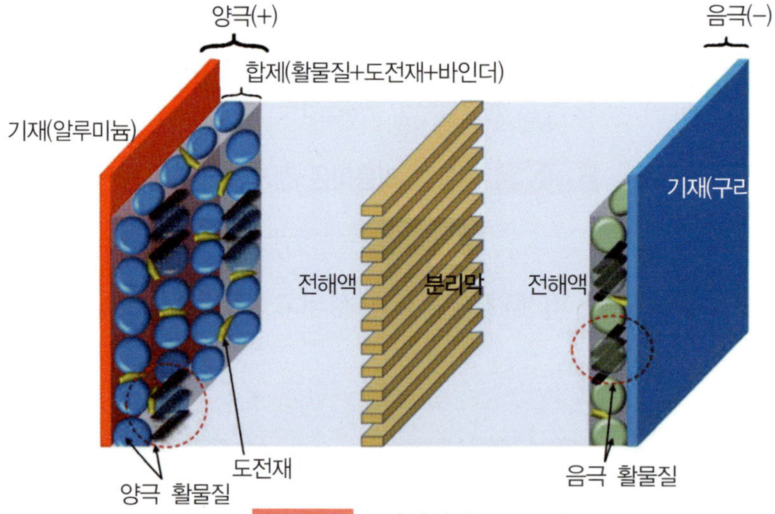

그림 3-6 2차전지의 구조 및 구성요소

여기서 가장 중요한 양극(anode, 애노드)은 리튬이온 배터리의 용량과 전압을 결정하며, 리튬이온 배터리는 리튬의 화학적 반응으로 전기를 생산하는 배터리이다. 따라서 당연히 리튬이 들어가게 되는데 그 공간이 바로 양극이다. 하지만 리튬은 원소 상태에서는 반응이 불안정해서 리튬과 산소가 만난 리튬산화물이 양극에 사용된다.

리튬산화물처럼 양극에서 실제 배터리의 전극 반응에 관여하는 물질을 "활물질"이라고 한다. 즉, 리튬이온 배터리의 양극에서는 리튬산화물이 활물질로 사용되는 것이다. 그림 8과 같이 기재 위에 양극 활물질, 도전재, 바인더(binder)로 구성된다. 음극(cathode, 캐소드)도 동일구조로 구성된다.

활물질과 도전재는 가루 형태이기 때문에 이들로 전극을 만들어 주기 위해 알루미늄 또는 구리로 된 판(기재, substrate, 여기서 기재(基材)는 기질(基質)로 화학반응에서의 반응물, 반응물질을 의미한다.)에 아교, 풀과 같은 접착제 역할을 하는 바인더(binder)를 통해 고정한다.

① 양극 활물질 : 리튬과 산소가 결합된 구조

② 음극 활물질 : 흑연들이 결합된 격자구조

아래 그림은 양극 활물질과 음극 활물질을 보여준다.

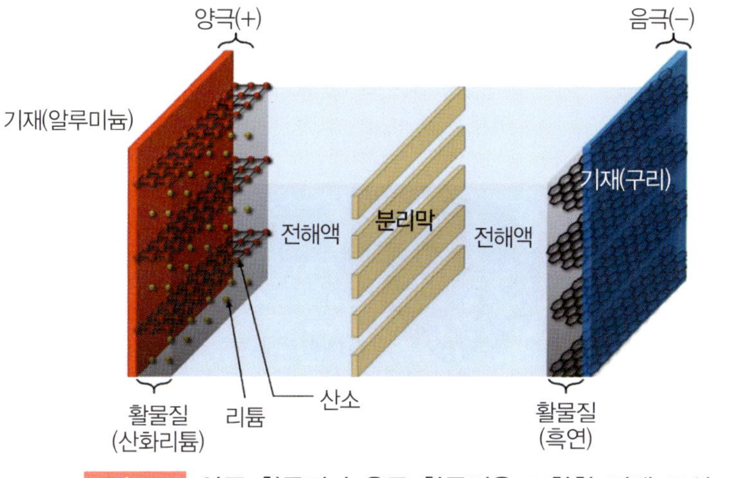

그림 3-7 **양극 활물질과 음극 활물질을 포함한 전체 구성도**

양극을 조금 더 자세히 살펴보면, 양극의 틀을 잡아주는 얇은 알루미늄 기재(판, plate)에 활물질과 도전재 그리고 바인더가 섞인 합제가 입혀져 있다. 활물질은 리튬이온을 포함하고 있는 물질이고, 도전재는 리튬산화물의 전도성을 높이기 위해서 넣고, 바인더는 알루미늄 기재에 활물질과 도전재가 잘 달라붙도록, 점착(또는 접착)할 수 있도록 도와주는 일종의 접착제 역할을 한다.

이렇게 만들어진 양극은 배터리의 특성을 결정짓는 중요한 역할을 한다. 어떤 양극 활물질을 사용했느냐에 따라 배터리의 용량과 전압이 결정되며, 리튬을 많이 포함했다면 용량이 커지게 되고, 음극과 양극의 전위차가 크면 전압이 커진다. 일반적으로 음극은 종류에 따라 전위의 차이(전위차)가 작은데 반해, 양극은 상대적으로 차이가 크기 때문에 양극이 배터리 전압을 결정짓는 데 아주 중요한 역할을 하는 것이다. 다음 그림은 알루미늄 기재에 합제가 점착(접착)되어 붙어, 결합된 단면 조립구조를 보여준다. 그리고 둥근 원 안 확대 사진은 합제의 확대된 조직구조이다.

참 고

도전재는 영어로 conductive additive로 conductive(전도성) + additive(특정 효과를 내도록 첨가하는 물질, 즉 첨가물)를 합친 용어로, 특정 대상에 전도성(도전성)을 생기게 만드는 첨가제이다.

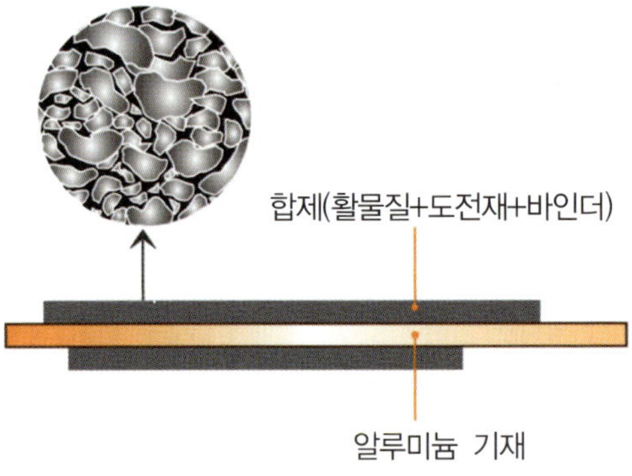

그림 3-8 알루미늄 기재에 합제가 결합된 단면 조립구조

(1) 양극(Anode)

양극은 배터리의 "용량"과 "전압"을 결정하는 중요 역할을 한다. 음극의 활물질에 따라서도 전압이 달라질 수 있으나, 양극이 상대적으로 활물질에 따른 전위차가 크므로 전압 차이도 커서 배터리의 전압을 결정하는데 더 큰 역할을 한다.

양극의 구성은 기재 + 합제(활물질 + 도전재 + 바인더)로 구성된다. 산화물의 형태로 충전과 방전의 핵심이 되는 "리튬 원자"가 존재하며, 최근에는 고성능 양극재의 수요가 늘면서 3원계 NCA(니켈 · 코발트 · 알루미늄), 사원계 NCMA(니켈 · 코발트 · 망간 · 알루미늄) 등 다양한 양극재가 개발되었다. 다음 그림은 활물질, 도전재, 바인더로 결합 된 합제를 입체적으로 모형화시킨 구성도이다.

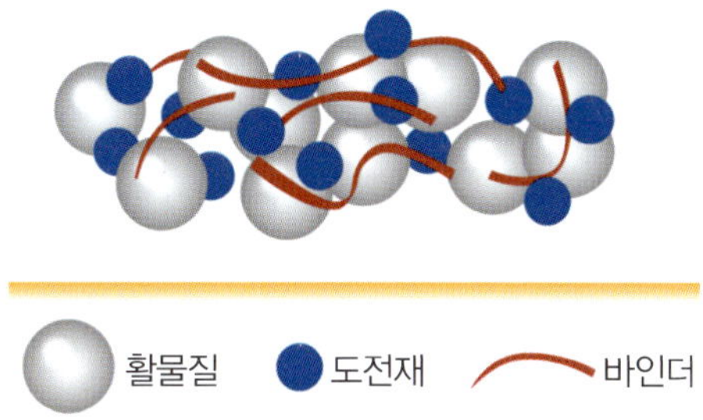

그림 3-9 합제(활물질, 도전재, 바인더의 결합) 입체적 모형도

구성요소에 대한 설명은 다음과 같다.

① 배터리의 성능을 결정하는 "활물질(Active material)" : 리튬이온 배터리의 경우 충전과 방전에 핵심이 되는 물질로 양극재에는 안정적인 반응을 위해 산소가 결합된 리튬 계열의 산화물(Li+O)을 사용하고 있다. 리튬 산화물 형태로 리튬이 존재하는 이유는 산소와 결합한 산화물 상태가 안전하기 때문이다. 어떤 양극 활물질을 사용했느냐에 따라 저장되는 전자(e^-)수가 달라지면서 배터리의 용량과 전압이 결정된다. 양극 활물질은 리튬과 금속성분 조합으로 구성되며 금속 종류별로 Ni(니켈)은 고용량 특성, Mn(망간)과 Co(코발트)는 안전성, Al(알루미늄)은 출력 특성을 향상시키는 역할을 한다.

② 이온화된 전자의 전도성을 높이는 "도전재(Conductive additive)" : 도

전재는 활물질인 리튬산화물의 전도성을 높이는 역할을 한다. 또한 리튬 산화물에서 이온화된 전자의 흐름을 촉진시키는 역할도 한다. 만약 도전재의 양을 줄이고 그만큼 활물질을 더 넣을 수 있다면, 그만큼 더 많은 리튬산화물을 양극에 포함시킬 수 있다(=배터리의 용량이 증가).

③ 알루미늄 기재와 합제를 연결시키는 "바인더(Binder)" : 바인더(binder)는 2차전지의 전극을 기계적, 물리적으로 안정화시켜 주는 소재로 활물질과 도전재를 집전체에 점착(접착)시켜 주는 일종의 접착제이다. "활물질 + 도전재"는 가루형태 이며, 이들과 전극 역할을 하는 알루미늄 기재를 연결시키기 위해서 일종의 접착제 역할을 하는 바인더를 혼합하는 것이다.

(2) 음극(Cathode) – 전자를 도선으로 내보내는 "음극"

음극 역시 양극처럼 음극 기재에 활물질이 입혀진 형태로 이루어져 있다. 음극 활물질은 양극에서 나온 리튬이온을 가역적으로 흡수·방출하면서 외부회로를 통해 전류를 흐르게 하는 역할을 수행한다.

배터리가 충전상태일 때 리튬이온은 양극이 아닌 음극에 존재하며, 이때 양극과 음극을 도선으로 이어주면(방전) 리튬이온은 자연스럽게 전해액을 통해 다시 양극으로 이동하게 되고, 리튬이온과 분리된 전자(e^-)는 도선을 따라 이동하면서 전기를 발생한다.

음극은 구리 기재 위에 활물질, 도전재, 바인더가 입혀진다. 음극에는 대부분 안정적인 구조를 지닌 흑연(graphite)이 사용된다. 흑연은 음극 활물질이 지녀야 할 많은 조건들인 구조적 안정성, 낮은 전자 화학반응성, 리튬이온을 많이 저장할 수 있는 조건, 가격 등을 고루 갖춘 재료로 꼽히고 있다.

음극은 충전 시 양극에서 이동된 리튬이온과 전자를 저장한다. 기재와 합제의 형태로 구성 되고, 리튬이온 배터리에서의 음극 활물질은 "흑연(graphite)"이 주로 사용된다. 흑연 활물질은 충전 시 양극에서 음극으로 이동된 리튬이온과 전자가 저장되며, 흑연은 종이가 겹쳐 있는 것 같은 구조로 이루고 있어 이를 층상 구조라 부르며 양극에서 빠져나온 리튬이온은 이 층상구조 사이에 들어간다. 흑연의 구조는 그림 3-10과 같이 탄소가 결합된 형태로 탄소 6개당 1개의 리튬원자를 저장한다. 만약 흑연이 아니라 다른 물질을 음극 활물질로 사용하여 더 많은 이온을 저장할 수 있다면 그만큼 배터리의 용량 증가가 가능하다.

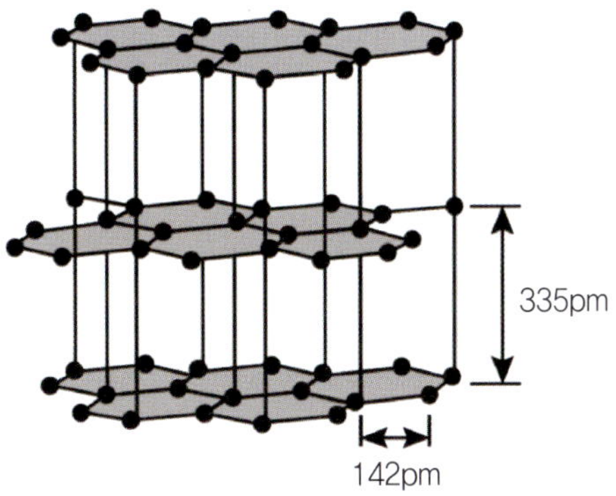

그림 3-10 흑연의 결정구조(탄소 6개당 1개의 리튬원자 저장)

음극의 활물질은 반응성이 적고, 구조적으로 안정적이며, 리튬이온을 많이 저장할 수 있는 조건, 가격 등을 고려하여 선정한다. 현재 용량이 크고 충전 속도를 빠르게 할 수 있는 실리콘(Si, Silicon, Silicone, 규소) 음극재 등 차세대 음극재 개발이 활발하게 진행되고 있다.

(3) 분리막(Separator) – 양극과 음극의 장벽 "분리막", 배터리 안전을 책임지는 "분리막"

양극과 음극이 배터리의 기본 성능을 결정한다면 분리막과 전해액은 배터리의 안전성을 결정짓는 구성요소라고 할 수 있다. 분리막은 양극과 음극이 서로 섞이지 않도록 물리적으로 막아주는 역할을 담당하고 있다. 전자가 전해액을 통해 직접 흐르지 않도록 하고, 내부의 미세한 구멍(기공, pore)을 통해 원하는 이온만 이동할 수 있게 만든다.

즉, 물리적인 조건과 전기화학적인 조건을 모두 충족시킬 수 있어야만 한다.

현재 상용화된 분리막으로는 폴리에틸렌(PE), 폴리프로필렌(PP)과 같은 합성수지가 있다.

1) 분리막의 특성과 역할

분리막은 간단히 설명하면 절연소재의 얇은 막으로, 역할은 다음과 같이 크게 5가지로 요약할 수 있다. 양극과 음극이 배터리의 성능을 대표하는 소재라면, 분리막은 배터리의 안전성과 관련된 중요한 역할을 하는 핵심 소재라고 할 수 있다.

① 분리막은 배터리 내부에서 양극과 음극이 접촉하지 않도록 분리 하고 있다.

② 분리막에는 우리 눈에는 보이지 않지만 매우 미세한 기공(pore)을 가지고 있어 그 구멍을 통해 리튬이온이 양극과 음극 사이를 이동할 수 있도록 하는 역할을 하고 있다.

③ 전자를 빼고 리튬이온만 통과시켜 주는 필터 역할을 하며, 양극과 음극이 섞이지 않도록 하는 안전장치이다. 충・방전 중 양극과 음극의 직접적인 접촉을 차단하고, 리튬이 온만 통과시킨다. 만약 분리막이 없어 리튬이온과 전자가 한꺼번에 이동된다면 화학반응이 기하급수적으로 증가하여 열을 발생시키고 이것이 폭발로 이어진다. 전위가 서로 다른 양극과 음극이 섞인다면 이것이 결국 합선돼 저항이 0인 상태에서 대단히 큰 전류가 흘러 열발생(열폭주)에 의한 폭발로 이어진다. 배터리로 인한 화재나 폭발의 대부분은 이 분리막에 문제(파손, 찢김 등)가 생겨 양극과 음극의 물질이 서로 뒤섞여 화학반응을 일으키는 것으로 기인한다.

④ 배터리 내부 온도가 일정 수준 이상 올라가게 되면, 분리막 표면에 위치한 기공들이 막혀 리튬이온의 이동을 차단해 내부적으로 쇼트(short, 단락 또는 합선 : 접촉되면 안 되는 두 도체, 즉 서로간의 부하가 거의 없는 상태에서 전류적으로 접촉되는 현상을 말하는 것으로, 쇼트가 나면 의도치 않은 과전류가 흐르게 되고 그 막대한 전기에너지가

발산하는 발열로 인해 화재가 일어날 수도 있는 현상이다.) 발생을 방지한다.

⑤ 분리막은 높은 기계적 강도를 지니고 있어 강한 힘을 받을 때 배터리 내부에서 발생하는 부산물이나 이물질들을 막아 안전성을 확보하는 역할을 수행한다. 따라서 분리막의 소재로 폴리에틸렌(PE)과 폴리프로필렌(PP)과 같은 고분자화합물(합성수지, 폴리머, polymer)이 널리 사용되는 것은 소재가 갖는 절연성, 내열성, 내충격성, 유연성, 기공 가공성, 셀 외벽(케이스, case)과의 조립 용이성, 경제성 등 여러 가지 면에서 우수하기 때문이다. 이에 대한 자세한 물성과 특징에 대해서는 뒤에서 자세히 설명한다. 현재 배터리 소형화를 위해 분리막을 얇고 안전하게 만들기 위한 연구개발도 계속 진행되고 있다.

다음 그림은 분리막 속 기공(pore)을 통해 리튬이온(Li^+)이 이동하는 모습을 도식화한 것이다.

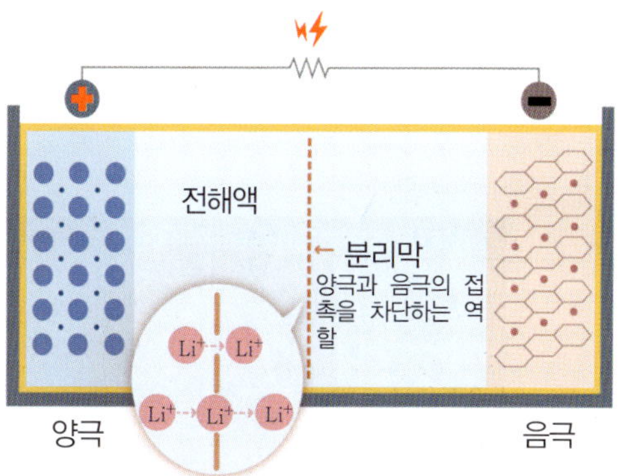

그림 3-11 분리막 속 기공을 통해 리튬이온이 이동하는 모습

2) 분리막은 어떤 조건을 갖춰야 할까?

분리막은 다른 소재들과 달리 배터리의 안전성과 연관되어 있기 때문에 여러 필요조건들이 갖추어져야 한다.

우선 분리막으로 사용되려면 전기화학적으로 안정적이어야 하고, 절연성이 뛰어나야 한다. 양극과 음극의 접촉을 차단해야 하는데, 분리막이 리튬이온이나 배터리 내부에 있는 다른 이온들과 반응해 버리면 안 되기 때문이다.

또한 리튬이온이 원활하게 분리막 사이를 통과할 수 있도록 분리막 표면에 초미세 구멍(이를 기공, pore이라 한다)이 많아야 하며, 그 크기는 균일해야 한다. 구멍이 별로 없거나 들쑥날쑥하면 리튬이온이 이동하는데 어려움이 있어, 그만큼 충전시간이 더 걸리며 전기 발전량이 줄어든다. 그리고 배터리 온도가 일정 수준을 넘어섰을 때 분리막이 자체적으로 기공을 막아(shut-down) 리튬이온의 이동을 차단해 안전성을 확보할 수 있어야만 한다. 마지막으로, 배터리의 에너지밀도 향상을 위해서는 두께가 얇아야 더 많은 양의 활물질을 넣을 수 있고, 그러면서도 분리막의 기계적 강도가 우수해야 쉽게 손상되지 않고 배터리의 안전성까지 확보할 수 있기 때문이다. 이러한 이유로 분리막을 더 얇게 하면서도 기계적 강도와 내구성을 향상시키는 기술개발 및 특허 출원이 증가하고 있다. 다음 그림은 전자현미경(SEM : Scanning Electron Microscope, 주사전자현미경)으로 본 분리막 조직의 확대 사진이다.

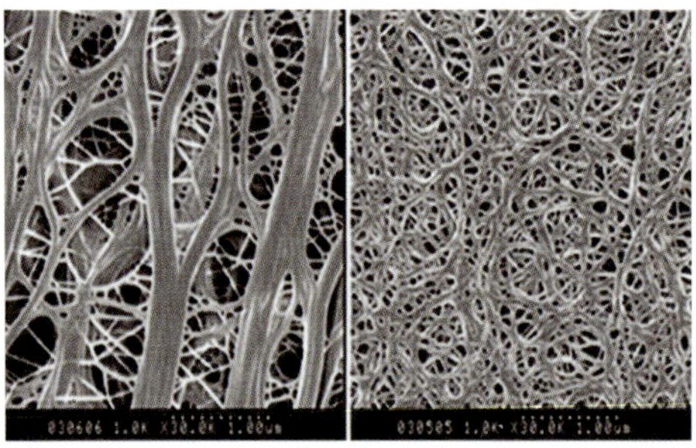

그림 3-12 전자현미경으로 살펴본 분리막 조직 구조

3) 코팅 기술을 통해 한 단계 진화하는 분리막

분리막의 소재로는 폴리올레핀(PO), 폴리에틸렌(PE), 폴리프로필렌(PP)과 같은 절연 특성이 뛰어난 고분자 소재, 즉 고분자화합물(합성수지, 폴리머, polymer)이 사용된다. 이 소재들을 연신(유연성을 갖는 잘 늘어나고 펴지는 성질)하여 미세한 기공을 만드는데 그 방식에 따라 건식과 습식으로 나눌 수 있다.

건식 제조는 단순히 기계적인 힘으로 필름 원단을 당겨 기공을 만드는 방식이고, 습식 제조는 필름에 여러 첨가제를 추가해 화학적인 방식으로 기공을 만드는 방식이다. 건식의 경우 제조공정은 간단하나 기공 사이즈가 불균일하고, 습식에 비해 기계적 강도도 약하다. 반면 습식의 경우는 제조공정이 복잡해 고가지만, 균일하게 기공의 사이즈를 만들 수 있다는 장점이 있다.

과거에는 분리막으로 필름 소재 하나만을 사용했지만, 최근에는 분리막의 성능을 강화하기 위해 다양한 소재와 방식으로 코팅하여 사용하고 있다. 예를 들면, 삼성SDI는 분리막 코팅 기술 내재화를 통해 차별화된 경쟁력을 확보하고 있다. 초고 내열성 분리막 개발을 통해 배터리 안전성을 확보하고 박막화 기술로 배터리 용량 증가와 배터리의 품질 확보를 위해 접착 분리막을 개발하여 사용 중이다. 안전성과 품질을 동시에 확보하기 위한 고내열 접착분리막의 개발은 양산 완성 단계로 보다 성능과 품질이 고도화된 분리막의 배터리가 출시될 것이다.

(4) 전해액(Liquid electrolyte, 액체 전해질) - 이온만 이동시키는 “전해액”

앞서 양극과 음극을 설명할 때 리튬이온은 전해액을 통해 이동하고, 전자는 도선을 통해 이동한다고 했으며, 이온은 전해액으로 이동한다. 전자는 도선으로 이동하게 하는 것이 배터리에서 전기를 사용할 수 있는 가장 중요한 핵심이다. 만약 전자가 도선이 아니라 전해액을 통해 이동하게 되면 전기를 사용할 수 없는 것은 물론이고, 안전성까지 위협받게 된다.

전해액이 바로 그 역할을 수행하는 구성요소로, 양극과 음극 사이에서 리튬이온을 이동할 수 있도록 하는 매개체인 셈이다. 전해액은 리튬이온을 잘 이동시킬 수 있도록 이온전도도가 높은 물질이 주로 사용된다.

전해액은 염, 용매, 첨가제로 구성되어 있다. 염은 리튬이온이 지나갈 수 있는 이동 통로, 용매는 염을 용해시키기 위해 사용되는 유기액체, 첨가제는 특정 목적을 위해 소량으로 첨가되는 물질이다. 이렇게 만들어진 전해액은 이온들만 전극으로 이동시키고, 전자는 통과하지 못하게 한다. 전해액의 종류에 따라 리튬이온의 움직임이 둔해지기도, 빨라지기도 하므로, 전해액은 까다로운 조건들을 만족해야만 사용가능하다.

전해질(電解質, electrolyte)은 수용액 상태에서 이온(ion)으로 쪼개져 전류가 흐르는 물질이다. 대표적인 전해질로는 염화나트륨, 황산, 염산, 수산화나트륨, 수산화칼륨, 질산나트륨 등이 있다. 염화나트륨은 고체 상태에서는 전류를 흘려보내지 않아 도체가 될 수 없지만, 수용액 상태에서는 전류를 흘려보내서 전해질이 될 수 있다.

강한 산과 염기나 가용성 염은 강한 전해질이 되고, 약한산과 염기는 약한 전해질이 된다. 반대로 이온으로 나누어지지 않아서 전류가 통하지 않는 물질을 비전해질이라 한다. 그러나 최근 꿈의 배터리라 불리는 전고체 배터리(all solid state battery)는 전해액을 고체(즉, 고분자 소재, polymer)로 바꾼 획기적으로 안전성을 꾀하는 2차전지이다. 다음 그림은 전해액의 원리 및 기능을 알기 쉽게 설명해준다.

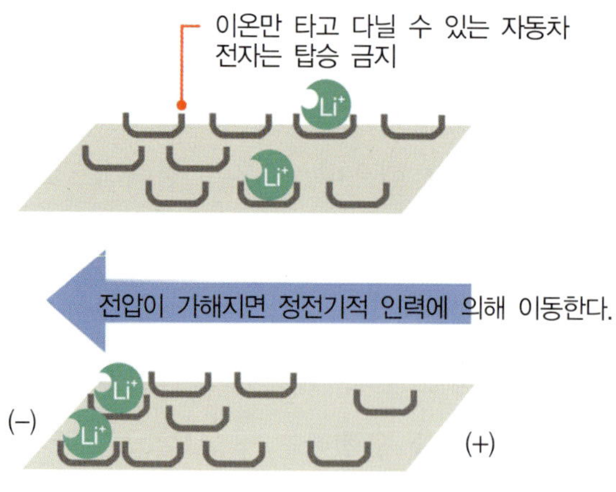

그림 3-13 전해액의 원리 및 기능

전해액(liquid electrolyte)의 주요기능(역할)을 정리하면 다음과 같다.

① 분리막과 더불어 전자의 이동을 막는 안전장치이며, 리튬이온이 전극 사이를 오갈 수 있게 하는 매개체(매질) 역할을 한다.

② 이온의 이동을 촉진시켜 전도성을 높이는 촉매 역할을 한다.

㉮ 충전 : 양이온화된 리튬이온이 전해액을 통해 배터리 내부의 전체 균형을 맞춰주기 위해 (+)극에서 (-)극으로 이동

㉯ 방전 : 음이온화된 리튬이온이 전해액을 통해 배터리 내부의 전체 균형을 맞춰주기 위해 (-)극에서 (+)극으로 이동

③ 전해액은 전자에 대한 전도성이 없기 때문에 분리막과 함께 전자의 이동은 허용하지 않고, 전자는 도선을 통해 리튬이온만 전해액을 통해 흐르면서 배터리의 과반응에 의한 위험성을 낮추는 역할을 한다. 상대적으로 전자의 이동속도보다 느린 리튬이온의 이동을 빠르게 하는 촉매 역할로, 현재는 이러한 역할을 할 수 있는 최선의 방법으로 액체 전해질이 널리 사용된다. 그리고 안전성과 성능이 더 뛰어난 고체나 젤(gel) 형태 전해질에 대한 연구도 활발히 진행되고 있다.

(5) 2차전지의 충전 및 방전

1) 2차전지 충전 과정

2차전지 충전 과정은 여러 단계를 거쳐 이뤄진다.

① 방전상태 : 리튬원자가 양극에 저장(리튬원자 = 리튬이온 + 전자)

② 충전시작 : 양극에 있던 리튬원자가 리튬양이온(Li^{+})과 전자로 이온화(산화반응)

③ 전자는 연결된 배선을 따라 양극에서 음극으로 이동한다.

④ 리튬양이온은 전해액을 통해 음극으로 이동한다.

⑤ 음극으로 이동된 리튬양이온과 전자는 음극의 활물질인 흑연의 구조속에 층층이 저장된다(환원반응).

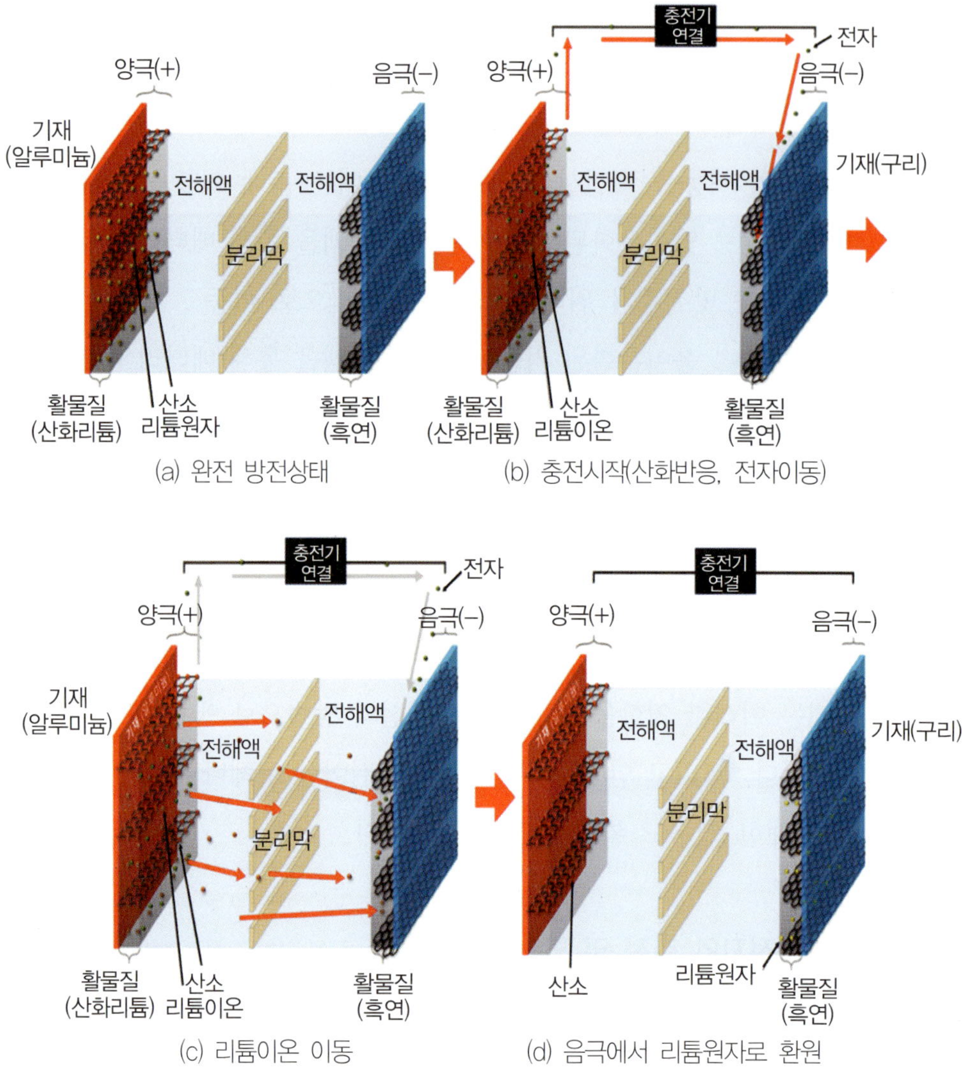

(a) 완전 방전상태 (b) 충전시작(산화반응, 전자이동)

(c) 리튬이온 이동 (d) 음극에서 리튬원자로 환원

그림 3-14 2차전지 충전 과정

2) 2차전지 방전 과정

2차전지의 방전 과정도 앞에서 설명한 충전 과정과 같이 여러 단계를 거쳐 이루어진다.

① 충전상태 : 리튬원자는 음극에 저장

② 방전시작 : 리튬원자가 리튬양이온(Li^{+})과 전자로 분리(산화반응) - 양극으로 이동

③ 전자는 연결된 배선을 따라 이동, 연결된 부하(전자기기 등)에 전기를 공급(자발적인 움직임)

④ 리튬양이온은 전해액을 통해 양극으로 이동한다.

⑤ 양극으로 이동된 리튬양이온과 전자가 만나 다시 리튬원자로 결합(환원반응)

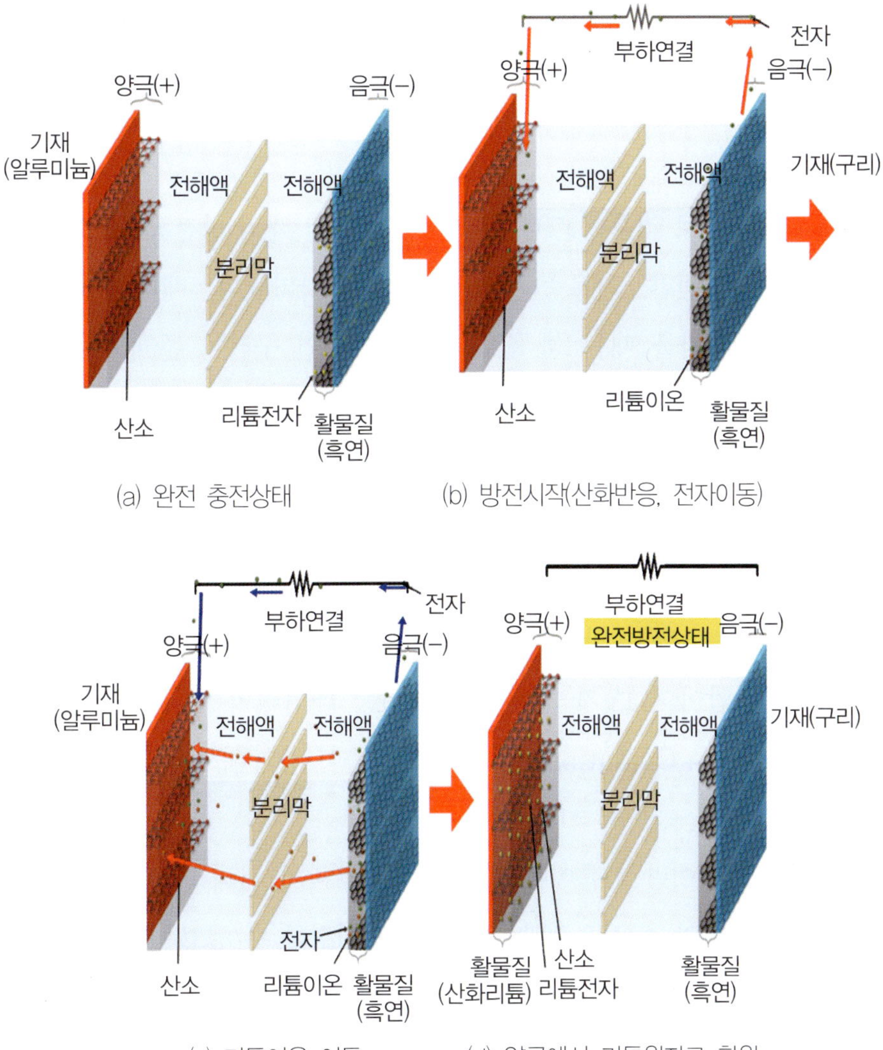

그림 3-15 2차전지 방전 과정

[3] 리튬이온 배터리 셀의 방전곡선

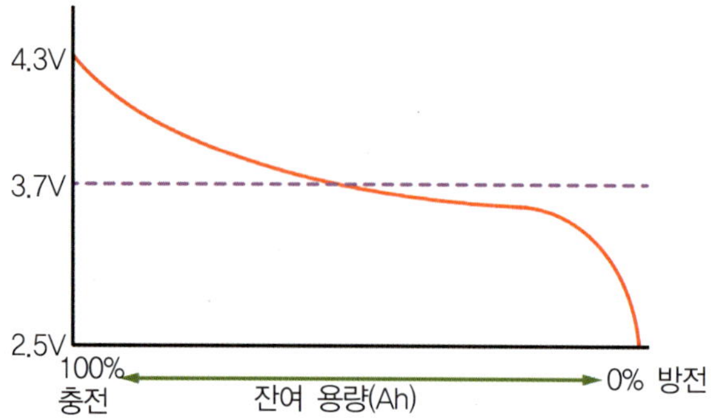

그림 3-16 리튬이온 배터리 셀의 방전곡선

일정한 전류로 리튬이온 배터리를 방전 시킬 때의 방전곡선으로 세로축은 배터리 셀의 전압, 가로축은 충전 상태를 나타낸다. 배터리의 충전 용량이 100%에 가까울 때는 셀 전압이 4V 이상인 구간이 존재하며 잔량이 대략 80%~20% 정도일 때는 셀 전압이 3.7V 근처에서 상당히 오랫동안 일정하게 유지되는 것을 볼 수 있다.

충/방전시에 리튬이온이 배터리의 음극을 드나들 때 마다 이온의 이동을 방해하는 얇은 막이 조금씩 생성되면서 배터리의 수명이 줄어들게 되는데, 배터리가 80%~20% 영역에서 동작할 때 이러한 막의 생성속도가 느리다고 하며 셀 전압이 4.1V가 넘는 상태에서는 배터리의 양극에서 전해액의 산화(Electrolyte Oxidation)가 일어날 확률이 증가해서 배터리의 수명이 줄어든다고 한다.

컷오프 전압이란 리튬이온 배터리를 보호하기 위해 BMS를 사용하게 되며, 배터리에 따라 컷오프 전압을 다양하게 설정할 수 있고 대략 셀당 3.0~2.3V까지이다. 이 이하로 사용하게 되면 자동으로 BMS에서 배터리 사용을 멈추어 주며 BMS가 고장일 경우가 발생하여 배터리의 전압이 2.3~2V 이하로 내려가면 배터리의 수명이 급격히 줄어든다.

충전시의 경우에도 4.1~4.3V로 다양하게 설정할 수 있고 대부분의 배터리는 4.3V까지 충전시킬 수 있도록 되어 있다. 이 경우에도 컷오프가 4.2V 또는 4.1V인 BMS가 있을 경우 완충은 안 된다고 보면 된다.

리튬이온 배터리의 실사용 구간은 4.1~3.3V 구간으로 보면 되고, 완충 후 사용 시 4.2~4.1V 구간은 사용함에 따라서 급격하게 전압이 내려간다. 또한 3.5~2.5V(2.3V) 구간의 경우를 전압으로 보면 1V 구간이나 실제 용량으로 따질 경우 1/10도 되지 않는 구간으로, 용량이 작아 전압강하도 강하게 일어나므로 배터리의 수명에 영향을 미칠 수 있다.

[4] 리튬이온 배터리의 방전특성

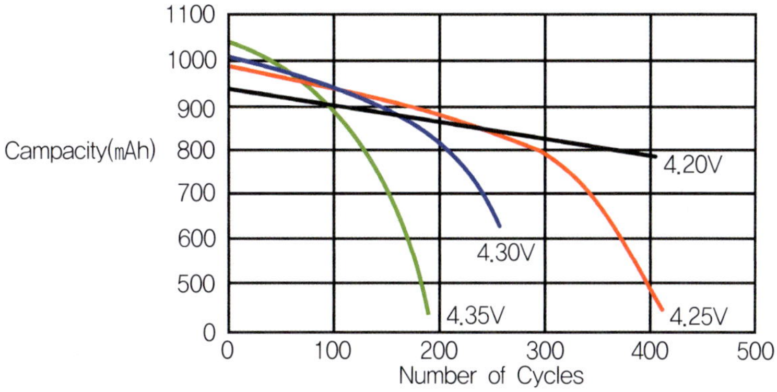

그림 3-17 높은 전압에서 사이클 수명에 미치는 영향

높은 충전 전압이 사이클 수명에 미치는 영향을 보면 리튬이온 배터리의 높은 충전전압은 배터리의 용량을 증가시키지만 수명과 안전성을 떨어뜨린다. 일반적으로 차량에 적합한 최적의 전압 값을 사용하더라도 장시간 동안 셀당 4.2V 이상의 고전압을 사용하게 되면 수명이 저하되게 된다.

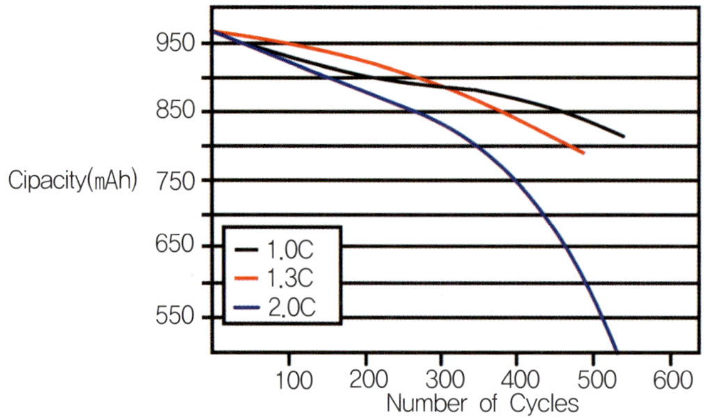

C-rate(Current rate, 충·방전율)

- 배터리를 충전 또는 방전시키는 속도를 나타내는 값이다. '충·방전율'이라고 도 하는데, 단위는 용량을 뜻하는 Capacity의 약자인 'C'를 사용한다. C-rate는 충·방전 전류(A)를 배터리의 정격 용량 값(Ah)으로 나눈 값으로, 표준값은 1C이며, 아래와 같이 계산할 수 있다.

  C-rate(C)=충·방전전류(A)/배터리의 정격 용량 값(Ah)
- 1C방전조건 : C-rate=1일 방전조건으로 방전전류가 배터리의 정격용량과 같다는 것을 의미한다.

그림 3-18 다양한 방전 수준에서 리튬이온 에너지 셀의 수명(출저 : Choi et al(2002))

리튬이온 배터리가 다른 방전률(C-rate)로 방전되었을 때 리튬이온 에너지 셀의 수명을 보면 1C방전에서 보다 2C방전에서 보다 훨씬 높은 스트레스가 나타나므로 용량 및 수명이 줄어들게 된다.

리튬이온 배터리의 수명은 몇 번 충전하고 방전할 수 있는지 표현하는게 일반적이고, 현대자동차 전기차에 사용된 리튬이온 폴리머 배터리는 통상적으로 방전 상태에서 충전 시 1000회, 50% 사용 후 충전했을 때는 약 5000회, 20% 사용 후 충전했을 때는 약 8000회 가량 충전이 가능하다.

[전기차 고전압 배터리 보증기간]

(개인 최고 고객 기준)

아이오닉	코나	포터	아이오닉 5	쏘울부스터	니로	볼트	i3
평생	평생	8년/ 12만km	10년/ 20만km	10년/ 20만km	평생	8년/ 16만km	8년/ 16만km

[5] 리튬이온 배터리 수명

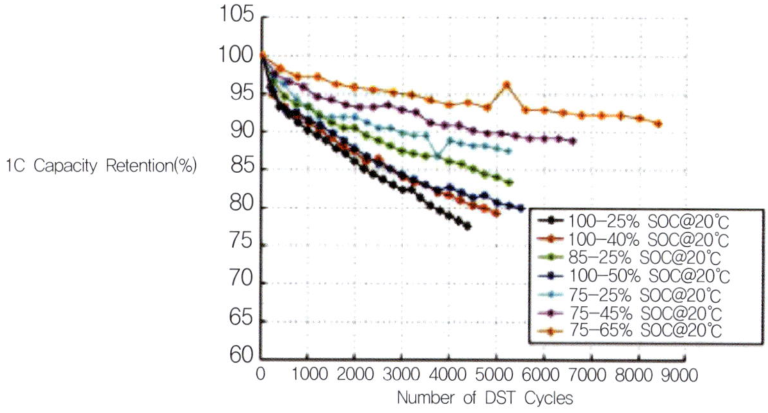

그림 3-19 동적 스트레스 테스트(DST)

그림 3-19는 다양한 충전 및 방전 조합으로 리튬이온을 충·방전 사이클링 할 때 생기는 용량 손실을 반영하는 동적 스트레스 테스트(DST)를 보여주고 있고, 완전히 충전된 리튬이온을 100~25% SOC로 방전할 때 용량 손실이 최대로 방생한다. 75~65% SOC 사용은 용량 손실이 최소화되나 이것은 배터리를 완전히 활용하지 않는 조건이다. 그리고 배터리가 고전압 및 고온에 노출되면 정상 상태에서 충·방전하는 것보다 배터리가 더 빨리 열화되는 것으로 알려져 있다.

배터리의 용량 감소는 일시적인 용량 감소와 영구적인 용량 감소가 있으며, 일시적 감소는 온도, 충·방전 전류의 크기에 따라서 용량이 변화하는 것이며 용량이 감소하지만 시간이 흐르면 정상상태의 용량으로 돌아오는 것을 말하며, 영구적인 용량감소는 충·방전 사이클의 증가와 과충전, 과방전으로 시간이 지나도 정상상태의 용량으로 되돌아올 수 없는 것을 말한다.

배터리는 시간과 사용량에 따라 성능이 저하될 수 밖에 없고 시간이 지날수록 충전 속도가 느려지고, 충전량에 따라 주행거리가 줄어드는 것으로 배터리의 수명이 줄어들었다고 표현하기도 한다.

배터리의 수명을 이야기하는 배터리 열화상태인 SOH(State of Health, 잔

존수명)를 보면 리튬이온 배터리의 SOH는 충・방전 주기의 횟수와 방법 및 전류에 따라 달라진다. 특히 온도에 따라 내부저항이 민감하게 변화하며, 그 과정에서 OCV(Open Circuit Voltage, 개방전압)가 변하게 된다. 따라서 온도변화와 배터리의 충・방전 과정에서 변화하는 내부저항의 특성과 그에 따른 OCV변화를 고려하여 SOH 판별하는 방법도 있다.

참 고 **배터리의 용량**

① SOC(State of Charge, 배터리 충전상태) : 현재 사용할 수 있는 배터리 용량을 전체 용량으로 나누어 %로 나타낸 값

② SOH(State of Health, 배터리 열화 상태) : 배터리의 이상적인 상태와 대비하여 현재 건강 상태를 수치로 나타낸 값

1.1.7. 리튬폴리머 전지(Lithium polymer batteries)

리튬폴리머 전지는 현재 일본에서 상용화되어 있는 액체 전해질형 리튬이온 전지의 단점인 안전성 문제, 제조비용의 고가, 대형 전지제조의 어려움, 고용량화의 어려움 등의 문제를 해결할 수 있는 전지이다.

[1] 전지의 개요

리튬폴리머전지인 경우는 리튬이온전지와 유사하나 리튬이온전지의 전해액을 고분자물질로 대체하여 안정성을 높인 것이 다르다. 또한 리튬폴리머전지는 음극으로 리튬금속을 사용하는 경우와 카본을 사용하는 경우가 있는데 카본음극을 사용하는 경우를 구별하여 리튬이온폴리머전지로 표기하는 경우가 있으나, 대부분의 경우 편의상 리튬폴리머전지로 통용하고 있다.

전해질이 고체이기 때문에 전해질의 누수염려가 없어 안전성이 확보되고, 또한 용도에 따라 다양한 크기와 모양으로 전지팩을 제조할 수 있어 기존의 리튬이온 전지에서 원통형 및 각형전지로 전지팩을 제작할 경우 전지와 전지

사이에 전지용량과 무관한 쓸데없는 공간이 생기는 문제를 해결함으로써 에너지밀도가 높은 전지를 제조할 수 있다.

그림 3-20 리튬폴리머 전지

또한 자기방전율 문제, 환경오염문제, 메모리효과 문제가 거의 없는 차세대 전지라 할 수 있다. 특히 전지제조공정이 리튬이온 전지에 비하여 비교적 용이할 것으로 예상되어 대량생산 및 대형전지 제조가 가능할 것으로 보이므로 전지제조비용의 저렴화 및 전기자동차 전지로의 활용 가능성이 매우 높은 전지라 할 수 있다. 그러나 리튬폴리머 전지가 기술적으로 실현 가능하게 하기 위해서는 아래와 같은 문제가 선결되어야 한다.

① 전기화학적으로 안정해야 함.(과충방전에 견디기 위해 넓은 전압범위에서 안정)
② 전기전도도가 높아야 함. (상온에서 1ms/cm 이상)
③ 전극물질이나 전지내의 다른 조성들과 화학적, 전기화학 적 호환성이 요구됨.
④ 열안정성이 우수하여야 함.

전고체형 전지에서 기계적 성질은 가끔 무시되어지나 역시 중요한 인자이다. 이러한 것은 실험실 수준에서 양산 수준으로 이전될 때 더욱 중요하다. 또한 원재료는 쉽고 값싸게 구입할 수 있어야 한다. 근래 대부분의 연구는 상온에서 높은 이온전도도를 나타내는 고체 고분자 전해질의 개발에 초점이 맞추어져 있으며, 젤-고분자 전해질 및 하이브리드 고분자 전해질의 개발로 이것이 실현되었다. 이들 고분자 전해질은 액체와 고체 고분자 전해질의 문제점을 극복하기 위한 것으로 젤-고분자 전해질은 많은 양의 액체 가소제를 폴리머 호스트 구조에 첨가하여 제조한 것이고, 하이브리드 고분자 전해질은 고분자 매트릭스 내에 유기용매 전해질을 주입시켜 제조한 것으로 전기화학적, 화학적, 열적, 전기적 특성이 우수하며, 또한 제3의 물질을 첨가하여 기계적 특성을 향상시킴으로써 리튬폴리머 전지의 상용화 가능성을 높였다.

(+)극과 (-)극 사이에 무엇이 있을까? 리튬이온 전지는 액체로 된 전해액이 들어 있다. 문제는 이 전해액은 유기성인데 휘발유보다 잘 타는 물질이다. 그래서 폭발의 위험이 있다. 리튬폴리머는 바로 이점을 개선한 것이다. 전해액대신에 고분자물질로 채워서 안정성을 높인 것이다.

즉 리튬 이온 중합체 전지(리튬이온 폴리머 전지, 폴리머 전지)는 중합체(폴리머)를 사용한 리튬이온 전지이다.

좁은 의미의 폴리머 전지는 폴리머를 전해질로 사용한 것이다. 넓은 의미의 폴리머 전지는 전해질 이외에 음극과 양극의 활성 물질에 전도성 고분자 등을 이용한 것도 포함된다. 고체나 젤 상태의 중합체를 전해질로 사용하기 때문에 안정성이 높고 무게도 가벼우며 제조과정도 간단하여 컴퓨터를 비롯한 핸드폰 등에서 주로 사용되고 있다. 앞으로 그 사용영역이 더욱 확장될 것으로 보인다.

리튬폴리머 전지는 리튬이온 전지와 동작원리는 같으나 전해액에 유기 용매와 겔상의 고분자를 사용하는 것으로 누액의 위험이 적고 안전성이 뛰어나며 필름 형태의 재료를 중첩시켜 구성하므로 형상의 자유도가 높아 다양한 모양이 가능한 특징이 있는 반면에 리튬이온 전지에 비해 체적 에너지 밀도가 떨어지며 제조공정이 비교적 복잡하여 아직까지 가격이 높다.

현재 휴대기기용(디지털 카메라 등)으로 사용되고 있는 폴리머 전지는 폴리에틸렌 글리콜(Polyethylene glycol)이나 폴리에틸렌 플로라이드(Polyethylene fluoride)으로 구성된 폴리머에 전기분해액을 포함시켜 교질화(겔화)한 것으로, 본질적으로는 리튬이온 전지와 큰 차이가 없다. 하지만 전해질이 준고체상태이기 때문에, 용액이 잘 새어나오지 않는다는 장점이 있다. 다른 방식의 2차전지에 비해 상당히 가볍고, 메모리 효과도 매우 적다. 모양도 비교적 자유롭게 만들 수 있기 때문에 이용이 증가하고 있다. 애플의 노트북인 맥북, 맥북프로에서 사용되기도 한다.

리튬폴리머 전지는 음극과 양극사이의 분리막이 리튬이온 전지에서의 전극의 분리역할 외에 이온전도의 매개체, 즉 전해질의 역할을 하는 전지이다. 리튬폴리머 전지는 전극재료 및 고분자 분리막의 종류에 따라 다음과 같이 구분할 수 있다.

[리튬폴리머 전지의 분류]

	양극	전해질	음극	개발사
1	고분자	유기용매	리튬 or 고분자	Bridgeststone, Ricoh, Matsushida
2	고분자	고분자	리튬 or 고분자	Kanedo
3	무기재료	고분자	리튬 or 고분자	Yuasa, Hydro-Quedec, Ultralife
4	무기재료	겔형고분자	리튬 or 고분자	LG, Bellcore, Hitachi Maxell, Sony, Toshibe

[2] 고분자 전해질

고분자 전해질은 크게 아래와 같이 세 분류로 나눌 수 있다.

① 순수 고체 고분자 전해질계

② 젤-고분자 전해질계

③ Hybrid 고분자 전해질계

순수 고분자 전해질계는 Hydro-Quebec사에서 처음 시도한 것으로 약간의 액체가소제를 혼합하여 제조한다. 이러한 전해질은 용매증발 피복법으로 박막을 제조한다.

젤-고분자 전해질은 순수-고분자 전해질에 비하여 상온에서의 높은 이온전도도와 불량한 기계적 성질을 나타내는 것으로 많은 양의 액체가소제와 혹은 용매를 폴리머 매트릭스에 첨가하여 폴리머호스트구조와 안정한 젤을 형성하도록 하는 것이다. 젤-고분자 전해질은 높은 이온이동도와 높은 전하수송물질 농도를 나타내어 주된 성능향상을 이루었고, 또한 저온특성도 우수하게 되었다.

Hybrid 고분자 전해질계는 고분자 매트릭스를 1미크론 미만(submicron)으로 다공성하게 만들어 유기용매 전해질을 이 작은 기공에 주입시켜 제조한다. 이 작은 기공에 들어간 유기용매 전해질은 누액이 되지 않고 아주 안전한 전해질로 사용할 수가 있다. 이 전해질은 이온전도도가 유기용매 전해질의 이온전도도와 같은 특성을 갖고 있고, 용이하게 제작할 수 있는 것이 장점이라고 볼 수 있다.

[3] 전기 화학적 원리

음극과 양극의 활물질(active material)이 리튬이온 전지와 유사하기 때문에 전기화학적 원리는 같다. 전지의 작동은 충·방전에 의해 리튬이온이 양극과 음극 사이를 이동하며 사이에 끼움에 의해 이루어진다. 전지작동에 의한 전극의 변화는 없기 때문에 안정적인 충·방전이 가능하다.

$$\text{Anode : } LiCoO_2(s) = LI_{1-n}CoO_2(s) + ne^-$$
$$\text{Cathode : } C(s) + nLi^+ + ne^- = CLi_x$$
$$LiCoO_2(s) + C(s) = LI_{1-n}CoO_2(s) + CLi_x$$

LIPB는 리튬이온 전지(LIB)의 전극구성과 비슷하며, 단지 전해질만 고분자 전해질을 사용하는 것이 다르다. 전해질은 고체고분자전해질, 유기용매와 염을 고분자에 혼합한 하이브리드 gel 전해질이 있다.

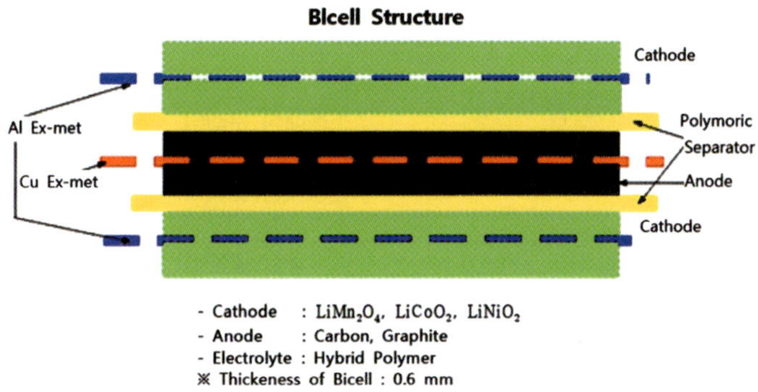

그림 3-21 Plastic lithium ion battery(PLI) 원리

[4] 고분자 분리막

고분자 분리막은 리튬의 결정성장에 의한 양 전극의 단락을 방지함과 동시에 리튬이온 이동의 통로를 제공하는 역할을 한다. 고분자 전해질의 이온전도도는 과거 10^{-7}S/㎝에서 최근 10^{-5}~10^{-4}S/㎝ 정도로 향상되고 있으나 실용화하기 위한 값인 10^{-3}S/㎝에는 못 미치고 있다. 이를 개선하기 위해 전해액을 고분자에 함침된 상태에서 전지를 구동하는 겔형 리튬폴리머 전지의 개발에 주력하는 추세이다.

겔형 고분자 전해질의 장점은 향상된 이온전도도 외에 우수한 전극과의 접합성, 기계적 물성, 그리고 제조의 용이함 등을 들 수 있다.

대표적인 겔형 고분자는

① poly(ethylene oxide) (PEO)

② poly(acrylonitrile) (PAN)

③ poly(methyl methacrylate) (PMMA)

④ poly(vinylidene fluoride) (PVDF)이다.

대표적인 겔형 고분자전해질로서 Bellcore사의 PVDF계 전해질은 vinylidene fluoride(VDF)와 hexafluoroethylene(HFP)의 공중합체와 가소제, 그리고 무기첨가제를 혼합하여 필름 성형 후 전해액을 합하여 겔화시키는 공정으로 제조된다.

전해질에 의한 전지의 구분은 다음과 같다.

전해질 구분	전지	종류	구성
전해질 구분	리튬이온 전지	소용매성 분리막	Polyolefin+ 전해액
		친용매성 분리막	다공성 PVDF계 분리막+ 전해액
	겔형 리튬이온폴리머 전지	비가교성 고분자	P대,PAN,PVDF+가소제+리튬염
		가교 고분자	가교성 고분자+사고제+ 리튬염
	리튬이온폴리머 전지	가소제항침 고분자	+ 리튬염
		무기첨가제항침 고분자	+ 리튬염
		고분자	+ 리튬염

[5] 리튬폴리머 전지의 종류

리튬폴리머 전지는 기존 리튬이온 전지의 양극, 전해액, 음극 중 하나에 폴리머 성분을 이용한 것을 말하며 아래의 4종류가 있다.

① 폴리머 전해질 전지 진성 폴리머 전해질 전지

② 폴리머 전해질 전지 겔폴리머 전해질 전지

③ 폴리머 양극 전지 도전성 고분자 양극전지

④ 폴리머 양극 전지 황산 폴리머계 양극전지

현재 양산되는 폴리머전지는 B. 겔(GEL) 폴리머 전해질 전지를 말하며 두 종류로 분류된다.

① 가교 폴리머형(진정한 의미의 폴리머전지. 고온에서도 안정된 겔 구조 유지 가능)

② 비가교 폴리머형(폴리머 사이의 결합이 물리적인 얽힘이거나 약한 수소 결합으로 겔 구조가 붕괴되기 쉬움)

가교 폴리머형는 곤약에, 비가교형 폴리머는 한천에 비유하곤 한다. 곤약은 끓은 물에 넣어도 아무런 반응도 하지 않고 겔 구조를 유지하지만, 한천은 상온에서는 견고한 겔이지만 80도씨 이상에서는 녹아버린다.

비가교형 폴리머가 고온에 쉽게 부풀거나 하는 것이 이런 특성 때문이다. 리튬폴리머 전지의 공통적인 특징은 얇은 외장재에 있다. 실제로 폴리머가 들어가서 내부물질의 무게는 기존의 리튬이온 전지보다 무겁지만 외장재가 월등히 가벼워서 전체적으로 더 가볍다. 그러나 실제 용량은 리튬이온보다 훨씬 떨어진다. 리튬이온 전지는 부피당 에너지 밀도가 300~350mAh/L, 폴리머전지는 250~300mAh/L이다. 같은 외형크기-부피일 때 리튬이온이 훨씬 오래 쓸 수 있다. 그 이유는 폴리머 전지에 첨가된 폴리머 전해질의 이온전도도가 액체 전해질보다 훨씬 낮고 반응성이 떨어지기 때문이다.

그래서 폴리머전지는 온도가 낮아지면 반응성이 더 나빠져서 전지로서의 기능을 발휘하지 못한다. 반대로 고온에서는 리튬이온 전지에 쓰인 액체 전해질의 이온전도도가 폴리머 전해질 보다 높기 때문에 반응속도가 빨라져 폴리머 전지가 조금 더 안전하다.

특히 고온에서는(90℃이상) 어떤 전지든 내부 단락현상이 일어나는데 폴리머 전지는 외장재가 약해 보다 일찍 옆구리가 터져 피식하고 새는 식으로 폭발이 일어나지만 리튬이온 전지는 외장재가 두꺼워 견딜 수 있는 압력까지 견디다 보다 크게 폭발할 위험이 있다. 그러나 모든 출하되는 리튬이온 전지는 고온(90도, 130도 150도)에서의 각종 안전성 테스트, 기계적인 충격에 대한 강도 테스트 등이 충분히 검증된 것이므로 안전성에 크게 걱정할 필요는 없다. 이러한 안전성 관련 테스트들은 보호회로 없는 상태에서 통과해야 출하되며, 보호회로를 부착하는 이유는 사용자의 실수 등을 대비하기 위한 것이다. 내부단락이 일어나기 전에 모든 반응을 정지시키며 전지를 보호한다.

외장재가 폴리머전지와 같은 얇은 필름 형태이지만 내부물질은 100% 리튬이온 전지와 같은 ABL-type의 전지가 있다.

이 전지는 폴리머의 안전성에 대한 장점은 전혀 없는 전지이다. 다만 외장재가 가볍기 때문에 전체 중량이 폴리머보다도 조금 더 가볍다. 그러나 반응성이 큰 액체 전해질을 사용한 반면 기존 리튬이온 전지와는 달리 얇은 필름형 외장재를 사용하여 고온에서의 내부압력을 버티지 못하고 공처럼 부풀다가 누설이 발생하는 경우가 많으며 사용기기에는 매우 치명적이다. 따라서 고온에서의 반응성을 낮추기 위해 끓는점이 높은 전해질을 사용하기도 하는데 그런 경우 저온에서의 성능이 현격히 떨어지게 된다.

[6] 리튬폴리머 전지의 특성

리튬이온 전지와 리튬폴리머 전지와의 차이점은 다음과 같다.

① 구조상의 특징에서 판상 구조이기 때문에 리튬이온전지의 공정에서 나오는 구불구불한 작업이 필요 없으며, 각형의 구조에 매우 알맞은 형태를 얻을 수 있다.

② 전해액이 모두 일체화된 셀 내부에 주입되어 있기 때문에 외부에 노출되는 전해액은 존재하지 않는다.

③ 자체가 판상 구조로 되어 있기 때문에 각형을 만들 때 압력이 필요 없다. 그래서 캔(can)을 사용한 것보다 팩을 사용하는 것이 용이하다.

[리튬폴리머 전지의 구성특징]

항목	특징	비고
전극	양극재료의 다양성	전도성 고분자, 유기 황 화합물
	음극재료의 다양성	리튬 화합물, 리튬합금 또는 금속
형상	박막 가능	0.1㎜ 이하 가능
	성형성	–
	유연성	–
	포장 용이성	Can 사용등에 의한 어려움 없음
물성	고전압	3~4V
	Bipolar 전지가능	2~3cell 연결가능
	고 에너지 밀도	100~400Wh/㎏
	긴수명	1000회 이상 충 · 방전 가능
안전성	장기간 보관 가능	5~10년
	내열성	100℃ 이상
	누전해액 문제없음	–
	과충전 대응	–
	과방전 대응	–
환경문제	재료 공급 용이	–
	공해물질 사용 않음	유해금속 사용 않음
기타	저가	–
	생산 용이성	–

[리튬폴리머 전지의 장단점]

단점	장점
리튬이온보다 용량이 작다	리튬이온보다 안전하다
리튬이온보다 수명이 짧다	리튬이온보다 가볍다.

* 리튬이온 전지는 액체로 된 전해액으로 유기성, 휘발유보다 더 잘 타는 물질을 사용. 그래서 폭발의 위험이 있다. (이것을 가슴에 품고 다니고 있음) 전지 뒤에 안전관련 문장이 있다.
* 리튬폴리머 전지는 이점을 개선한다. 전해액 대신에 고분자물질로 채워서 안정성을 높이다.

[리튬폴리머 전지의 특징]

특징	비고
초경량·고에너지 밀도	· 무게당 에너지 밀도가 기존 전지에 비해 월등하여 초경량 전지를 구현
안 전 성	· 고분자 전해질을 사용하여 Hard Case가 별도로 필요치 않아 1㎜ 이하의 초 Slim 전지를 만들 수 있으며 어떠한 크기 및 모양도 가능한 유연성
고출력 전압	· 셀당 평균 전압은 3.6V · 니카드전지나 니켈수소전지의 평균전압이 1.2V이므로 3배의 Compact 효과
낮은 자가 방전율	· 자가방전율은 20℃에서 한달에 약 5% 미만 · 니카드전지나 니켈수소전지보다 약 1/3 수준
환경 친화적 Battery	· 카드뮴이나 수은 같은 환경을 오염시키는 중금속을 사용하지 않음
긴 수 명	· 정상적인 상태에서 500회 이상의 충·방전을 거듭할 수 있음

[전지의 특징]

종류	장점	단점
리튬이온 전지	· 고용량/ 고에너지밀도 · 좋은 저온 성능 · 외장재의 견고함-기계적 충격 등에 강하다.	· 폴리머전지보다 무겁다. · 금속 외장재의 특성상 일반적으로 4~5㎜ 이하의 박형 얇은 전지와 광면적 전지를 제조하기가 어렵다
리튬폴리머 전지	· 고온에서의 안전성 · 얇은 외장재에 따른 무게의 경량화	· 얇은 외장재 – 기계적 충격에 약한다. · 저온에서 성능저하 · 용량/에너지 밀도가 매우 낮다.

[7] 리튬폴리머 전지의 이용분야

① 휴대용 전자기기인 핸드폰, hand held PC, 스마트 카드 등

② 향후 고출력 전지로 설계하여 전기 자전거, 전기자동차용으로 응용 개발

③ 산업-군사용 MAV(micro air vehicle), 의료처치용 분야에서 마이크로 수술시스템과 진단시스템

④ 초미세 자동 투약 시스템과 같은 마이크로 로보틱스 분야

[리튬폴리머 전지의 용도]

종류	비고
통신용	· 휴대폰, PCS, 무선시스템 등
정보처리용	· 노트북, PDA(Personal Digital Assistants), Handy terminal
오디오/비디오용	· 캠코더, 디지탈카메라, 휴대용 오디오 전원용
기 타	· 측정장치, 휴대용 전자제품, 전기 자동차등

앞으로 휴대폰과 휴대용 컴퓨터의 기능을 통합하고 화상 정보까지 결합된 휴대용 정보기기를 위해서는 전자회로의 집적화 및 통신속도 증대가 필수적이다. 그에 따라 이들 휴대용 정보기기를 구동시키기 위한 전력도 증가될 것이다.

리튬폴리머전지는 이러한 휴대용 정보기기의 전력의 심장부로써 폭발 위험성이 없고, 저렴한 가격의 폴리머를 사용하여 전지의 생산단가가 저렴할 뿐만 아니라 필름과 같은 박막형태로 제작이 가능하여 크기나 모양을 다양하게 조절할 수 있는 장점이 있기 때문에 앞으로 리튬폴리머전지의 쓰임새는 더욱 다양해질 것으로 예상된다.

[8] 리튬폴리머 전지의 개선점

리튬폴리머 전지는 전지 제조공정이 리튬이온전지에 비하여 비교적 용이할 것으로 예상되어 대량생산 및 대형전지 제조가 가능할 것으로 보이므로 전지

제조비용의 저렴화 및 전기자동차 전지로의 활용 가능성이 매우 높은 전지라 할 수 있다.
리튬폴리머 전지가 기술적으로 완벽한 실현이 가능하려면 아래와 같은 문제가 선결되어야 한다.

① 과 충·방전에 견디기 위해 넓은 전압 범위에서 안정해야 한다.
② 전지전도도가 높아야 한다.
③ 전극물질이나 전지내의 다른 조성들과 화학적, 전기화학적 호환성이 요구된다.
④ 열 안정성이 우수해야 한다.(특히 리튬전극과 접촉할 때 중요)

전 고체형 전지에서 기계적 성질은 가끔 무시되어지나 역시 중요한 인자이다. 이러한 것은 실험실 수준에서 양산 수준으로 이전될 때 더욱 중요하다. 또한 원재료는 쉽고 값싸게 구입할 수 있어야 한다.
근래 대부분의 연구는 상온에서 높은 이온전도도를 나타내는 고체 고분자 전해질의 개발에 초점이 맞추어져 있으며, 겔-고분자전해질 및 Hybrid 고분자전해질의 개발로 이것이 실현되었다.
리튬폴리머전지가 고안전성, 고에너지밀도, 고동력밀도를 나타내는 유망한 전지이지만 고분자 전해질의 기본적 물성과 제조공정에 대한 문제가 먼저 해결되어야 한다. 고분자 전해질이나 유기용매 전해질 중 어느 것을 사용하던 간에 전지 성능을 향상시키기 위한 전지설계가 매우 중요하다.
음극 용량 및 전지전압 즉 에너지밀도의 저하 없이 리튬음극을 대체할 수 있는 리튬 함유 음극 물질이 아직까지 뚜렷하게 나타나지 않고 있으며, 단지 유기용매 전해질형 전지에서 사용되고 있는 카본음극이 리튬폴리머전지에서 대체전극으로 사용되고 있다.
양극물질로는 전지전압이 낮은 TiS_2, V_6O_{13}, LiV_3O_8 등과 전지전압이 높은 $LiCoO_2$, $LiNiO_2$, $LiMn_2O_4$ 등이 있다. 이러한 층간 화합물의 고체상에서의 전기전도도와 리튬 확산계수는 복합양극설계의 최적화에 매우 영향을 미친다.

더구나 복합양극제조에 있어서 고점도 페이스트의 혼합과 피복에 다소 문제가 수반된다. 이러한 문제는 연속공정으로 전극 두께를 50~100㎚ 범위로 하고 표면을 매우 매끄럽게 하여야 하기 때문에 더욱 심각하게 대두된다. 양극 표면의 불균일성은 전해질의 피복을 나쁘게 하여 전지 내 결함 부위를 형성하게 된다.

일반적으로 아래의 두 가지 방법이 복합양극제조에 사용되고 있다.

① 용매증발 피복법

② 전-젤형성 피복법

용매증발 피복법은 모든 양극 조성 물질을 용매에 혼합시킨 후 기판 위에 피복하고 용매를 증발시켜 제조하는 것으로 보통 용매 대 양극 조성 물질 비는 5:1~10:1 정도가 된다. 일반적으로 피복 두께는 용매증발 속도에 제한을 받는다.

전-젤형성 피복법은 젤-전구체를 사용하기 때문에 더욱 제조가 어렵다. 젤-전구체는 뜨겁고 액체성분의 증발을 제어하기 어려우며, 복사-유도 경화(Radiation- induced curing)가 요구된다. 카본복합음극인 경우도 복합양극제조와 거의 동일하나, 단지 카본 종류 및 양극 용량에 따른 전극 활물질 양, 즉 전극 두께를 설계하여야 하는 문제가 있다.

복합음양극의 최적화는 복합음양극 구성 물질, 조성비, 제조공정 등의 조절에 의해 가능하다. 일반적으로 고분자 전해질의 저항은 전체 전지저항의 작은 부분을 차지하며, 전극/전해질 사이의 계면 저항이 전지에 있어서 가장 큰 저항 성분이다.

비록 이온수송도를 증가시키기 위해 고분자 전해질의 두께를 줄여도 전지저항은 별로 변화하지 않는데 이는 계면 저항이 고분자 전해질의 두께에 관계없이 존재하기 때문이며 계면 저항은 오직 표면적에 관계된다.

2 전기자동차 배터리의 열 폭주(Thermal runaway)

고전압 배터리의 화재가 발생하면 산소가 없어도 지속적으로 화재가 발생되며, 1% 이하의 산소 상태에서도 화염이 발생하므로 화학 소화 약제에 의한 질식 소화는 기대하기 어렵다.

리튬이온 배터리의 강한 전류가 흐르거나 충격 또는 고온의 환경에 노출되어 분리막이 손상되면 상호간 접촉으로 쇼트가 방생하게 되고, 이렇게 분리막 파손으로 배터리가 단락되면 충전된 에너지를 순식간에 방출하게 되므로 엄청난 열이 방생하게 되는데 그 열에 의해 전해액이 열분해 되어 가연성 가스가 발생하고 화재 또는 폭발로 이어진다. 이 현상을 열 폭주 현상이라고 한다.

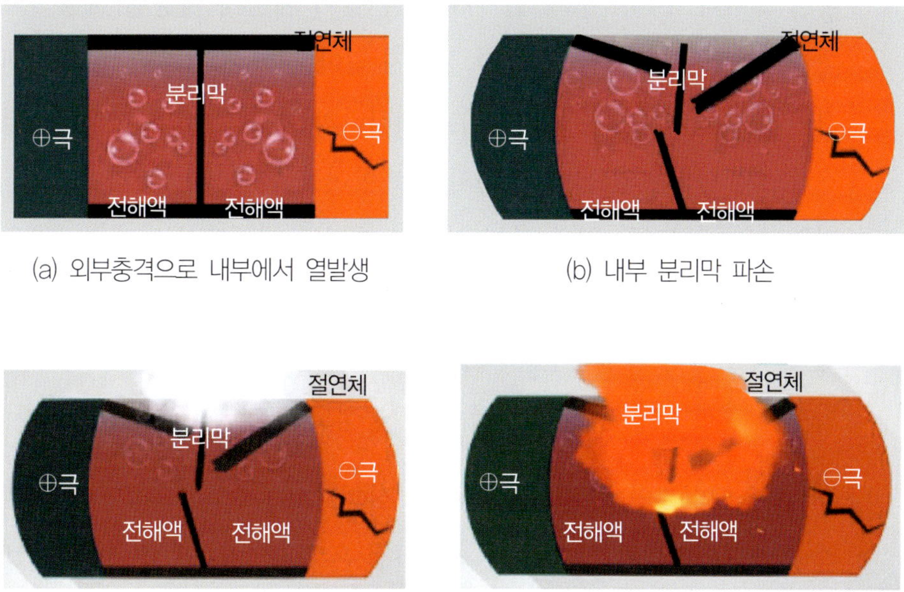

(c) 가연성 가스 배출

(d) 가연성 가스 폭발

그림 3-22 열 폭주 현상

이런 열폭주는 도대체 어떤 원인과 메커니즘으로 일어나는 것일까? 리튬이온 배터리의 셀이 어떤 요인으로 인해 온도가 급상승하고 화재와 폭발로까지 이어지게 되는 것인가?

첫번째, 일단 배터리 셀의 관점에서 살펴보면, 배터리 열폭주는 널리 쓰이는 리튬이온 배터리의 기초 단위인 셀(cell)이 내외부의 열적 요인이나 화학적 충돌로 인해 온도가 급상승하고 화재로 이어지는 현상이다. "전기차 화재는 특히 더 위험하다는 인식을 만드는 주요인이 되는 열폭주가 위험한 이유는 전기차 배터리는 여러 개의 배터리가 이어져 있고, 배터리 하나가 수많은 셀로 이루어져 있어 한 번 발생한 열폭주는 연쇄적 발화로 이어진다. 즉, 하나의 배터리(엄밀히 말하자면 배터리팩 또는 모듈)는 수많은 셀로 이뤄져 있기에, 단일 셀에서 한 번 발생한 열폭주는 주변 셀의 연쇄적 발화로 이어지며 화재가 걷잡을 수 없이 커지기 때문이다.

또한 이와 함께 요즘 전기차의 배터리 무게는 평균 450~500kg에 달한다. 일상에서 사용하는 소형 전자 제품과 전자기기와 비교할 수 없을 정도의 커다란 크기와 무게, 밀도, 큰 에너지를 갖기 때문에 저장된 다량의 에너지가 대부분 소진될 때까지 불이 잘 꺼지지 않아 진화가 쉽지도 않고 오랜 시간이 걸린다. 따라서 2차전지 리튬이온 배터리의 화재는 일반 화재와는 달리 초기 진압조차 할 수 없으며, 인명피해로 이어질 가능성이 높다.

리튬이온 배터리는 일단 불이 붙으면 배터리 내부에서 연쇄화학반응을 일으켜 700~800℃ 이상, 심지어는 1,000℃까지 치솟고, 배터리가 차량 밑바닥에 붙어있어(버스는 대부분 차량위에 설치되어 있다) 화재 시 접근도 어렵고, 화재가 커질 우려뿐 아니라 폭발 가능성도 크기 때문이다.

두번째, 배터리의 열관리 측면에서 살펴보자.

배터리의 열관리가 잘 안됐을 때, 일정 온도 이상이 될 때 셀의 전해액이 기체화되어 셀 내부 압력이 증가하게 된다. 이때 발생하는 가연성 전해물질(전해액)이 기화되고 분출(누액)될 뿐만 아니라, 내부 압력의 증가로 인해 분리막에도 손상이 갈 확률이 크게 올라가게 된다.

여기서 내부 쇼트(short) 혹은 가연성 기체물질에 의해 착화(불이 붙음)되고, 이는 인접 배터리 셀들의 가열로 이어져 화재로 확산되며, 결국은 배터리팩 전체가 화재가 일어나게 된다.

화재가 일어나면 리튬이온은 물과 반응을 잘하므로, 불을 끄기 위해 물을 뿌리게 되면 불이 더욱 커지며, 리튬 전극들 자체가 다 소진될 때까지 기다릴 수밖에 없는 상황이 된다. 그래서 완전 진화까지는 장시간이 걸리는 이유이다. 그러면 열폭주의 원인은 무엇일까?

과충전・과방전, 가열, 충격 등 발생 원인은 아주 다양하고 다수이다.

전문기관 SNE리서치 보고서에 따르면 크게 제조결함, 과충전・과방전, 외부가열, 외부충격 등으로 구분된다.

① 과충전 : 일반적으로 전기차 배터리는 충전 시에 정해진 용량 이상으로 충전되지 않도록 설계되어 있다. 그러나 지속적인 과충전은 전기화학반응을 유발하여 배터리의 성능 저하를 일으켜 손상을 초래할 수 있다.

② BMS(배터리관리시스템, Battery Management System) 문제 : BMS 결함 혹은 보호 장치 누락이다. 배터리를 제어하는 BMS가 제대로 동작하지 못해 과충전・과방전을 막지 못하고, 제어 실패로 셀이 가열되어 화재가 생기는 경우이다.

③ 외부 충격 : 많은 양의 에너지를 가지고 있는 배터리가 외부 충격으로 분리막에 손상이 오면 즉각적이지는 않지만, 그 손상으로 인한 파손(이를 "피로파괴"라 한다. 피로파괴에 의한 원인은 미세균열, 미세한 찢어짐 등의 미세손상으로 인한 큰 파손, 즉 손상으로 이어진다)이 생겨 서서히 화재로 이어질 수 있다.

④ 제조결함 : 제조 시 배터리에 혼입된 금속 이물질 등이 화학적 충돌을 막는 분리막을 손상시켜 양극과 음극의 경계가 무너져 열이 발생하고 화재가 발생할 수 있다. 이는 설치 작업자 부주의에 기인한다. 배터리 조립공정 과정에서 간혹 발생하는데, 배터리 자체가 물리적 충격에 의해 내부 분리막이 손상(소손)되어, 주행 현장에 나가 충・방전 사이클을 반복하는 경우, 내부쇼트(short, 단락・합선)로 열이 발생하게 되는 사례(case, 케이스)이다.

⑤ BSA(Battery System Assembly) : 전기에너지를 충・방전해 사용할

수 있는 리튬이온 배터리의 기본 단위인 배터리 셀(cell)을 뜻한다. BSA 시스템 불량으로 인한 결로나 누수현상이 발생하여 배터리 셀을 냉각시켜야 하는 냉각수가 제대로 돌지 않는다던가, 냉각수에 의해 셀들이 쇼트되는 경우이다.

3 전기차 사고 및 화재발생 시 응급조치

① 차량 사고 시 발생하였을 경우에는 차량을 안전한 장소로 이동한 후, 고전압의 전기 누출을 방지하기 위해 차량 시동을 끄고 모터룸에 있는 서비스 인터록 커넥터(노란색 태그)와 12V배터리의 단자를 분리하여 전원을 차단한다.

② 차량 내부나 외부에서 보았을 때 노출된 전선이 있을 경우 전선을 만지지 말아야 한다. 또한, 고전압의 전선(주황색)과 커넥터 그리고 모든 전기 부품 및 장치를 만지지 말아야 한다. 전기 충격이 발생하여 상해를 입을 수 있다.

③ 차량 사고가 발생하였을 때 구동용(고전압) 배터리가 파손되어 인체에 유해한 가스 및 전해액이 누출될 수 있다. 누출된 액체가 피부에 접촉되지 않도록 주의해야 한다.

④ 가연성 가스 및 유독 가스 누출이 의심이 되면 창문을 열어 환기하고 안전한 장소로 대피해야 한다. 만일 누출된 액체가 눈에 들어가거나 피부에 접촉되면 즉시 흐르는 물 또는 소금물로 신체 접촉 부위를 씻은 후 의사의 진료를 받아야 한다.

⑤ 소규모 화재일 경우에는 전기 화재용 소화기(ABC, BC소화기)를 사용하여 화재를 진화해야 한다. 초기에 신속한 화재 진압이 불가능할 경우 안전한 장소로 대피하고 사람들이 접근하지 않도록 해야 한다. 119 등 긴급

전화를 통하여 전기 차량에 화재가 발생하였음을 알리고, 화재에 대한 적절한 조치를 안내받아야 한다.

⑥ 화재가 차량 하부의 구동용(고전압) 배터리에 전이된 경우, 화재를 완전히 진압하기 위해서는 장시간 동안 대량의 물이 지속적으로 공급되어야 한다. 만약 소량의 물 또는 부적절한 소화기를 사용할 경우 화재 진화가 어렵고 감전으로 인한 사고가 발생하여 다칠 수 있다.

⑦ 차량이 침수되었을 경우에는 즉시 시동을 끄고 안전한 장소로 대피하고 소방서 등 응급 기관 및 자사 직영 서비스센터나 서비스협력사에 연락하여 조치를 받아야 한다.

4 고전압 배터리 취급 전 안전수칙

고전압 시스템 작업 전에는 반드시 아래 사항을 준수하여야 한다.

① 항시 절연 장갑을 착용하고, 절연 공구를 사용하고 찢어짐, 파손여부 확인 및 물기를 완전히 제거한 후 착용한다.

② 금속성 물질(시계, 반지, 기타 금속성 제품 등)은 고전압 단락을 유발하여 인명과 차량을 손상시킬 수 있으므로 작업 전 몸에서 제거한다.

③ 고전압 시스템을 점검하거나 정비하기 전에, 반드시 "안전 플러그"를 분리하여 고전압을 차단하도록 한다. 아이오닉 5 이후 차량부터 안전플러그가 미적용되면서 고전압 배터리 작업전에 반드시 퓨즈를 탈거하여 고전압을 차단해야 한다. 장착작업시 서비스 커버는 재사용하지 않는다.

(a) “안전 플러그” 분리

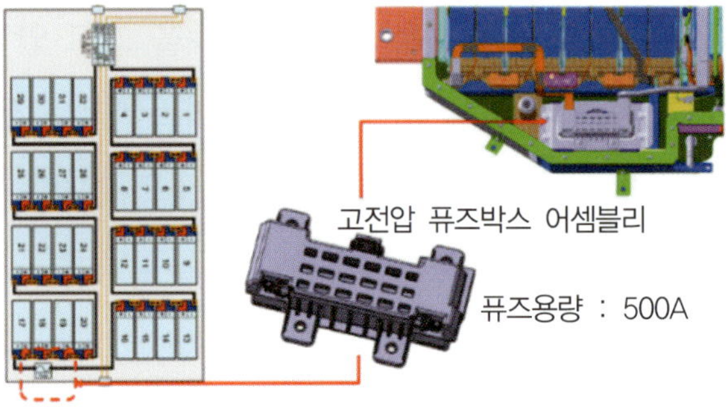

(b) 퓨즈 탈거

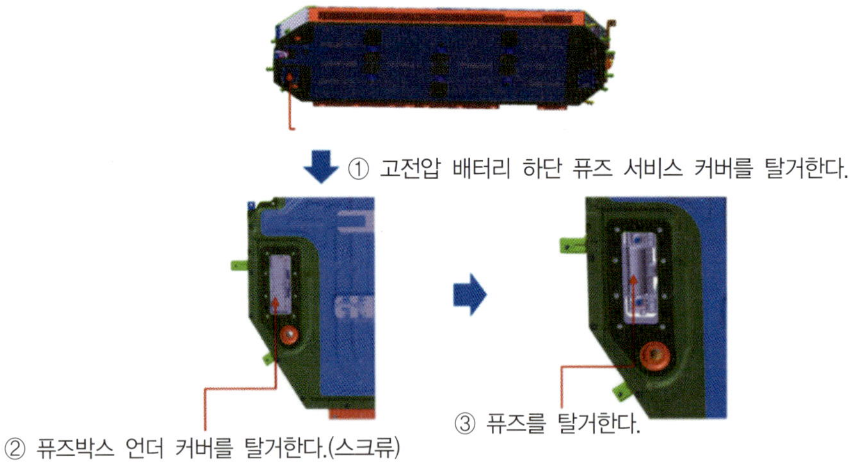

(c) 퓨즈 탈거 순서

그림 3-23 안전플러그 및 퓨즈

④ 분리한 “안전 플러그” 또는 퓨즈는 타인에 의해 실수로 장착되는 것을 방지하기 위해 반드시 작업 담당자가 보관하도록 한다.

⑤ 탈거한 고전압 부품에 의한 감전사고 예방을 위해 절연 매트 위에 정리하

여 보관하고, 보호 장비 미착용자의 안전사고 예방을 위해 고전압 부품을 절연 덮개로 차단한다.

⑥ 고전압이 잔류하고 있는지 유무를 회로에 표시하여 측정 및 확인한다.

⑦ 전압 테스터를 활용하여 측정 부위인 플러스 단자와 마이너스 단자에서 측정한다.

⑧ 측정값이 30V 이하이면 정상, 30V 이상이면 캐패시터 방전까지 조금 더 기다렸다가 측정한다.

⑨ 전압이 떨어지지 않는다면 원인을 찾아 수리한다.

⑩ 플러스 단자와 마이너스 단자에서 절연 상태를 확인한다.

⑪ 수리유무 판단 후 정비한다.

5 고전압 배터리

5.1 고전압 배터리 제원

종류		공칭 에너지	공칭전압	셀 수/모듈 수
코나 일렉트릭 기본형	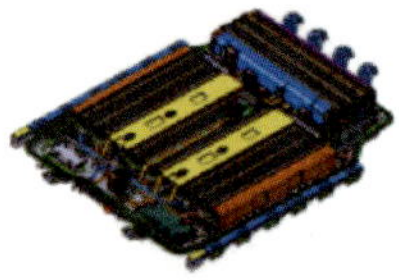	64kWh	356V(245~421V)	294(3P98S)/10
포터 일렉트릭	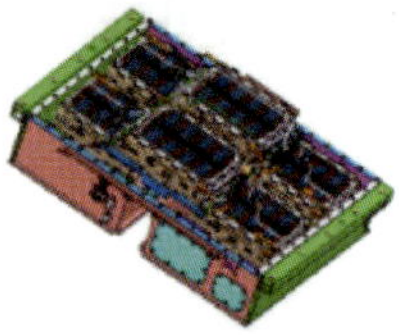	58.8kWh	327V(225~387V)	270(3P90S)/10
아이오닉 5 항속형	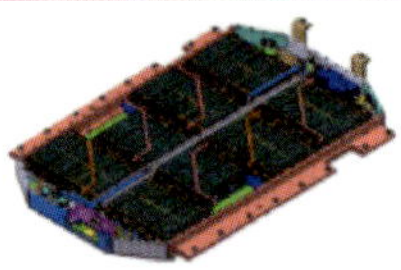	72.6kWh	653V(450~774V)	360(2P180S)/30
GV 60, GV 70	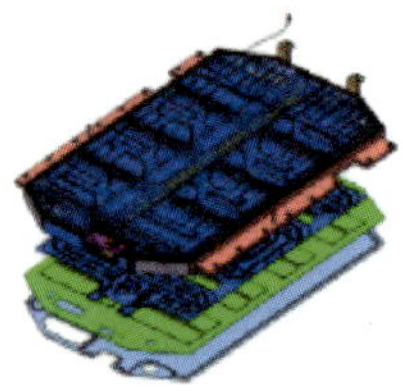	77.4kWh	697V(480~825V)	384(2P192S)/32

5.2 고전압 배터리 구성

① 고전압 배터리 케이스 : 외부 충격이나 이물질 침투로부터 고전압 배터리 셀을 보호하는 역할을 한다.

② 고전압 배터리 모듈(BMA) : E-GMP 표준에 따른 2P6S의 결합으로 모듈화되어 있고 아이오닉 5 이전 생산차량은 차량마다 모듈화 방식이 상이하다.

③ 고전압 버스바 : 고전압 배터리 모듈을 직렬로 연결하는 회로이다.

④ 배터리 매지먼트 유닛(BMU) : 배터리 셀의 전압, 전류 및 온도를 감지하

여 SOC 및 SOH를 산출하고 냉각 시스템 및 릴레이를 제어한다.

⑤ 셀 모니터링 유닛(CMU) : 배터리 셀의 전압 및 전류를 직접 측정하여 BMU로 송부하고, 셀밸런싱을 수행한다.

⑥ 파워 릴레이 어셈블리(PRA) : 고전압 배터리의 전원을 차량(고전압 정션 박스, ICCU 등)에 연결하거나 차단하고, 고전압 배터리의 방전 혹은 충전 전류를 측정한다.

⑦ 고전압 퓨즈 : 고전압 배터리에 과전류 발생시 전원을 차단한다.

⑧ 냉각 회로 : 고전압 배터리의 최대 성능을 위해 냉각수의 순환으로 적절한 온도를 유지한다. 냉각 회로는 배터리 케이스 하단부에 분리되어 있기 때문에 더욱 안정성을 높일 수 있다.

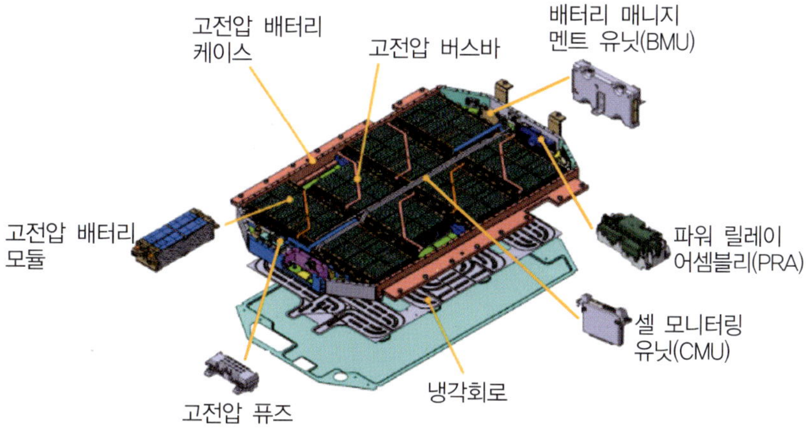

그림 3-24 고전압 배터리 구성

코나 일렉트릭 에는 후방 상단에 고전류 방지 및 A/S시 전원차단을 위한 세이프티 플러그가 적용되어 있고, 냉각 회로의 경우는 각각의 배터리 모듈에 서브가 되어 있다.

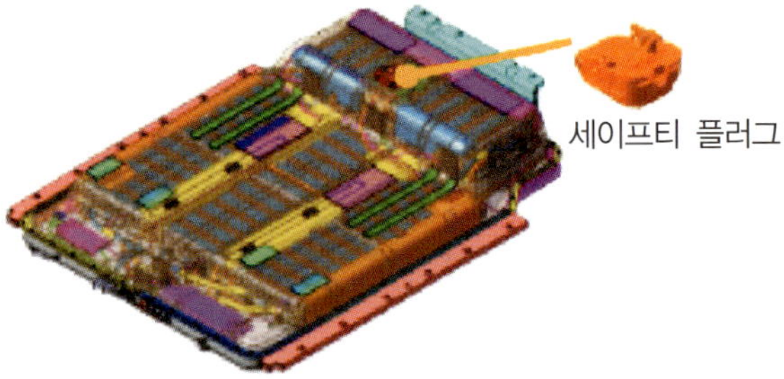

그림 3-25 **세이프티 플러그**

5.2.1. 배터리 셀과 모듈 및 팩

배터리를 효율적으로 관리하기 위해 통상 셀/모듈/팩 단위로 관리한다. 배터리의 가장 작은 단위는 셀이며, 셀이 모여서 배터리 모듈, 배터리 모듈이 모여서 배터리 팩이 된다.

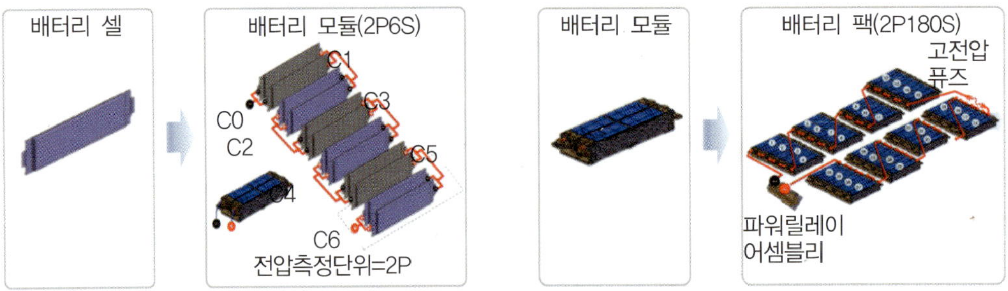

그림 3-26 **배터리 셀, 모듈, 팩**

[1] 셀(Cell)

전기에너지를 충전/방전하여 사용할 수 있는 배터리의 기본단위로 E-GMP에 사용되는 고전압 배터리의 배터리 셀 1개는 공칭전압이 3.63V, 공칭용량이 55.6Ah로 공칭 에너지 201.8Wh를 가지고 있다.

[2] 모듈(Module)

셀을 외부 충격, 진동, 열 등으로부터 보호하기 위해 하우징에 넣은 배터리 어셈블리로 배터리 모듈은 표준화된 모듈을 사용하며 2P6S로 표현한다. 배터리 셀 2개를 병렬로 연결하고 이것을 6개 직렬 연결하여 하나의 모듈을 구성한다. 배터리 모듈을 보면 공칭전압은 셀 6개 직렬로 연결되어 있으므로 3.63×6=21.78V이고, 공칭용량은 2개를 병렬 연결하여 55.6Ah×2=111.2Ah, 공칭에너지는 21.78×111.2Ah=2.42kWh의 에너지를 가지게 된다.

[3] 팩(Pack)

전기차에 장착되는 배터리 시스템의 최종 형태로 제어기, 냉각시스템 등 각종 제어 및 보호 시스템을 배터리 모듈과 통합하여 완성하며 E-GMP가 적용된 아이오닉 5의 고전압 배터리팩은 2P180S로 표현하며, 배터리 모듈이 총 30개가 탑재되어 있다. 아이오닉 5에 사용되는 고전압 배터리의 공칭전압은 653.4V이며, 이것은 180셀(6직렬×30모듈)을 직렬로 연결하면 3.63×180=653.4V로 계산되고 공칭 용량은 배터리 셀을 병렬로 2개씩 연결하여 55.6Ah×2=111.2Ah로 사용된다. 아이오닉 5의 공칭에너지는 공칭전압×공칭용량으로 계산하면 653.4V×111.2Ah=72.6kWh의 에너지를 가지게 된다.

전기차의 배터리 팩은 단순하게 셀을 직렬로만 연결하는 것이 아니라, 전압을 높이고 싶은 만큼 직렬로 연결하고 용량을 키우고 싶은 만큼 병렬로 연결하여 제작한다.

[4] 배터리 모듈과 셀번호

배터리 팩(2P180S)

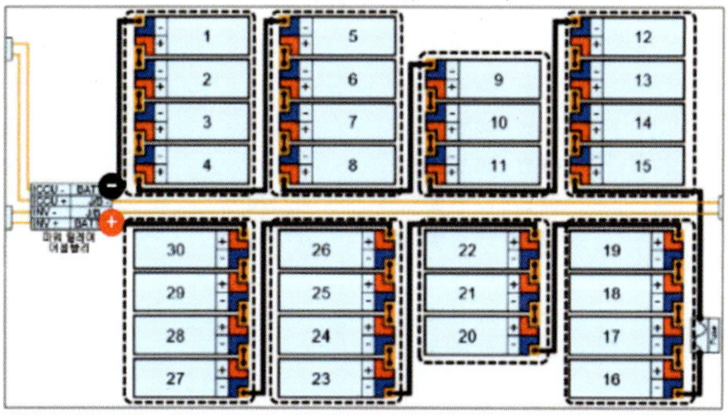

모듈 번호	센서데이터 셀 번호	모듈 번호	센서데이터 셀 번호
1	1번 ~ 6번 셀	16	91번 ~ 96번 셀
2	7번 ~ 12번 셀	17	97번 ~ 102번 셀
3	13번 ~ 18번 셀	18	103번 ~ 108번 셀
4	19번 ~ 24번 셀	19	109번 ~ 114번 셀
5	25번 ~ 30번 셀	20	115번 ~ 120번 셀
6	31번 ~ 36번 셀	21	121번 ~ 126번 셀
7	37번 ~ 42번 셀	22	127번 ~ 132번 셀
8	43번 ~ 48번 셀	23	133번 ~ 138번 셀
9	49번 ~ 54번 셀	24	139번 ~ 144번 셀
10	55번 ~ 60번 셀	25	145번 ~ 150번 셀
11	61번 ~ 66번 셀	26	151번 ~ 156번 셀
12	67번 ~ 72번 셀	27	157번 ~ 162번 셀
13	73번 ~ 78번 셀	28	163번 ~ 168번 셀
14	79번 ~ 84번 셀	29	169번 ~ 174번 셀
15	85번 ~ 90번 셀	30	175번 ~ 180번 셀

그림 3-27 아이오닉 5 항속형

배터리 팩(2P192S)

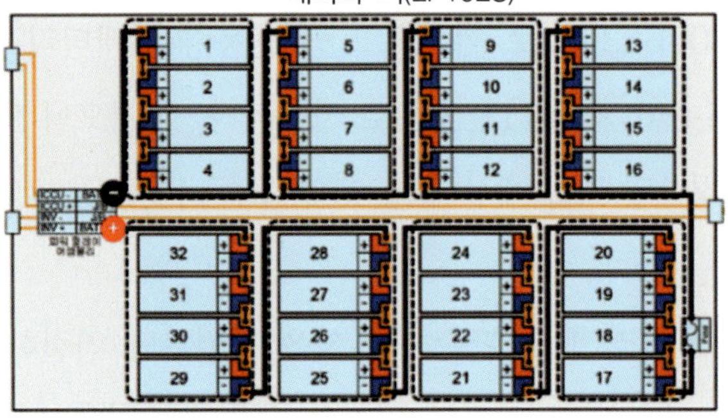

모듈 번호	센서데이터 셀 번호	모듈 번호	센서데이터 셀 번호
1	1번 ~ 6번 셀	17	97번 ~ 102번 셀
2	7번 ~ 12번 셀	18	103번 ~ 108번 셀
3	13번 ~ 18번 셀	19	109번 ~ 114번 셀
4	19번 ~ 24번 셀	20	115번 ~ 120번 셀
5	25번 ~ 30번 셀	21	121번 ~ 126번 셀
6	31번 ~ 36번 셀	22	127번 ~ 132번 셀
7	37번 ~ 42번 셀	23	133번 ~ 138번 셀
8	43번 ~ 48번 셀	24	139번 ~ 144번 셀
9	49번 ~ 54번 셀	25	145번 ~ 150번 셀
10	55번 ~ 60번 셀	26	151번 ~ 156번 셀
11	61번 ~ 66번 셀	27	157번 ~ 162번 셀
12	67번 ~ 72번 셀	28	163번 ~ 168번 셀
13	73번 ~ 78번 셀	29	169번 ~ 174번 셀
14	79번 ~ 84번 셀	30	175번 ~ 180번 셀
15	85번 ~ 90번 셀	31	181번 ~ 186번 셀
16	91번 ~ 96번 셀	32	187번 ~ 192번 셀

그림 3-28 GV60, GV70

[5] 배터리 셀과 배터리 팩 비교

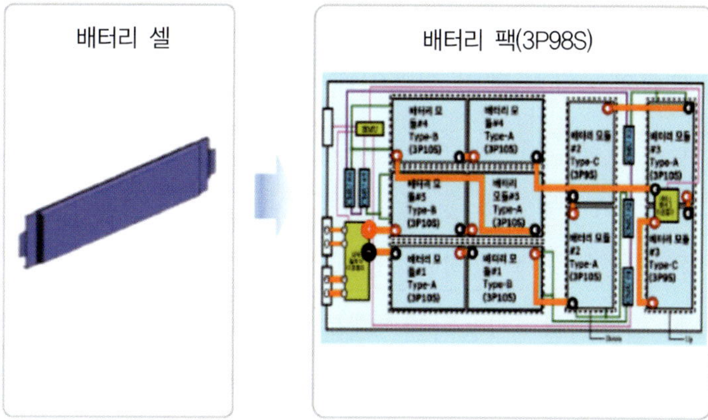

그림 3-29 배터리 셀과 배터리 팩

코나 일렉트릭의 고전압 배터리를 보면 배터리 셀 1개가 공칭전압이 3.63V, 60Ah로 공칭 에너지가 217.8Wh를 가진 배터리 셀이 총 294개가 탑재되어 있다.

전기차에 사용되는 400V에 가까운 고전압을 만들기 위해 셀을 98개를 직렬로 연결하면 3.63×98=355.7V로 공칭전압 356V를 만들 수 있으나, 직렬로 연결만 해서는 고전압 배터리의 용량을 늘릴 수 없기에 병렬로 많이 연결할수록 용량이 증가된다. 코나는 병렬로 3개씩 연결하여 60Ah×3= 180Ah로 용량을 늘려준다. 코나 일렉트릭의 공칭에너지는 공칭전압×공칭용량으로 계산하면 355.7V×180Ah=64.0kWh의 에너지를 가지게 된다.

배터리 모듈은 코나 일렉트릭을 기준으로 배터리셀 3개를 병렬로 연결하고 이것을 20개를 직렬 연결한 모듈 3개와 19개를 직렬 연결한 모듈 2개로 총 5개의 모듈로 구성되어 있으며, 배터리팩 전체를 보면 3개가 병렬로 연결된 셀이 98번 직렬 연결되어 있어 전체 배터리 셀은 3병렬×98직렬로 계산하면 294개이다.

5.2.2. 파워 릴레이 어셈블리(PRA : Power Relay Assembly)

[1] PRA 구성

PRA 내부에는 +/-메인 릴레이에 버스바가 연결되어 있어 고전압 배터리와 고전압 부하를 연결해 주고 있고, 고전압 -버스바에 부착된 온도 센서로 BMU는 PRA내부 온도를 모니터링한다. 아이오닉 5 차량과 같은 800V 시스템을 쓰는 차량 중 LONG RANGE 사양의 경우 반도체 타입의 전자식 프리차지 릴레이를 사용하기 때문에 릴레이 점검 시 주의가 필요하다(STANDARD 사양은 일반 코일 타입 기계식 릴레이 적용). 이외에도 BMU는 PRA 내부 +/-고전압을 센싱 하여 절연저항 측정에 활용하게 된다.

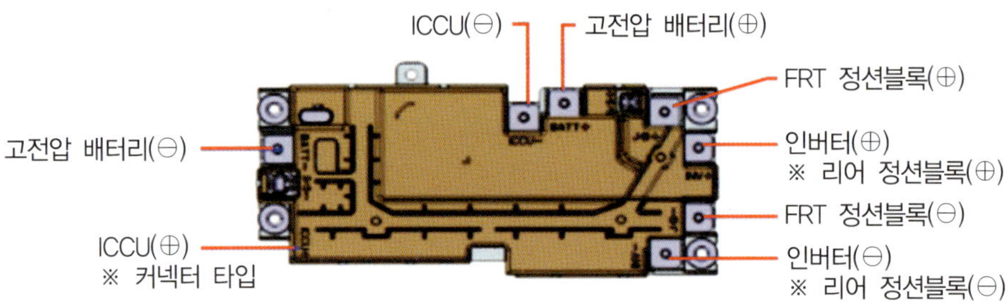

(a) PRA 고전압 연결

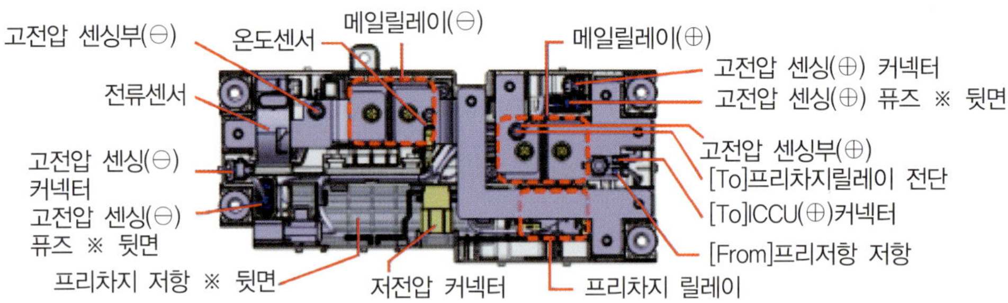

(b) PRA 구성

그림 3-30 PRA

[PRA 구성품 상세 사양]

<table>
<tr><th rowspan="3">부품</th><th colspan="3">사양</th></tr>
<tr><th rowspan="2">OS EV</th><th colspan="2">NE</th></tr>
<tr><th>STANDARD</th><th>LONG RANGE</th></tr>
<tr><td>메인 릴레이(+, −)</td><td>34Ω(150A)</td><td colspan="2">24Ω(250A)</td></tr>
<tr><td>프리차지 릴레이</td><td>103Ω(5A)</td><td>103Ω(12A)610V
(기계식 타입)</td><td>(20A)800V
(전자식 타입)</td></tr>
<tr><td>프리차지 저항</td><td>40Ω</td><td colspan="2">55Ω(100W)</td></tr>
<tr><td>승온 히터 릴레이</td><td>103Ω(5A)</td><td colspan="2">프런트 고전압 정션블록에 장착됨</td></tr>
</table>

[2] PRA 제어

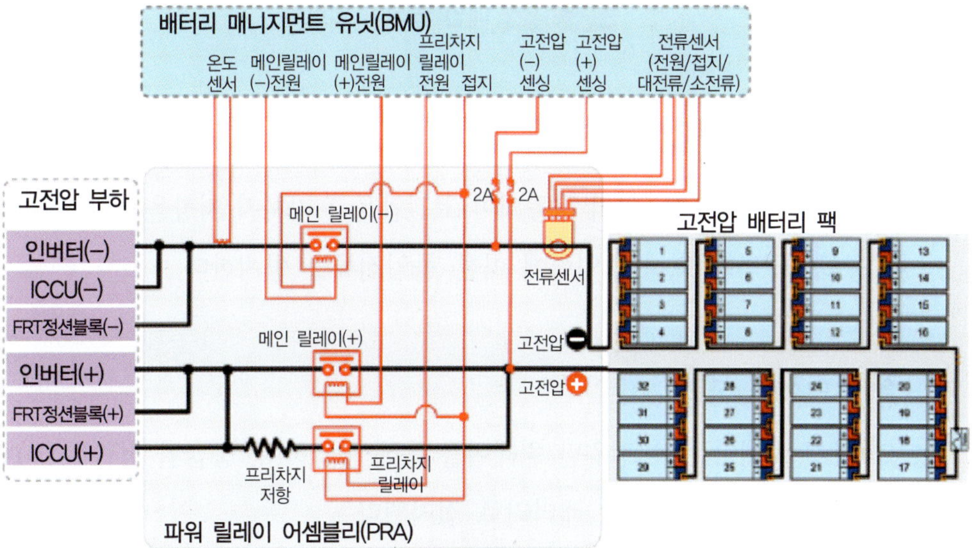

그림 3-31 PRA 회로도

PRA는 고전압 부하 동작 및 충전 시 고전압 배터리의 전원을 연결 및 차단하여 BMU에 의해 작동된다. 코나 EV차량에는 승온 히터 릴레이 및 퓨즈도 PRA에 같이 구성되어 있다.

(1) 메인 릴레이(+, -)

① 고전압 배터리에서 공급되는 전원을 인버터(고전압 장치)에 공급 또는 차단한다.

② (+)릴레이에서 출력된 전원은 (-)릴레이를 통해 고전압 배터리로 접지된다.

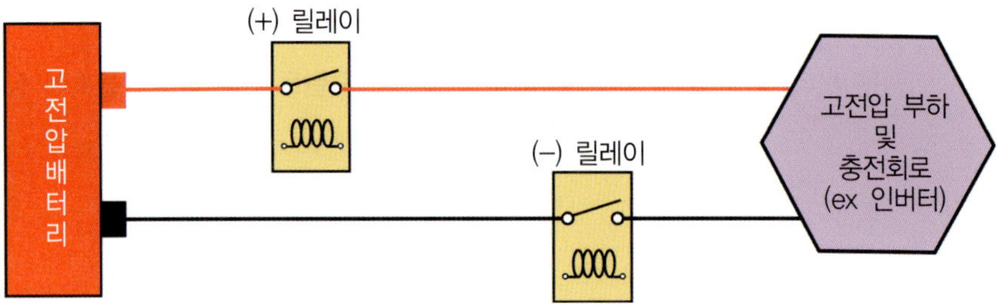

그림 3-32 메인 릴레이 회로도

(2) 프리차지 릴레이

메인 릴레이 구동 전, 먼저 구동되어 고전압을 프리차지 저항을 통해 인버터로 공급, 급격한 고전압 입력에 따른 돌입전류를 방지한다.

(3) 프리차지 저항

프리차지 릴레이는 (+)전원만 릴레이를 통해 공급하며, 공급된 전원은 (-)메인 릴레이를 통해 고전압 배터리로 접지된다.

(4) 전류센서

배터리를 통해 공급되는 전류량을 검출한다.

[3] 인버터 캐패시터 불량시

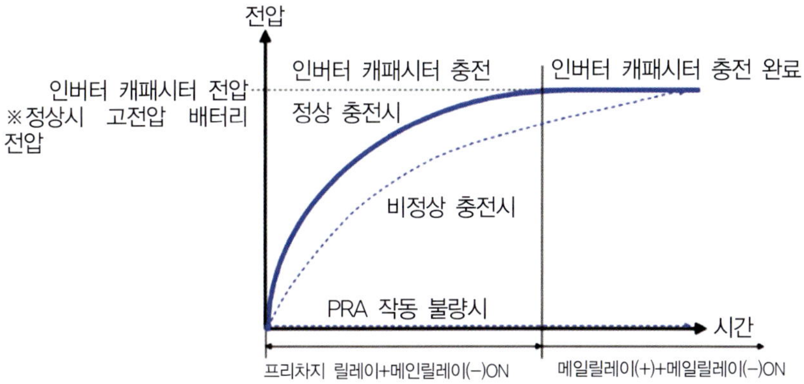

그림 3-33 **캐패시터 충전**

캐패시터(Capacitor)는 전압과 전류의 변화에 따라 전기를 저장하고 공급하는 역할을 한다. 전기차에서 캐패시터는 에너지 저장, 배터리 효율성 향상, 전력 흐름 관리 등 다양한 용도로 사용되며, 각각의 전장품을 보호하거나 전압 안정화를 위해 전원 입력단에 구성된 부품이다.

(1) PRA 릴레이 정상 구동시

(-)메인 릴레이 & 프리차지 릴레이 작동→인버터 및 각종 고전압 장치의 캐패시터 충전→캐패시터 충전 완료(고전압 회로 전압=고전압 배터리 전압)→프리차지 릴레이 차단 및 (+)메인 릴레이 작동

(2) PRA 릴레이 작동 불량 시

(-)메일 릴레이 & 프리차지 릴레이 작동 불량→인버터 및 각종 고전압 장치의 캐패시터 충전불가→P1B77 프리차지 실패 고장코드 발생

P1B77고장코드는 기준시간 이내에 캐패시터가 충전되지 않아 고전압 회로 전압이 상승하지 않을 때 발생하는 고장코드이다.

PRA작동 불량 시에는 고전압 배터리 전압이 인가되지 않기 때문에 인버터 캐피시터가 충전되지 않아 고장코드가 발생하며, 그 외에도 그림 3-34처럼

비정상적으로 충전이 이루어져 전압은 상승하지만 캐패시터 충전 시간이 길어지는 경우에도 P1B77이 발생할 수 있다.

① 고전압 회로에 걸리는 저항(프리차지 저항 포함)이 클수록
② 캐패시터 용량이 커질수록
③ 고전압(+)/(−)회로 단락 시(캐패시터 내부 단락 포함)
④ 절연 파괴 발생 시 모두 충전 시간이 길어지는 요인이 될 수 있기 때문에 P1B77 발생시 다양한 진단 방법이 필요하다.

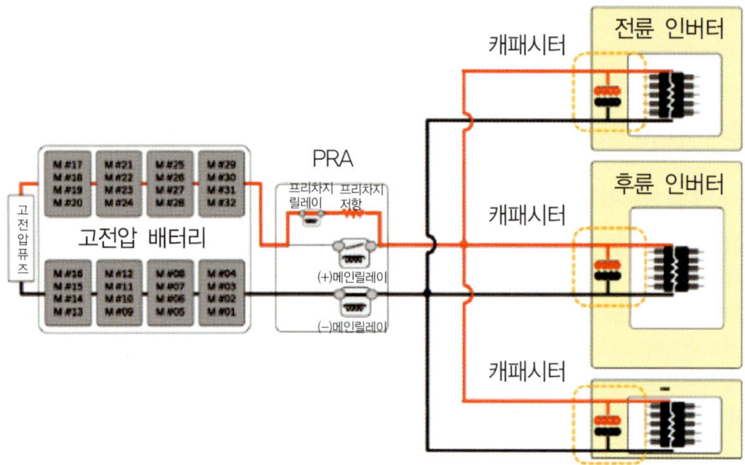

그림 3-34 캐패시터 회로도

[차종별/부품별 커패시턴스]

차종	고전압회로 연결부품 커패시턴스(단위 : μF)							
	전륜 인버터	후륜 인버터	OBC	LDC	컴프레서	PTC히터	WCCU	합계
JW	130(74 kW모터) 270(160 kW모터)	270	23.3(19.5+3.8)		26.7	1.65	40	491.65 631.65
NE	130	270	23.3(19.5+3.8)		26.7	1.65	−	451.65
RG3EV	270	270	23.3(19.5+3.8)		26.7	0.05	−	590.05
OS EV	880	−	4.7	4.5	39	11	−	939.2
HR EV	880	−	4.7	4.5	43	2.2	−	934.4
AE EV	786	−	4.7	4.5	39	11	−	845.2

(3) 캐패시터 측정

1) 측정방법(멀티미터 이용한 정전용량 측정)

① A/S 인터락을 해제 후 5분 이상 대기하여 고전압 전원을 차단시키고 캐패시터를 방전시킨다. 고전압 회로 전압이 10mV 이하인지 확인한다.

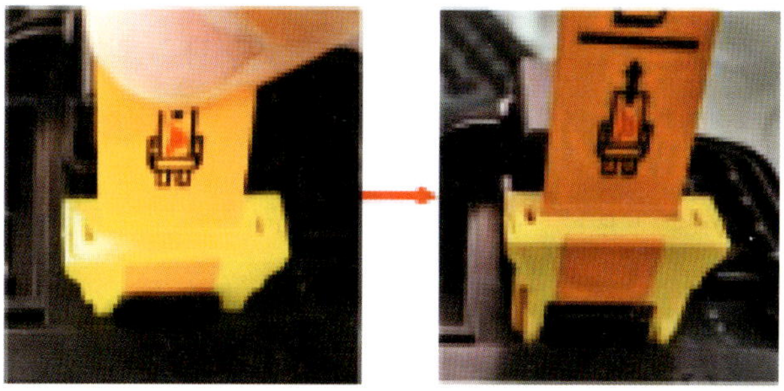

그림 3-35 A/S 인터락 해제

② 측정하고자 하는 부위의 정전 용량을 측정 장비를 통해 측정한다.

참 고 ⊂⊃ 멀티미터 FLUKE-107기준 정전용량 측정방법

① 빨간색 테스트리드는 테스터기의 VΩ⊣⊢▶⊢자에 연결하고 검은색 테스트리드는 COM단자에 연결한다.
② 회전 스위치를 ⊣⊢로 돌린다.
③ 빨간색 프로브는 측정부품의 (+)에, 검은색 프로브는 (−)에 댄다.
④ 안정화될 때 까지 기다리면 정전용량이 디스플레이에 표시된다.(최대 18초)

그림 3-36 멀티미터로 측정

2) 총 캐패시터 정전용량 측정

JW/NE차종은 전방 고전압 정션블록을 통한 고전압회로 접근이 용이하다. 전체 캐패시터의 총 정전용량을 측정하기 위해서는 캐패시터가 모두 고전압회로에 연결되어 있어야 하기 때문에 고전압회로 커넥터를 분리하면 안 된다. 커넥터를 분리하지 않고 고전압회로의 +/-사이를 측정하기 좋은 부위가 바로 전방 고전압 정션블록 내부의 고전압배터리 커넥터 연결부 이다. 이 부위를 통해 먼저 전압을 측정하여 10㎷ 이하인지 확인 후 정전용량을 측정한다. 측정 시에는 빨간색 프로브를 +회로에, 검은색 프로브를 -회로에 위치시켜 측정한다.

3) 실내 PTC히터 정전용량 측정

전방 정션블록에 위치한 실내 PTC히터 고전압 커넥터를 탈거 후 커넥터측 단자를 통해 실내 PTC히터 캐패시터 정전 용량을 측정할 수 있다.

4) 에어컨 컴프레서 캐패시터 정전용량 측정

JW/NE에어컨 컴프레서는 정션블록에 커넥터가 아닌 배선이 직접 연결되는 구조이기 때문에 에어컨 컴프레서 퓨즈 왼쪽 너트를 탈거 후 +전원단자를 분리하여 빨간색 프로브에 연결하고, 검은색 프로브는 고전압배터리 -회로 입력부를 찍어서 측정한다.

(4) "P1B77 인버터 커패시터 프리차지 실패" 고장상세 코드

① 1-1 : MCU입력(커패시터) 전압 값 확인 불가로 LDC(ICCU)입력 전압으로 프리차지 실행

② 1-2 : 고전압 회로 혹은 부품 측 단락 발생으로 과전류 발생

③ 1-4 : 각 고전압 부품 동작 이상 발생 제외→고전압 배터리 내부 혹은 PRA이상 확률 높음(※ 고전압 회로 혹은 부품 이상 가능성도 있음)

④ 1-8 : 전기차 무관(하이브리드)

⑤ 1-16 : LDC작동 중 이상 발생→LDC 점검

⑥ 1-32 : 고전압 A/C컴프레서 작동 중 이상 발생→A/C컴프레서 점검

⑦ 1-64 : 모터 인버터 작동 중 이상 발생→인버터 점검

⑧ 1-128 : 전기차 무관(하이브리드)

⑨ 2-1 : PTC히터 작동 중 이상 발생→PTC히터 점검

⑩ 2-2 : 전기차 무관(수소전기차)

⑪ 2-4 : 프리차지 중 커패시터 전압 변화량이 50V이상 발생시→고전압 배터리 포함, 고전압 회로 및 부품 점검

⑫ 2-8 : CMU가 특정 고전압 배터리 셀 전압 4.6V이상 감지→배터리 모듈 점검 후 CMU 점검

⑬ 2-16 : 비정상적인 OPD회로 감지 시→OPD회로 점검

⑭ 3 : 300ms 시간동안 MCU에서 감지한 커패시터 최대 전압 값

⑮ 4 : 프리차지 시 평균 전류 값

[4] PRA 관련 센서데이터

	센서명(515)	센서값	단위	링크업
①	배터리 팩 전압	747.5	V	
②	인버터 커패시터 전압	8	V	
③	배터리 PRA 버스바 온도	32	℃	
④	BMS 메인 릴레이 ON 상태	Open	-	
⑤	BMS 융착 상태	Relay Welding not detection	-	

그림 3-37 PRA 관련 센서 데이터

(1) PRA 미 동작시

릴레이는 열려 있는 상태이기 때문에 ④ BMS 메인 릴레이 ON제어 상태는 Open으로 표시되며 ① 고전압 배터리의 전압과 고전압 회로상에 있는 ② 인버터 커패시터 전압은 상이하게 표출된다. PRA가 정상 작동 시 ⑤ BMS 융착상태는 Relay Welding not detection이라는 문구를 표출한다.

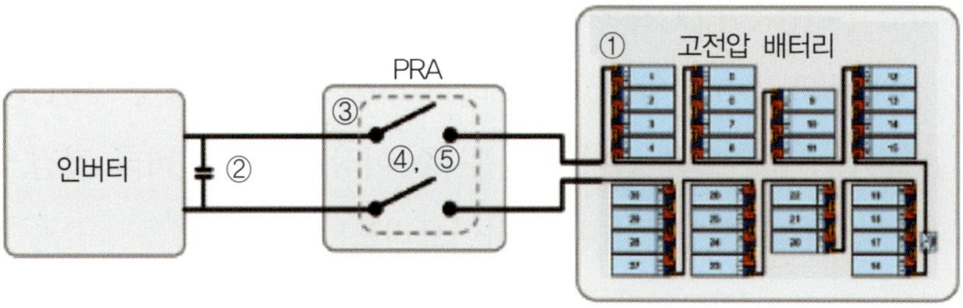

그림 3-38 PRA 미 동작시

(2) PRA 동작시

PRA가 작동하여 릴레이가 닫힌 상태라면 ④ BMS메인 릴레이 ON제어 상태는 Close으로 표시되며 ① 고전압 배터리의 전압과 고전압 회로 상에 있는 ② 인버터 커패시터 전압은 동일하게 표출된다. ③ 배터리 PRA 버스바 온도는 PRA (−)버스바 단자에 있는 온도센서 센싱 값을 의미한다.

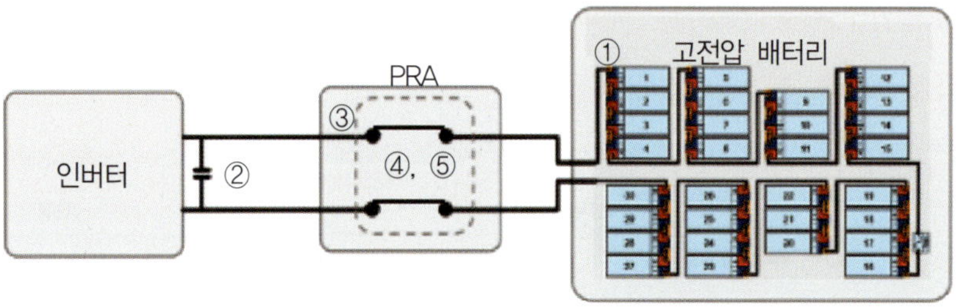

그림 3-39 PRA 동작시

[5] PRA 강제구동(진단장비 이용)

그림 3-40 PRA 강제구동

진단장비 강제구동을 통해 PRA 각각의 릴레이를 동작 시킬 수 있다. 강제구동 시 발생하는 해당 릴레이의 작동음 및 센서 데이터의 변화를 확인하여 릴레이의 정상작동 여부를 확인 가능하다. 주의할 점은 LONG RANGE 사양의 경우 전자식 프리차지 릴레이가 장착되어 있기 때문에 강제 구동 시 작동음을 확인할 수 없다. 전원장치를 이용해 강제로 전원을 인가해 릴레이를 점검하는 방법보다 간편하게 릴레이를 동작시켜 릴레이 정상작동 여부를 확인할 수 있다.

배터리 팩 전압	747.5	V
인버터 커패시터 전압	8	V
BMS 메인 릴레이 ON 상태	Open	-

(a) 개별 릴레이 구동 시(메인 릴레이 (-)ON or 프리차지 릴레이 ON or 메인릴레이 (+)ON)

배터리 팩 전압	747.5	V
인버터 커패시터 전압	747.5	V
BMS 메인 릴레이 ON 상태	Open	-

(b) 메인 릴레이 (-)ON & 프리차지 릴레이 ON 구동시

배터리 팩 전압	747.5	V
인버터 커패시터 전압	747.5	V
BMS 메인 릴레이 ON 상태	Close	-

(c) 프리차지 릴레이 ON & 메인 릴레이 (-), (+)ON

그림 3-41 릴레이 강제 구동 시 센서 데이터 변화

[6] PRA 점검

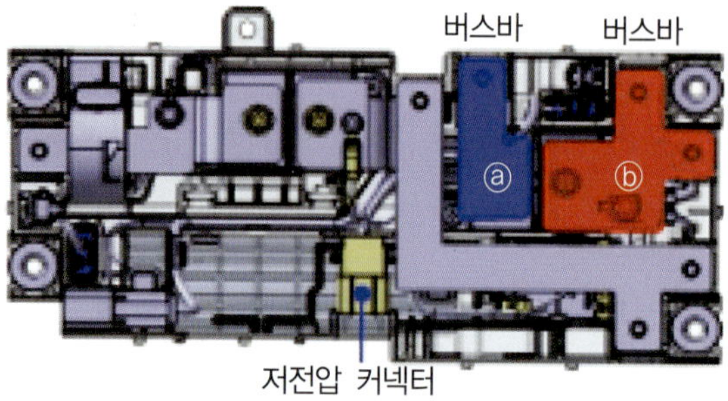

그림 3-42 저전압 커넥터와 버스바 위치

핀번호	설명	핀번호	설명
1	(+) 메인릴레이 제어 전원	6	
2	(−) 메인릴레이 제어 전원	7	
3	공통 접지	8	
4	프리차지 릴레이 제어 전원	9	온도센서 1
5		10	온도센서 2

그림 3-43 저전압 커넥터 핀 구성

(1) 어셈블리 상태 (+)메인 릴레이 점검

① (+)메인 릴레이 제어 코일 상태 확인 : 저전압 커넥터 1번 핀과 3번 핀의 저항을 측정하여 릴레이 제어 코일 단선 여부를 확인한다. 정상시 코일 저항값은(20℃ 기준) 24Ω이 측정된다.

② (+)메인 릴레이 융착 여부 확인 : 릴레이를 작동시키지 않은 상태에서 릴레이 전단(ⓐ 버스바)과 릴레이 후단(ⓑ 버스바)의 저항을 측정한다. 정상시 저항 값은 O.L(단선)이 측정된다.

③ (+)메인 릴레이 정상 작동 여부 : 저전압 커넥터 1번 12V(+), 3번 핀에 12V(−) 인가 후, (ⓐ 버스바)와 릴레이 후단(ⓑ 버스바)의 저항을 측정한다. 정상 작동 시 저항값은 0Ω(도통)이 측정된다.

(2) 어셈블리 상태 (-)메인 릴레이 점검

① (−)메인 릴레이 제어 코일 상태 확인 : 저전압 커넥터 2번 핀과 3번 핀의 저항을 측정하여 릴레이 제어 코일 단선 여부를 확인한다. 정상시 코일 저항값은(20℃기준) 24Ω이 측정된다.

② (−)메인 릴레이 융착 여부 확인 : 릴레이를 작동시키지 않은 상태에서 릴레이 전단(ⓐ 버스바)과 릴레이 후단(ⓑ 버스바)의 저항을 측정한다. 정상시 저항 값은 O.L(단선)이 측정된다.

③ (−)메인 릴레이 정상 작동 여부 : 저전압 커넥터 2번 12V(+), 3번 핀에 12V(−) 인가 후, (ⓐ 버스바)와 릴레이 후단(ⓑ 버스바)의 저항을 측정한다. 정상 작동 시 저항값은 0Ω(도통)이 측정된다.

(3) 어셈블리 상태 (+)기계식 프리차지 릴레이 점검

① 프리차지 릴레이 제어 코일 상태 확인 : 저전압 커넥터 3번 핀과 4번 핀의 저항을 측정하여 릴레이 제어 코일 단선 여부를 확인한다. 정상시 코일 저항값은(20℃기준) 103Ω이 측정된다.

② 프리차지 릴레이 융착 여부 확인 : 릴레이 전단(ⓐ 버스바)과 릴레이 후단(ⓑ 버스바)의 저항을 측정한다. 정상시 저항 값은 O.L(단선)이 측정된다.

③ 프리차지 릴레이 정상 작동 여부 : 저전압 커넥터 4번 12V(+), 3번 핀에 12V(−) 인가 후, (ⓐ 버스바)와 (ⓑ 버스바)의 저항을 측정한다. 정상 작동 시 저항값은 프리차지 저항 값(55Ω)이 측정된다.

(4) 어셈블리 상태 (+)전자식 프리차지 릴레이 점검

1) 전자식 프리차지 릴레이 동작 원리

전자식 프리차지 릴레이는 Long Range 모델에 적용되어 있다.(아이오닉 5기준) 저전압 제어 회로(기존 코일단) 양단에 12V 전원을 인가하면 전자식 프리차지 릴레이 내부 IGBT(반도체 스위칭 소자)가 작동하여 고전압의 양단을 연결해준다. 반도체 타입의 릴레이는 저항 값으로 양/불 판정이 불가능하며 테스터기의 다이오드 모드로 전압 값을 측정해야 한다. 이때 극성방향이 있으므로 주의해야 한다.

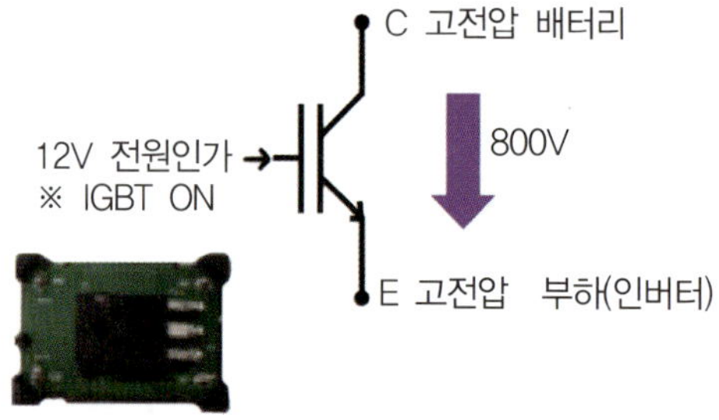

그림 3-44 전자식 프리차지 릴레이 동작 원리

2) 프리차지 릴레이 정상 작동 여부(테스터기 : Diode 모드)

① 12V 미 인가시 측정

㉮ ⓐ 버스바 : 테스터기 +프로브

㉯ ⓑ 버스바 : 테스터기 -프로브

㉰ 단품 정상시 전압 값 : O.L

② 12V 인가시(전전압 4번 핀 : 12V, 저전압 3번 핀 : 접지)

㉮ ⓐ 버스바 : 테스터기 +프로브

㉯ ⓑ 버스바 : 테스터기 -프로브

㉰ 단품 정상시 전압 값 : 0.3~1.0V

[7] PRA의 전류센서 위치와 데이터

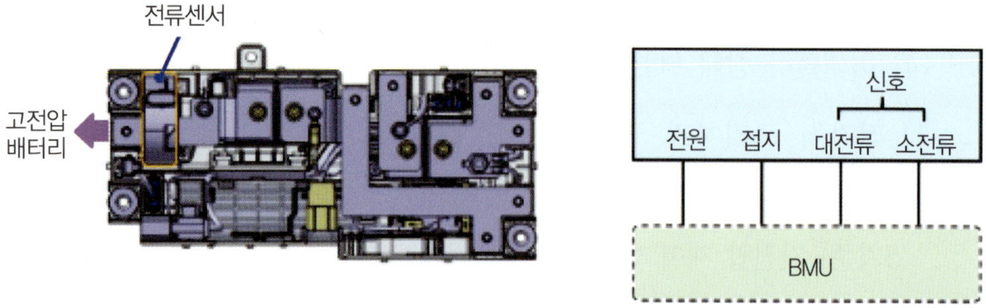

그림 3-45 전류센서 위치 및 전류센서 회로도

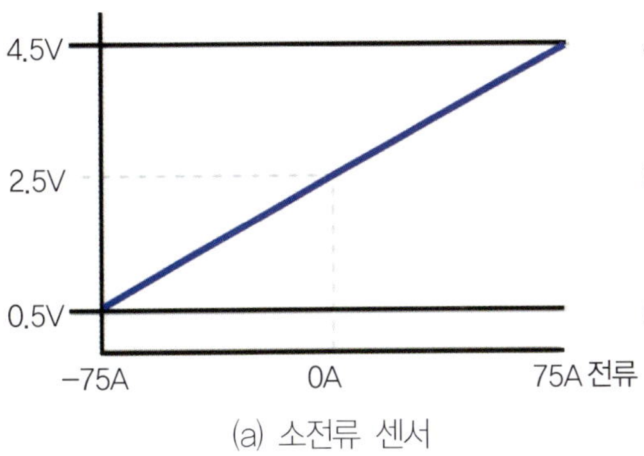

그림 3-46 전류센서 범위

전류센서는 ±750A 범위까지 측정 가능하고, 이 중 ±75A영역은 소전류 센서를 이용하고 그 외 영역은 대전류 센서를 이용한다. 방전시 0보다 큰 숫자 로 표시되고, 충전 시(회생제동 포함) 0보다 작은 숫자로 표시된다.

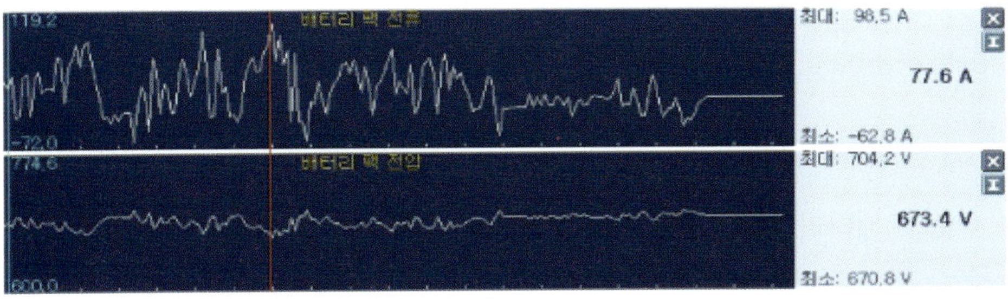

그림 3-47 주행 중 배터리 방전 시 센서 데이터

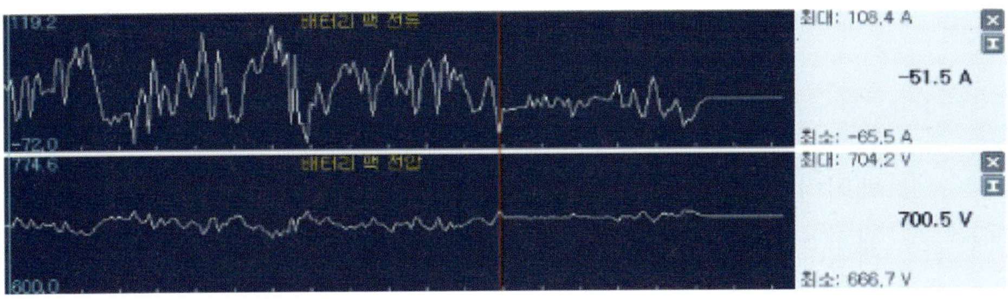

그림 3-48 회생 제동시 센서 데이터

5.2.3. BMU(Battery Management Unit) 기능

BMU는 CMU에서 측정한 전압 및 온도 정보를 비롯해 각종 데이터를 받아 배터리의 최적의 성능을 낼 수 있도록 배터리 상태를 유지시키며, PRA 릴레이를 제어해 고전압 부품에 고전압을 공급 혹은 차단한다. BMU의 기능은 다음과 같다.

[1] SOC 연산

① 배터리의 전압, 전류, 온도를 측정하여 배터리의 SOC를 계산하고 차량제어기에 전송하여 적정 SOC 영역 관리

② SOC는 최소 2.5%~최대 95%로 유동성이 있으며 이 범위를 벗어나면 안 된다.

③ SOC : 배터리의 사용 가능한 에너지(배터리 정격용량 대비 방전 가능한 전류량의 백분율)

[2] 파워 제한

① 배터리 보호를 위해 상황 별 입/출력 에너지 제한 값을 산출하여 차량제어기로 정보 제공

② 배터리 가용파워 예측, 배터리 과 충(방)전 방지, 내구 확보, 배터리 충(방)전 에너지 극대화

[3] 고장 진단

① 배터리 시스템 고장 진단, 데이터 모니터링

② 페일세이프 레벨을 분류하여 출력 제한치를 규정(ex 절연저항, 전압 편차 등)

③ 차량 측 제어 이상 및 전지 열화에 의한 배터리의 안전사고를 방지하기 위해 릴레이를 제어

[4] 냉각 제어

최적의 배터리 동작 온도를 유지하기 위한 냉각 팬을 이용하여 배터리 온도 유지 관리

[5] PRA 제어

① 고전압 배터리단과 고전압을 사용하는 PE부품 전원공급 및 전원차단

② 고전압계 고장으로 인한 안전사고 방지

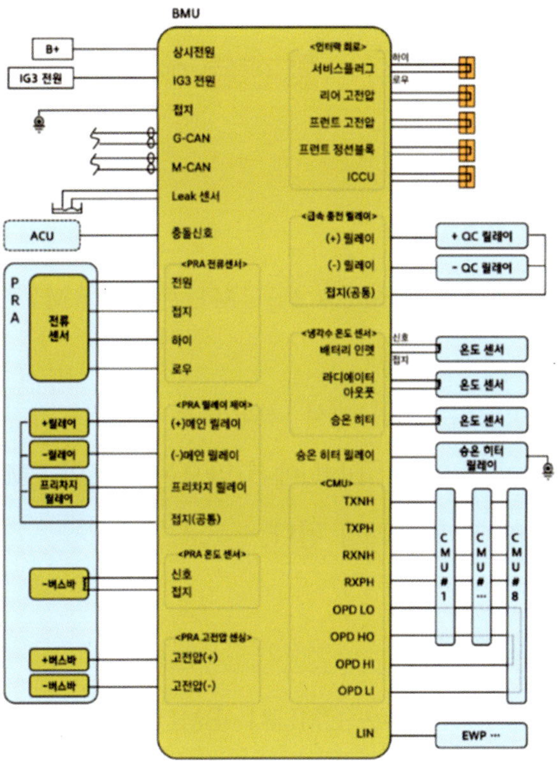

그림 3-49 BMU에서 사용하는 제어와 각종 신호

5.2.4. OPD(Overvoltage Protection Device)

기존에 기계식 스위치 타입이었던 VPD(Voltage Protection Device)가 전기 회로 타입의 OPD로 변경되었다.

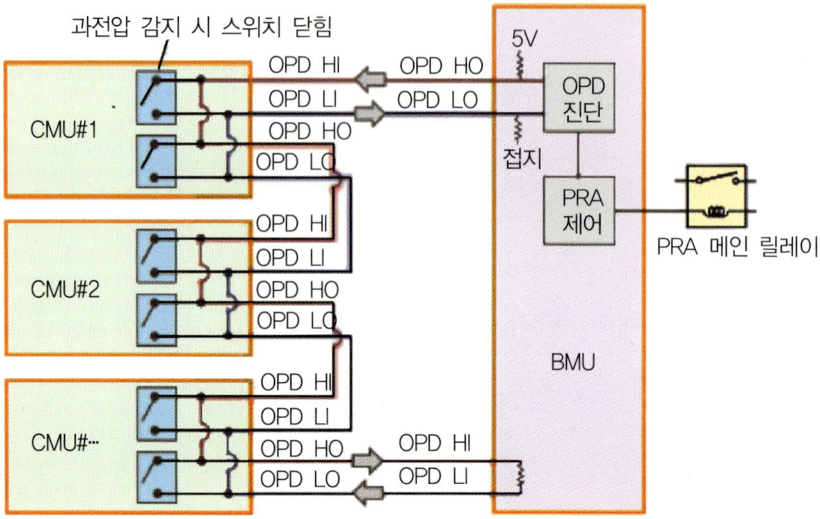

그림 3-50 OPD 회로

[1] OPD 회로 구성

(1) 평상시

BMU-CMU#1-CMU#2-CMU#…-BMU내부저항-CMU#…CMU#2-CMU#1-BMU

평상시 OPD회로는 BMU에서 나와 모든 CMU를 거친 후 다시 BMU로 들어오게 된다. 이 과정에서 BMU에서 나오는 회로와 BMU로 다시 들어가는 회로의 전압강하가 발생하게 된다.

(2) 과전압 감지시

BMU-CMU#1-CMU#2-CMU#1-BMU

예를 들어 CMU#2에서 과전압(특성 셀 전압 4.6V초과)을 감지했다면, CMU#2 내부의 OPD 스위치가 닫히게 되고, 회로는 스위치를 통해 BMU로 다시 되돌아가는 회로가 구성된다. 이때 마지막 CMU와 연결된 BMU 내부 저항을 거치지 않기 때문에 전압강하를 만들 수 없어 OPD HO와 OPD LO는 동일 전압이 형성된다. BMU는 OPD 회로를 감지해 고전압 배터리의 과전압을 판단하고 PRA제어를 통해 고전압 흐름을 차단한다.

[2] OPD 회로 점검

CMU에 커넥터가 정상 장착된 상태에서 [BMU측 OPD HO↔BMU측 OPD HI]의 저항과 [BMU측 OPD LO↔BMU측 OPD LI]의 저항은 0Ω이 측정되어야 한다.

5.2.5. 고전압 인터락 회로와 고장상황 데이터

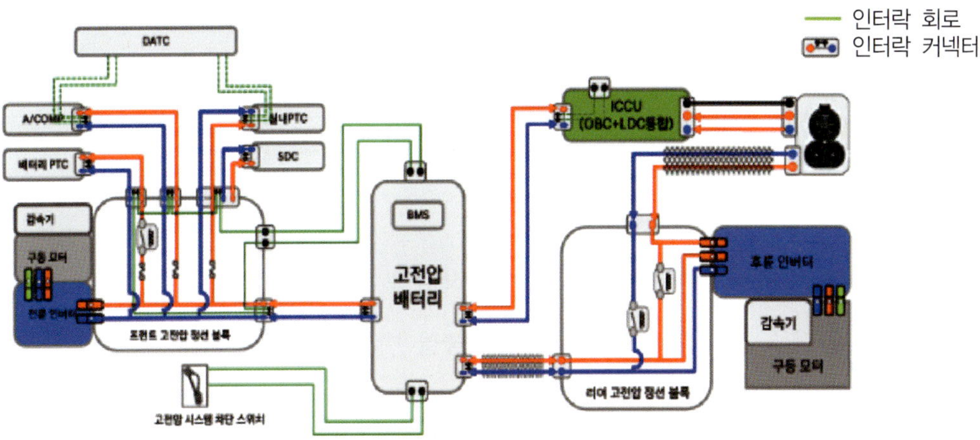

그림 3-51 인터락 회로

고전압 커넥터 미 체결 감지시에는 제어기가 고장코드를 표출하고 코드 별 가이드에서 고장 시 데이터의 추가 정보를 통해 커넥터 미 체결 부위를 확인할 수 있다.

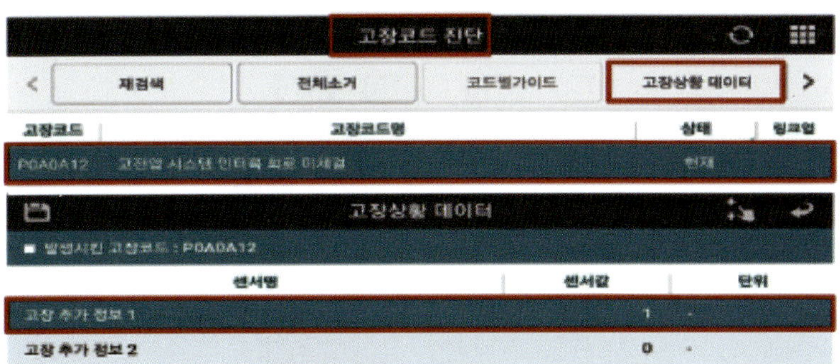

그림 3-52 고장상황 데이터

[인터락]

구분	제어기	고장코드	고장추가정보	명칭	위치
1	BMU	P0A0A12	1	서비스인터락	퓨즈 박스 내
2			2	전방 고전압 커넥터 인터락	배터리 앞쪽
3			4	후방 고전압 커넥터 인터락	배터리 뒤쪽
4			8	전방 정션박스(Heat) 인터락	배터리 앞쪽
			16	ICCU 커넥터 인터락	배터리 뒤쪽
5	ICCU	P0D1812	–	ICCU 커넥터 인터락	실내 ICCU측
6	DATC	B247013	–	E-COMP 커넥터 인터락	A/C COMP
7		B181813	–	PTC 히터 커넥터 인터락	PTC 히터

5.2.6. 셀 모니터링 유닛(CMU : Cell Monitoring Unit)

[1] CMU 배터리 모듈 전압 모니터링

CMU는 셀의 상태를 측정해 밸런싱 작업을 수행하며 배터리를 안전하게 사용할 수 있도록 도와준다. 이러한 기능을 바탕으로 배터리의 성능은 최적의 상태로 유지하며, 수명은 더 늘릴 수 있게 된다.

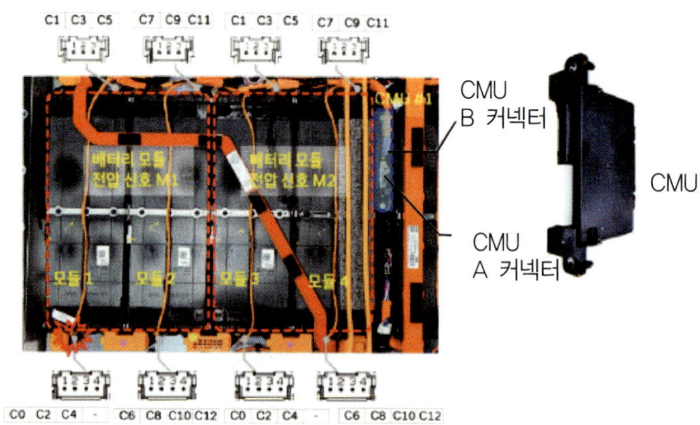

그림 3-53 CMU

CMU는 2개의 커넥터가 있으며 A 커넥터는 전/후 CMU(혹은 BMU)와의 통신 및 온도 센싱을 담당하게 되고, B 커넥터는 배터리 4개의 모듈의 셀 전압 센싱한다. CMU는 12채널로 전압을 센싱하며 배터리 모듈 2개를 묶어서 하나의 채널로 관리한다. 배터리 모듈 전압 센싱 시 제어기 전원도 배터리로부터 공급받기 때문에 B 커넥터가 단선이 된다면 CMU의 전원공급도 중단된다. 제어기의 전원이 끊어진다면 배터리의 전압/온도 센싱 뿐만 아니라 A 커넥터를 통해 진행되던 통신도 같이 중단된다. 배터리 측을 연결되는 3 혹은 4핀 커넥터도 회로 구성 차이로 단선 시 다른 결과를 보여준다. 회로 점검 이후 CMU 고장이 의심되는 경우 동일 차량에 장착된 CMU는 모두 동일한 파트 넘버를 가진 부품이기 때문에 다른 CMU와 변경하여 데이터를 모니터링하는 것도 좋은 방법이 될 수 있다.

[2] CMU 통신 회로

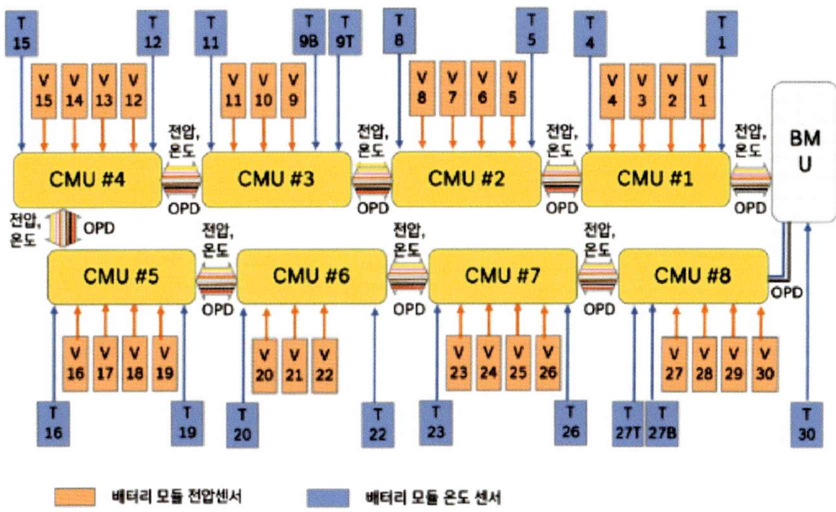

그림 3-54 배터리 모듈 단위의 전압 & 온도센서 신호의 흐름

BMU는 배터리 시스템 전체의 셀의 전압을 모니터링하기 위하여 CMU로부터 셀 전압의 데이터를 받고 있다. 전체 CMU가 BMU에 각각 연결되어 있는 것이 아니라 BMU부터 시작하여 CMU#1, CMU#2~CMU#8까지 직렬로 연결되어 있으며 데이터 전송을 위해서 TX라인과 RX라인으로 통신한다. 마지막에 있는 CMU#8번은 #7번과 통신하며 BMU와는 통신하지 않고 OPD회로만 BMU와 연결된다.

만약 BMU와 CMU회로 중 하나의 CMU에서 통신선 단선이 발생할 경우 단선 이후에 있는 CMU의 데이터는 BMU가 모니터링 할 수 없다. CMU와 BMU가 통신하는 방식을 UART(Universal asynchronous receiver/transmitter, 범용 비동기화 송수신기)통신이라고 하며 병렬 데이터의 형태를 직렬 방식으로 전환하여 데이터를 전송하는 방식이다.

CMU 내부에는 과 충전 방지 스위치인 OPD(Overvoltage Protection Device)가 있어 배터리 셀의 전압이 규정값 이상으로 과 충전될 경우 CMU 내 OPD소자가 작동하여 BMU를 통해 릴레이 제어회로의 전원을 차단하게 된다.

5.2.7. 온도센서

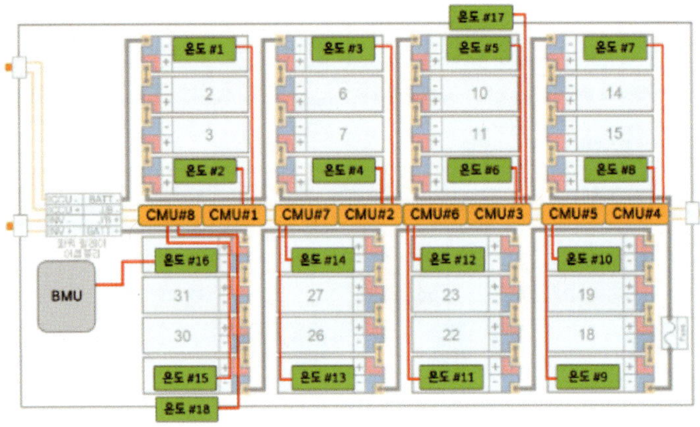

그림 3-55 온도센서 설치상태

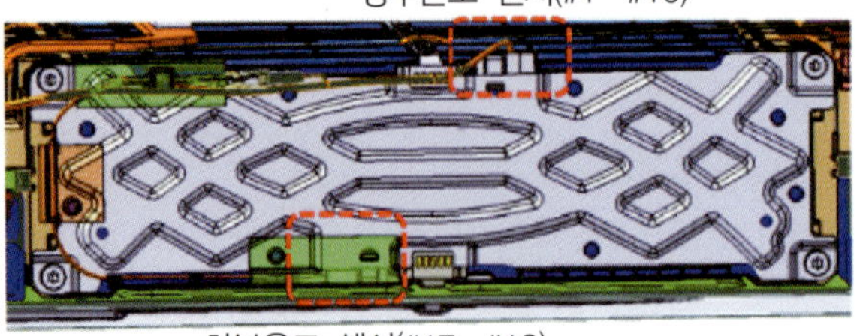

그림 3-56 상부 및 하부 온도센서

온도센서는 배터리 모듈 온도 측정을 위해 배터리 모듈 상단 측면에 장착되어 있다. 하나의 CMU가 관리하는 4개의 배터리 모듈 중 양 끝단에 위치한 두 개의 모듈에 온도 센서가 장착되어 있고, 온도센서가 없는 나머지 모듈에는 더미가 장착되어 있다. 또한 BSA 온도 측정용으로 총 두 개의 온도센서가 모듈 하단에 장착되어 있다. 온도 센서 단선 및 CMU 통신 불량시 디폴트 값 -50℃를 보여준다.

5.2.8. 배터리 모듈 커넥터 단선 시

[1] 배터리 1번 모듈의 3핀 커넥터 미 체결시

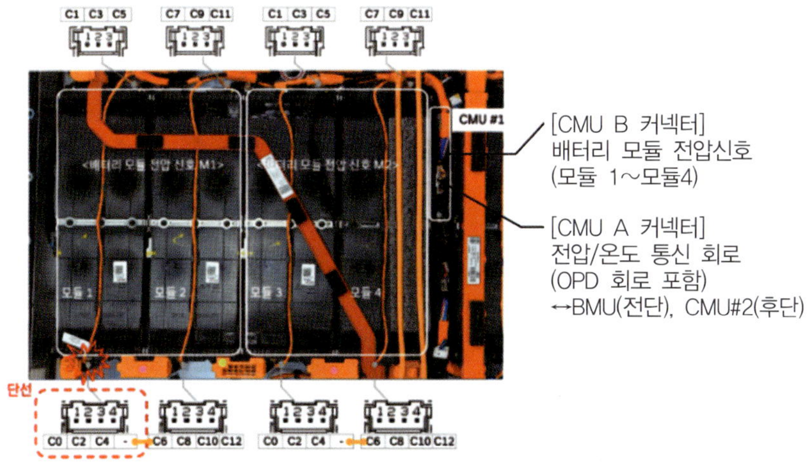

그림 3-57 배터리 1번 모듈의 3핀(C0, C2, C4) 커넥터 미 체결시

배터리 모듈 1측 4핀 커넥터(C0, C2, C4) 탈거 시 배터리 셀 전압 1번~5번까지는 전압차를 알 수 없기 때문에 0V가 표출된다. 하지만 6번 셀은 1번 모듈의 C5와 2번 모듈의 C6의 센싱 정보를 이용해 전압 값을 확인할 수 있다.

배터리 셀 전압 1	0.00	V	배터리 모듈 1
배터리 셀 전압 2	0.00	V	
배터리 셀 전압 3	0.00	V	
배터리 셀 전압 4	0.00	V	
배터리 셀 전압 5	0.00	V	
배터리 셀 전압 6	3.68	V	
배터리 셀 전압 7	3.68	V	배터리 모듈 2
배터리 셀 전압 8	3.68	V	
배터리 셀 전압 9	3.68	V	
배터리 셀 전압 10	3.66	V	
배터리 셀 전압 11	3.68	V	
배터리 셀 전압 12	3.66	V	

그림 3-58 모듈 1측 4핀 커넥터(C0, C2, C4) 미 체결시 출력 값

[2] 배터리 2번 모듈의 4핀 커넥터를 미 체결시

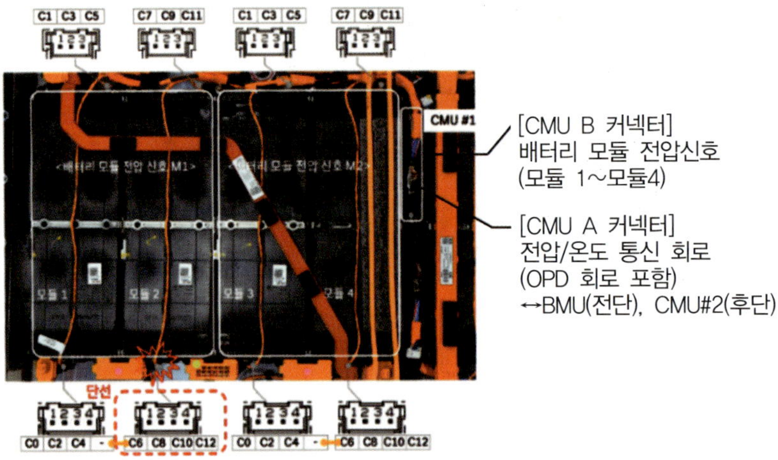

그림 3-59 배터리 2번 모듈의 4핀 커넥터(C6, C8, C10, C12) 미 체결시

배터리 모듈 2측 4핀 커넥터(C6, C8, C10, C12) 탈거 시 해당 모듈의 모든 셀 전압 값이 0V로 표출되며, C6을 활용해 전압을 센싱 하는 배터리 모듈 1의 6번 셀 전압 값도 0V로 나온다.

배터리 셀 전압 1	3.68	V	배터리 모듈 1
배터리 셀 전압 2	3.68	V	
배터리 셀 전압 3	3.68	V	
배터리 셀 전압 4	3.68	V	
배터리 셀 전압 5	3.68	V	
배터리 셀 전압 6	0.00	V	
배터리 셀 전압 7	0.00	V	배터리 모듈 2
배터리 셀 전압 8	0.00	V	
배터리 셀 전압 9	0.00	V	
배터리 셀 전압 10	0.00	V	
배터리 셀 전압 11	0.00	V	
배터리 셀 전압 12	0.00	V	

그림 3-60 모듈 2측 4핀 커넥터(C6, C8, C10, C12) 미 체결시 출력 값

[3] 배터리 2번 모듈의 3핀 커넥터를 미 체결시

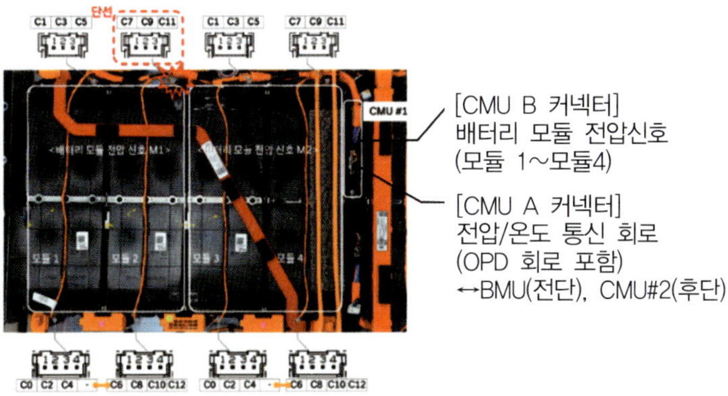

그림 3-61 배터리 2번 모듈의 3핀 커넥터(C1, C3, C5) 미 체결시

배터리 모듈 3핀 커넥터(C1, C3, C5 or C7, C9, C11) 탈거 시 해당 모듈의 모든 셀 전압 값이 0V로 표출된다.

배터리 셀 전압 1	3.68	V	배터리 모듈 1
배터리 셀 전압 2	3.68	V	
배터리 셀 전압 3	3.68	V	
배터리 셀 전압 4	3.68	V	
배터리 셀 전압 5	3.68	V	
배터리 셀 전압 6	3.68	V	
배터리 셀 전압 7	0.00	V	배터리 모듈 2
배터리 셀 전압 8	0.00	V	
배터리 셀 전압 9	0.00	V	
배터리 셀 전압 10	0.00	V	
배터리 셀 전압 11	0.00	V	
배터리 셀 전압 12	0.00	V	

그림 3-62 배터리 2번 모듈의 3핀 커넥터(C1, C3, C5) 미 체결시 출력 값

[4] 배터리 모듈 5~8번을 관리하는 CMU#2의 A커넥터 단선 시

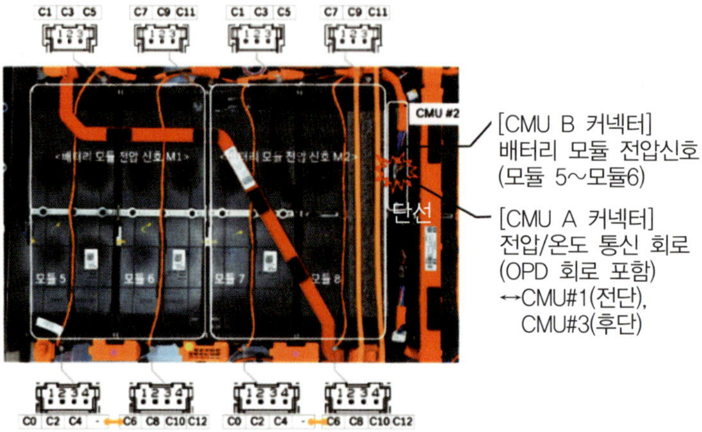

그림 3-63 배터리 모듈 5~8번을 관리하는 CMU#2의 A커넥터 단선 시

CMU#2 A 커넥터(통신회로) 단선 시 해당 모듈에 대한 전압/온도 정보 및 CMU#3 이후의 정보도 CMU#1로 전달 할 수 없기 때문에 CMU#2를 포함한 후단의 셀 전압 값은 디폴트 값인 5.10V가 표출된다.

항목	값	단위	
배터리 셀 전압 19	3.68	V	CMU #1
배터리 셀 전압 20	3.68	V	
배터리 셀 전압 21	3.68	V	
배터리 셀 전압 22	3.68	V	
배터리 셀 전압 23	3.68	V	
배터리 셀 전압 24	3.68	V	
배터리 셀 전압 25	5.10	V	CMU #2
배터리 셀 전압 26	5.10	V	
배터리 셀 전압 27	5.10	V	
배터리 셀 전압 28	5.10	V	·
배터리 셀 전압 29	5.10	V	·
배터리 셀 전압 ···	5.10	V	·

그림 3-64 배터리 모듈 5~8번을 관리하는 CMU#2의 A커넥터 단선 시 출력 값

[5] 배터리 모듈 5~8번을 관리하는 CMU#2의 B커넥터 단선 시

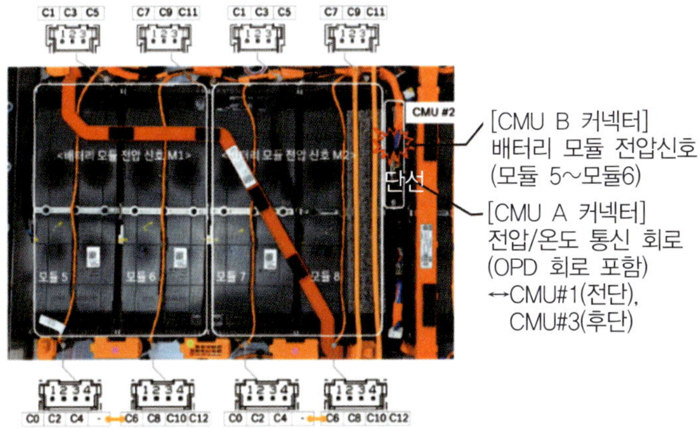

그림 3-65 배터리 모듈 5~8번을 관리하는 CMU#2의 B커넥터 단선 시

CMU는 B커넥터를 통해 배터리 전압 센싱 시 제어기 전원도 공급받는다. CMU#2 B커넥터(배터리 셀 전압 센싱) 단선 시 제어기 전원 공급이 중단되면서 배터리 셀 전압 센싱은 물론 통신도 할 수 없게 되어 A커넥터 단선시와 동일한 현상이 나타난다.

항목	값	단위	
배터리 셀 전압 19	3.68	V	CMU #1
배터리 셀 전압 20	3.68	V	
배터리 셀 전압 21	3.68	V	
배터리 셀 전압 22	3.68	V	
배터리 셀 전압 23	3.68	V	
배터리 셀 전압 24	3.68	V	
배터리 셀 전압 25	5.10	V	CMU #2
배터리 셀 전압 26	5.10	V	
배터리 셀 전압 27	5.10	V	
배터리 셀 전압 28	5.10	V	
배터리 셀 전압 29	5.10	V	
배터리 셀 전압 …	5.10	V	

그림 3-66 배터리 모듈 5~8번을 관리하는 CMU#2의 B커넥터 단선 시 출력 값

6 고전압 안전 플러그(High-voltage Safety Plug)

6.1 역할

전기 자동차를 정비나 수리할 때 고전압 회로는 정비자에게 위험을 초래할 수 있기 때문에 반드시 고전압 회로를 차단하고 작업을 해야 한다.
이러한 고전압 회로를 기계적 분리를 통해 고전압 배터리 내부의 회로 연결을 차단하기 위한 장치로서 안전플러그 장치는 안전플러그와 인터록의 조합으로 이루어지고, 고전압 배터리의 대전류가 인가된 후 인터록 기능과 BMS의 연결을 차단하여 대전류의 흐름을 차단하고, 플러그 탈거시 아크발생을 방지하는 기능을 한다.
여기서, 안전플러그는 고전압 배터리 중간에 전류 차단 스위치를 두어 보수작업 및 위급시 전원을 차단하는 기능을 하고, 인터록은 안전플러그 탈거시 기계적 접점이 해제되어 아크가 발생하는 것을 사전에 차단하여 배터리 및 시스템의 소손발생을 방지하는 기능을 한다. 모듈이 직렬로 연결된 중간에 안전플러그가 장착되는 위치가 존재하고 안전 플러그 내에 퓨즈가 존재한다. 안전 플러그 내에 인터록 회로가 존재해 안전 플러그가 제대로 장착되지 않게 되면 인터록 회로가 작동되어 BMS가 PRA를 강제로 OFF하게 되는 상태를 만들 수 있기에 작업이 끝나고 안전 플러그를 잘 장착해야 실제 주행이 가능하다.
모든 차량에 적용되는 것은 아니다. 일부 전용 플랫폼 기반의 차량에서는 배터리의 전압이 높아지면서 안전 플러그를 사용하지 않고 메인 퓨즈만 장착하는 경우도 있다.

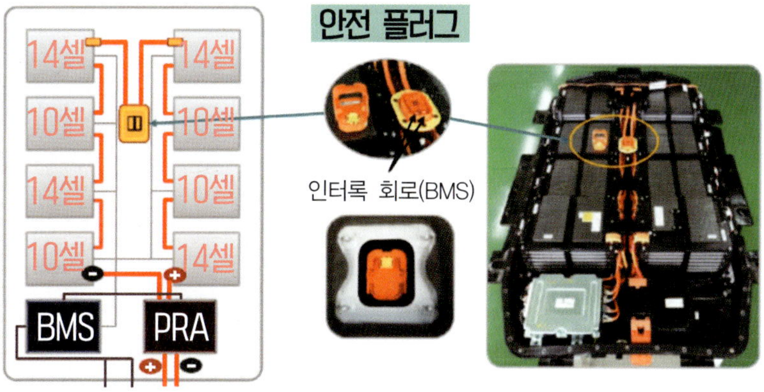

그림 3-67 안전플러그 설치위치

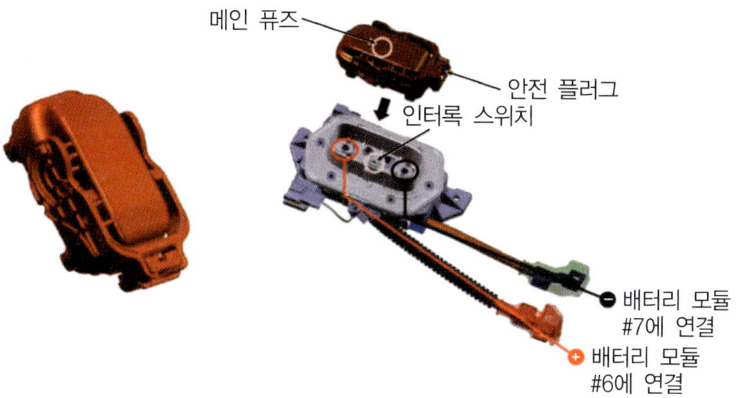

그림 3-68 기아, 소울 안전 플러그 구성

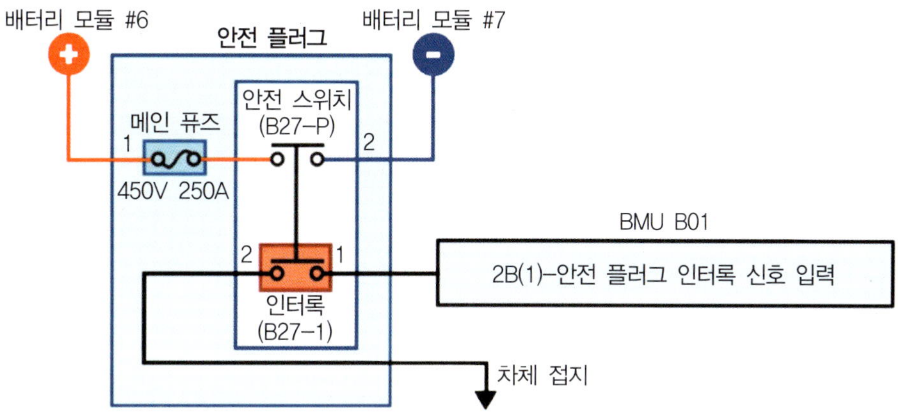

그림 3-69 안전 플러그 회로도

6.2 고전압 차단 플러그 유의사항

엔진룸 내부에 위치한 고전압 차단 플러그는 절대로 만지지 말아야 한다. 고전압 차단 플러그는 차량을 수리할 경우 서비스 센터에서 배터리 고전압을 차단하기 위한 장치이다. 함부로 취급할 경우 감전으로 인하여 사망하거나 다칠 수 있다. 고전압 차단 플러그는 반드시 지정된 인가자만 분리해야 한다. 긴급 상황 시 배터리의 고전압을 차단하기 위해서 서비스 인터록 커넥터를 탈거하거나 선을 절단해야 한다.

> **참 고** 주의사항
>
> 응급상황 이외 임의로 서비스 인터록 커넥터를 분리하거나 선을 자르지 말아야 한다. 시동이 걸리지 않는 등 차량에 심각한 문제가 발생할 수 있다.

7 고전압 배터리 모듈 교환

국내(현대, 기아) 전기 자동차의 경우 전용 플랫폼 개발이 2020년 이후 전기 자동차에 적용되면서 2020년 전기 자동차는 기존의 플랫폼에 전기 자동차 구성을 조합해서 사용되었으며 2020년 이후부터는 전기 자동차 전용 플랫폼을 적용하여 생산됨으로서 구성 부품의 위치에 변화가 되었다.(아이오닉은 2020년 이후, 변경 코나는 변경 플랫폼을 사용)

7.1 고전압 배터리 탈 · 부착

7.1.1. 아이오닉(2020년 이전)

① 고전압 차단 절차를 수행한다.

② 차체를 안전하고 편한 자세로 작업을 할 수 있도록 지주식 리프트로 들어 올린다.

그림 3-70 차체 상승

③ 아이오닉 2020년 이전 차량은 배터리를 하체부품으로 지지하고 있으므로 배터리 탈거하기 전에 하체 부품을 탈거하고 작업을 진행해야 한다. 하체 부품을 확인하고 하체 작업을 통해 후륜 축을 탈거한다. 하체부품 제거는 전용공구를 이용하여 작업한다.

그림 3-71 하체부품 탈거

④ 모터 룸에서 모터와 연결된 고전압케이블을 제거한다. 레버를 화살표 방향으로 당겨 제거한다.

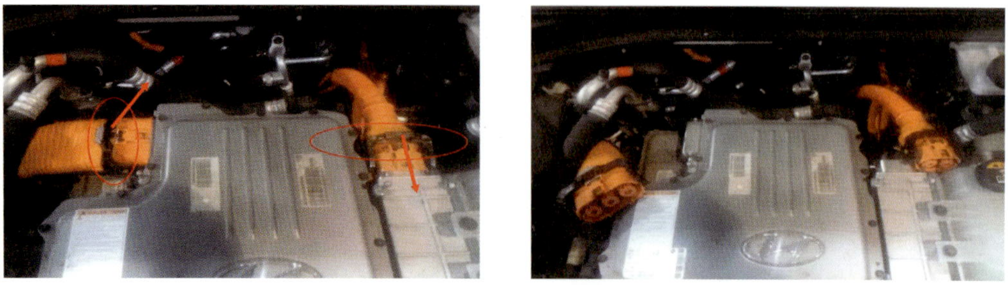

그림 3-72 모터와 연결된 고전압 케이블 제거

⑤ 후면부의 커넥터를 제거한다. 제거 시 안전장비를 반드시 착용하고 작업한다.

⑥ 전면부의 커넥터를 제거한다. 제거 시 안전장비를 반드시 착용하고 작업한다.

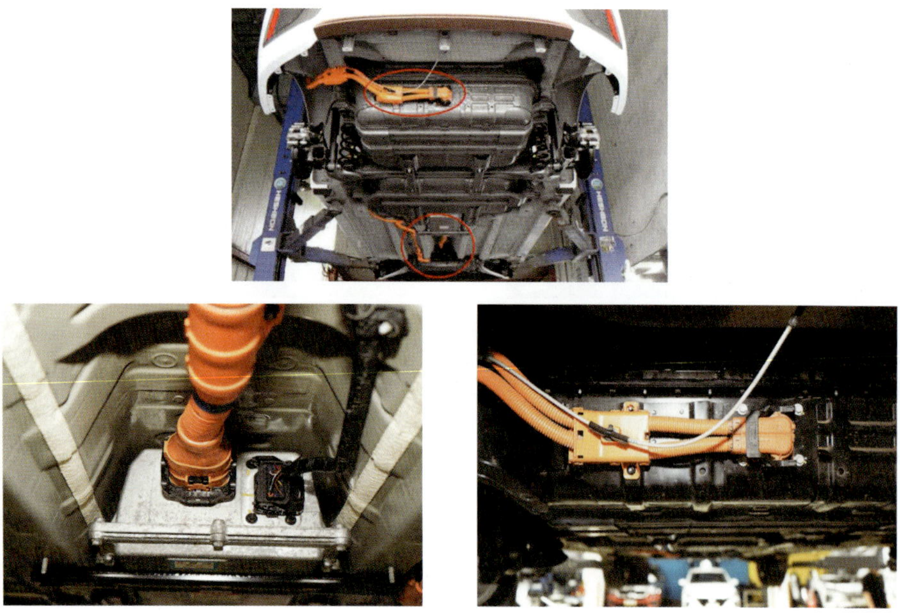

그림 3-73 후면부, 전면부 커넥터 제거

⑦ 배터리를 탈거한다. 아이오닉 배터리는 고정 바에 의해 차체와 연결되어 있으므로 리프트를 이용해 차량을 올린 이후 거치부위를 탈거한다.

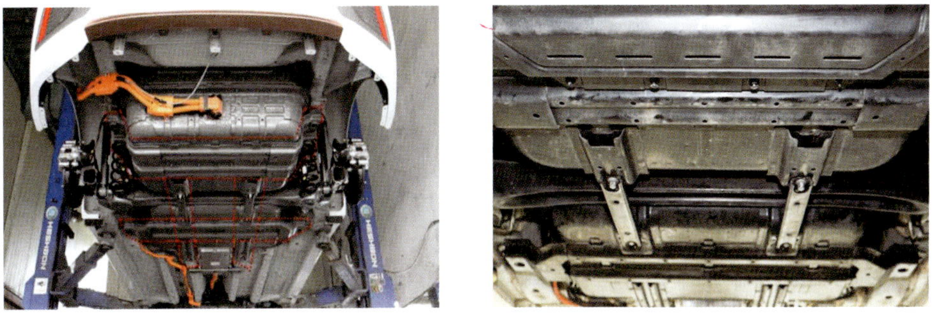

그림 3-74 거치부위 탈거

⑧ 배터리 거치용 잭(Jack)을 설치하고 배터리를 안전하게 분리한다. 배터리 본체는 약 300kg의 무게가 있기 때문에 반드시 2인 이상이 작업을 실시한다. 낙하할 경우 신체에 심각한 부상위험이 있다.

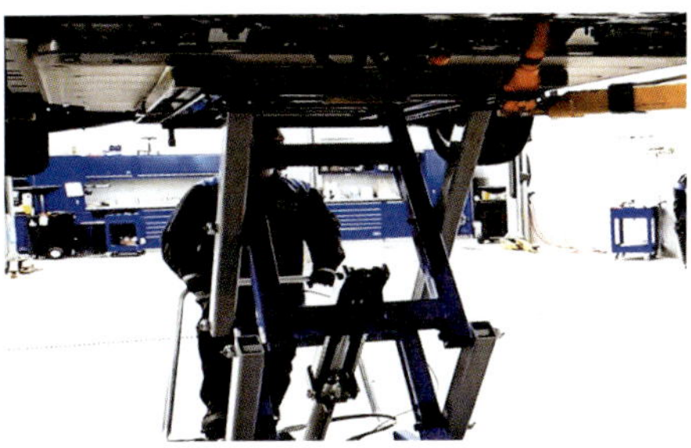

그림 3-75 배터리 거치용 잭 설치

그림 3-76 탈거된 배터리

⑨ 탈거한 고전압 배터리 시스템 어셈블리는 부품 손상을 방지하기 위해 평평한 바닥, 매트 위에 내려놓는다.

⑩ 장착은 탈거의 역순으로 진행한다.

7.1.2. 아이오닉 5(NE EV)

① 고전압 차단 절차를 수행한다.

② 프런트 언더 커버를 탈거한다.

③ 리어 언더 커버를 탈거한다.

④ 배터리 냉각수를 배출한다.

⑤ 고전압 커넥터 커버를 탈거한다(체결토크 : 0.8~1.2kgf・m).

⑥ 고전압 배터리 프론트 커넥터를 분리한다.

⑦ 고전압 배터리 리어 커넥터를 분리한다.

⑧ ICCU(Intergrated Charging Control Unit, 통합 충전제어 장치) 고전압 커넥터를 분리한다.

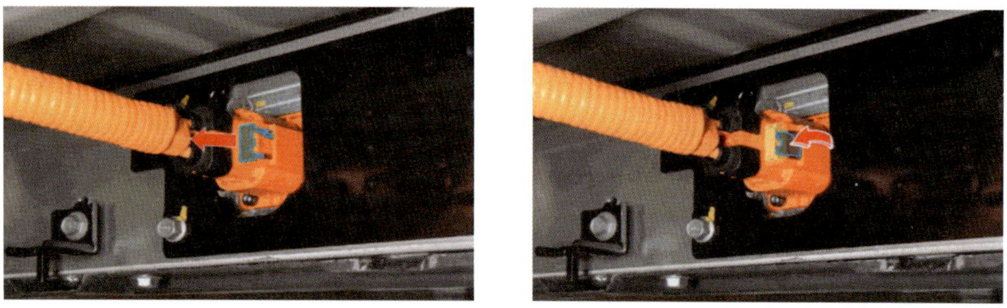

그림 3-77 ICCU 고전압 커넥터 분리

⑨ BMU 연결 커넥터를 분리한다.

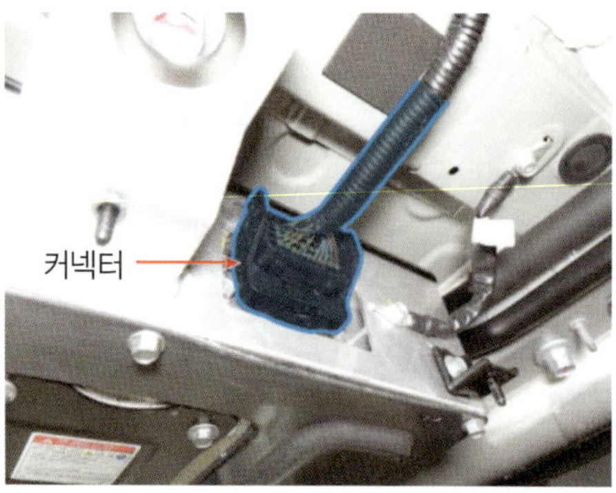

그림 3-78 BMU 연결 커넥터 분리

⑩ 볼트를 푼 후, 접지를 탈거한다(체결 토크 : 0.8~1.2kgf·m).

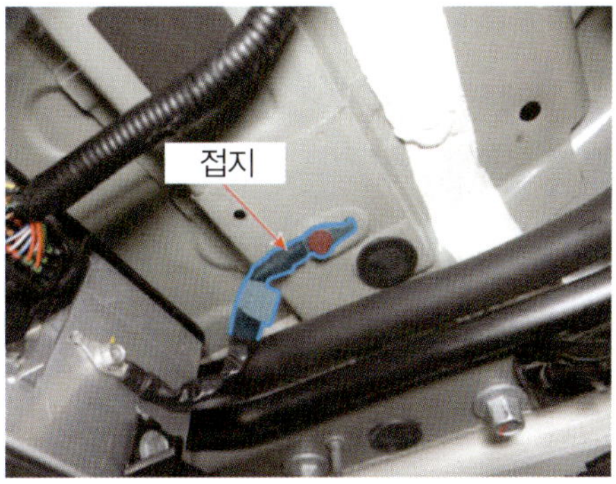

그림 3-79 접지 탈거

⑪ 냉각수 인렛 호스와 냉각수 아웃렛 호스(B)를 분리한다.

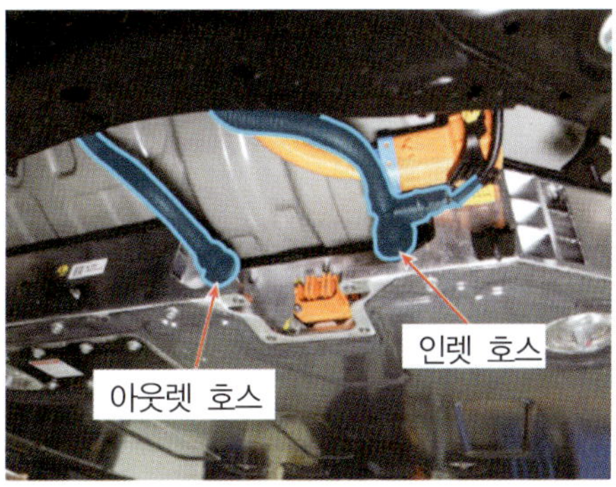

그림 3-80 냉각수 호스 분리

⑫ 배터리 시스템 어셈블리 안에 있는 잔여 냉각수를 특수공구를 이용하여 배출한다.

㉮ 냉각수 인렛에 냉각수 라인 피팅[IN]을, 냉각수 아웃렛에 냉각수 라인 피팅[OUT]을 설치한다.

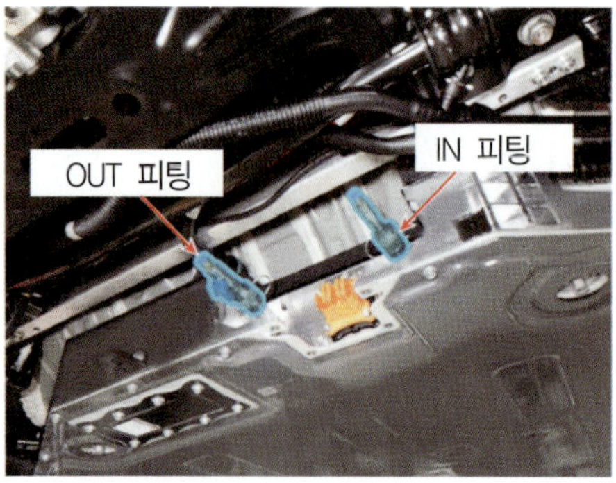

그림 3-81 냉각수 라인 피팅 설치

㈏ 에어호스를 압력 게이지에 연결한다. 호스의 조립 방법은 원터치 피팅 타입이며, 호스를 탈거 시에는 릴리즈 슬리브를 반드시 화살표 방향으로 밀어서 탈거한다.

그림 3-82 에어호스를 압력 게이지에 연결

㈐ 에어 브리딩 툴 밸브를 닫는다.

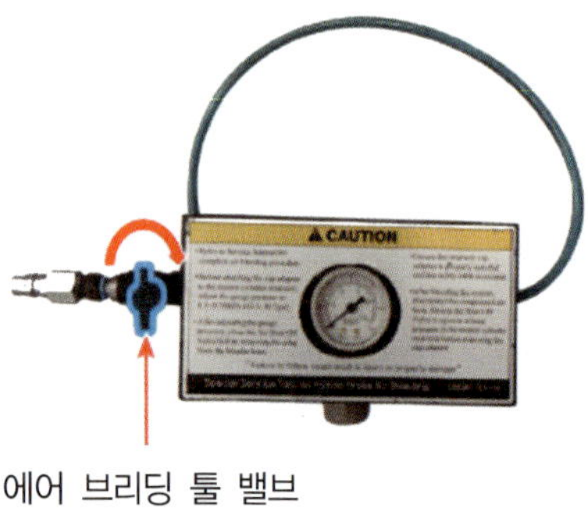

그림 3-83 에어 브리딩 툴 밸브 닫음

㉣ 압력 게이지를 에어 브리딩 툴에 연결한다.

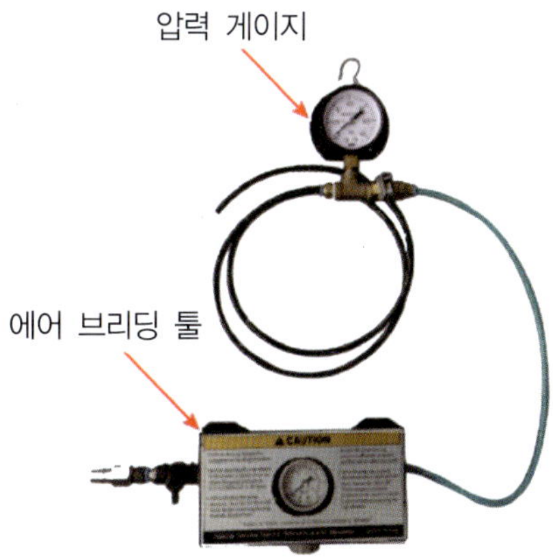

그림 3-84 **압력 게이지 에어 브리딩 툴에 연결**

㉤ 에어 브리딩 툴은 에어 공급 라인과 연결 전에 밸브를 항상 왼쪽으로 돌려서 닫는다.

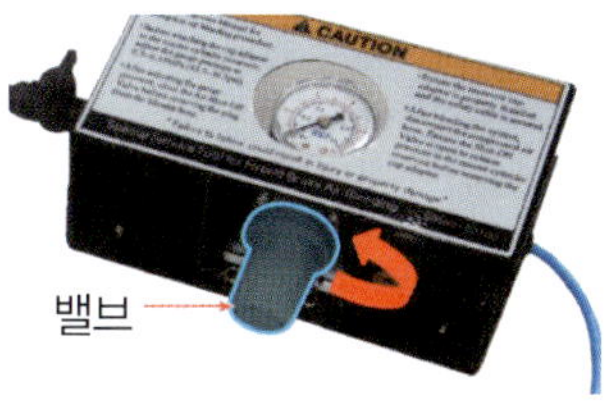

그림 3-85 **밸브 닫음**

㉥ 에어 브리딩 툴에 에어 공급 라인을 연결 후, 밸브를 연다.

그림 3-86 **밸브 개방**

㉦ 기밀 플러그를 에어 호스에 장착한다.

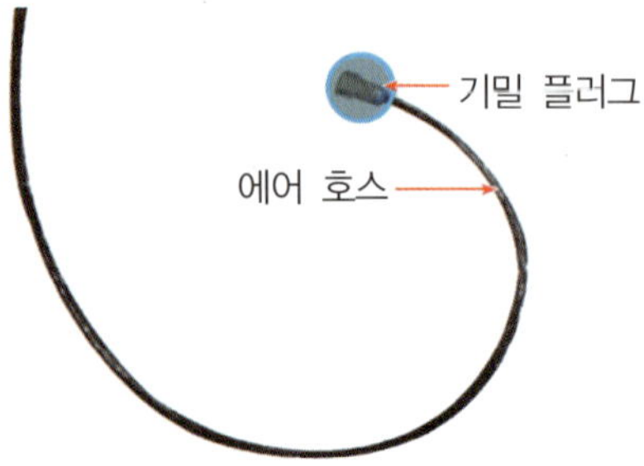

그림 3-87 기밀 플러그 에어 호스에 장착

㉧ 에어 브리딩 툴 밸브, 압력 게이지 밸브를 오른쪽으로 회전시켜 압력 게이지의 눈금 0.21Mpa(2.1Bar)를 맞춘다. 게이지의 눈금이 0.21Mpa(2.1Bar)가 넘을 경우 압력을 해제한 후 다시 게이지 눈금 0.21Mpa(2.1Bar)을 맞춘다.

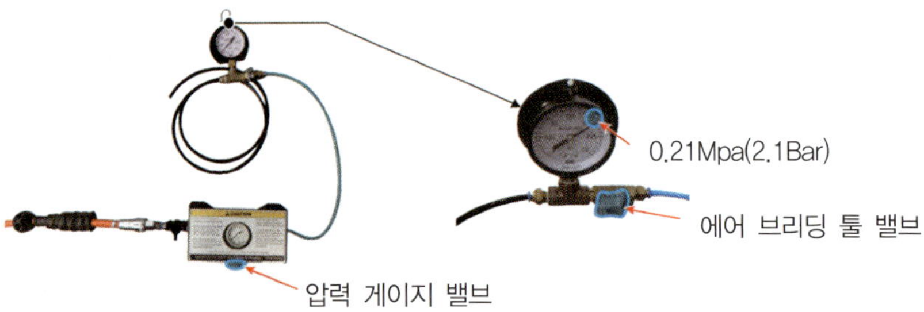

그림 3-88 압력 설정

㉨ 냉각수 인렛에 연결된 냉각수로 피팅[IN]에 에어 호스를 연결하고 냉각수 아웃렛에 연결된 냉각수로 피팅[OUT]에 에어 호스를 연결한다.

그림 3-89 냉각수로 피팅에 에어 호스 연결

㉾ 에어호스를 냉각수를 받을 빈 통에 넣는다.

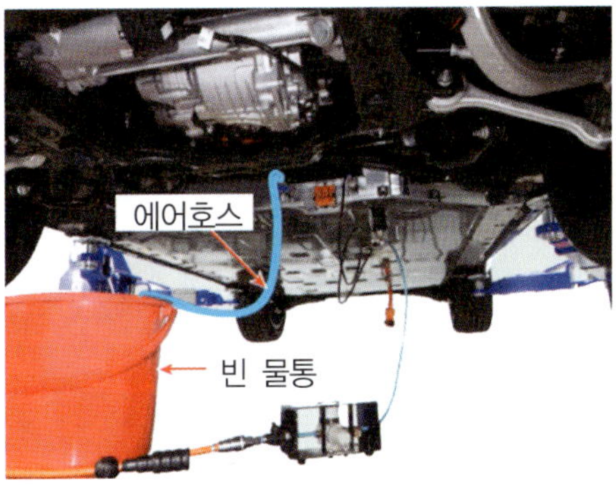

그림 3-90 빈 냉각수통 준비

㉿ 압력 게이지 밸브를 오른쪽으로 돌려서 연다. 냉각수 배출 시 압력은 최대 0.21Mpa(2.1Bar)를 넘지 않도록 주의한다.

그림 3-91 압력 게이지 밸브 개방

㊀ 에어 브리딩 툴 밸브를 오른쪽으로 천천히 열어 냉각수를 배출한다.

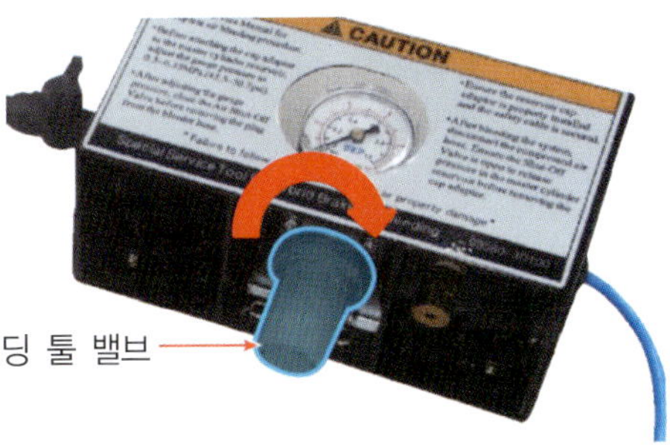

그림 3-92 냉각수 배출

⑬ 고전압 배터리 시스템 어셈블리 중앙부 고정 볼트를 푼다(체결 토크 : 7.0~9.0kgf · m). 배터리 시스템 어셈블리 고정 볼트를 재사용하지 않는다.

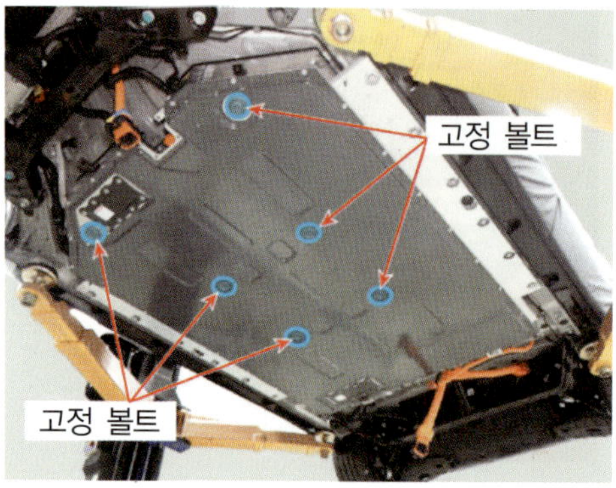

그림 3-93 고전압 배터리 시스템 어셈블리 중앙부 고정 볼트 탈거

⑭ 고전압 배터리 시스템 어셈블리에 플로워 잭을 받친다.

그림 3-94 플로워 잭 설치

⑮ 고전압 배터리 시스템 어셈블리 사이드 고정 볼트를 14개를 탈거한다(체결 토크 : 12.0~14.0kgf · m).

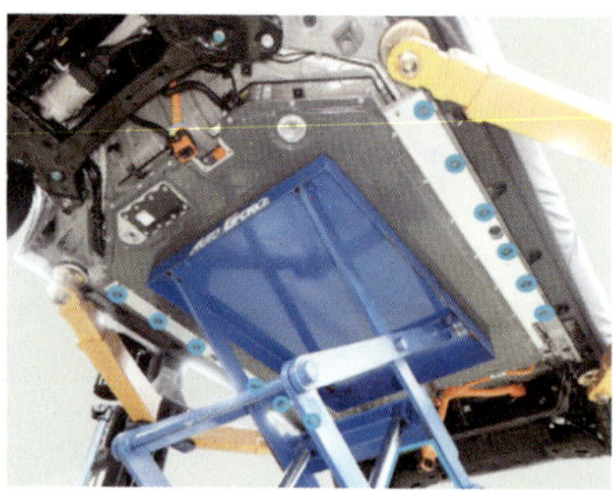

그림 3-95 사이드 고정 볼트 탈거

⑯ 고전압 배터리 시스템 어셈블리를 차량으로부터 탈거한다.

⑰ 특수공구와 크레인 자키를 이용하여 고전압 배터리 시스템 어셈블리를 이송한다.

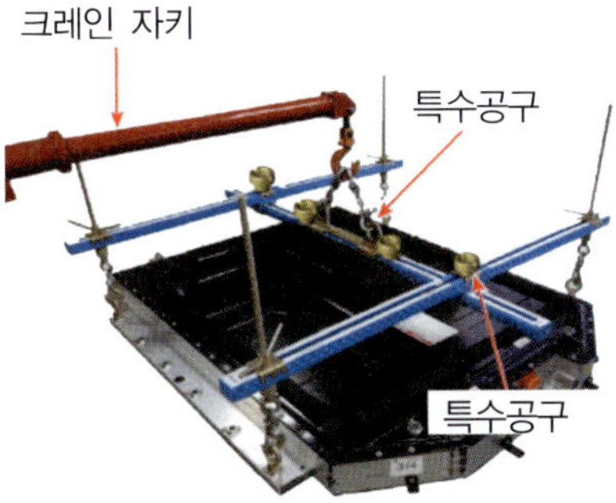

그림 3-96 고전압 배터리 시스템 어셈블리 이송

⑱ 탈거한 고전압 배터리 시스템 어셈블리는 부품 손상을 방지하기 위해 평평한 바닥, 매트 위에 내려놓는다.

⑲ 장착은 탈거의 역순으로 진행한다.

⑳ 냉각수를 채우고 누수를 확인한다.

㉑ 진단기기를 사용하여 SOC 보정 기능을 수행한다.

7.2 고전압 배터리 시스템 탈·부착

그림 3-97 모듈 번호

7.2.1. 상부 케이스 탈·부착

① 고전압 차단 절차를 수행한다.

② 고전압 배터리 시스템 어셈블리(BSA, Battery System Assembly)를 탈거한다.

③ 배터리 시스템 어셈블리 상부 케이스 장착볼트를 탈거한다(체결 토크 : 10.6~15.8kgf·m). 상부 케이스 장착볼트 및 너트는 신품으로 교체한다.

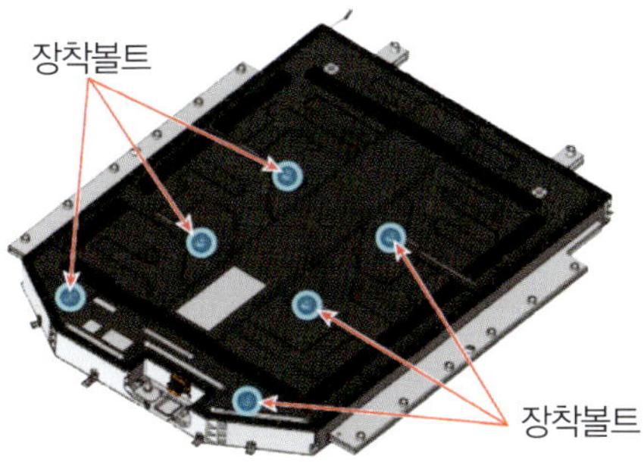

그림 3-98 상부 케이스 장착볼트 탈거

④ 볼트와 너트를 푼 후, 고전압 배터리 수밀 보강 브래킷을 탈거한다(체결 토크 : 1단계 – 0.9kgf · m, 2단계 – 1.1kgf · m).

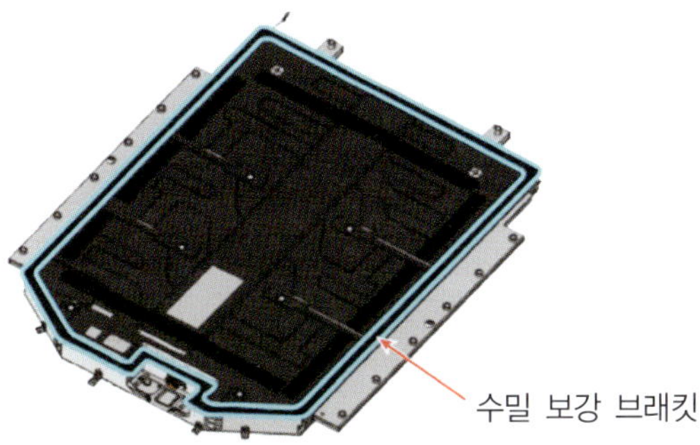

그림 3-99 수밀 보강 브래킷 탈거

⑤ 배터리 시스템 어셈블리 상부 케이스를 탈거한다. 케이스 변형 방지를 위해서 반드시 2인 이상 작업을 하고, 상부 케이스 이동 시 비대칭으로 들거나 하중을 순간적으로 강하게 가하면 변형이 생길 수 있으므로, 종 방향 보다 횡 방향으로 들어서 이동을 한다.

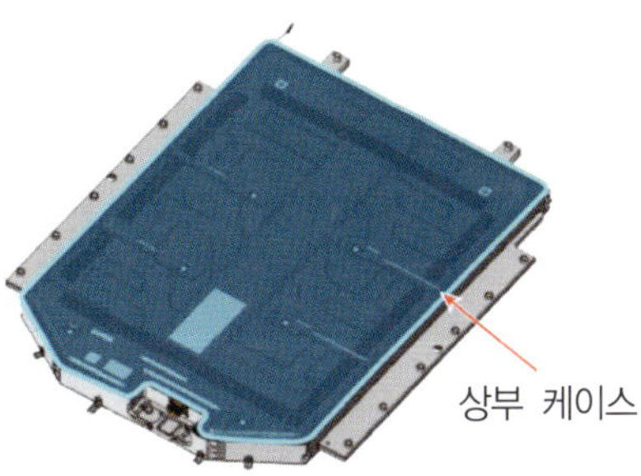

그림 3-100 상부 케이스 탈거

⑥ 장착은 탈거의 역순으로 진행한다.

⑦ 배터리 시스템 어셈블리 기밀 테스트를 수행한다.

7.2.2. 서브 배터리 팩 어셈블리(Sub-BPA) 탈 · 부착

[1] 탈거

① 고전압 차단 절차를 수행한다.

② 고전압 배터리 시스템 어셈블리(BSA, Battery System Assembly)를 탈거한다.

③ 고전압 배터리 시스템 어셈블리(BSA) 상부 케이스를 탈거한다.

④ 버스바를 탈거한다(체결 토크 : 0.8~1.2kgf · m).

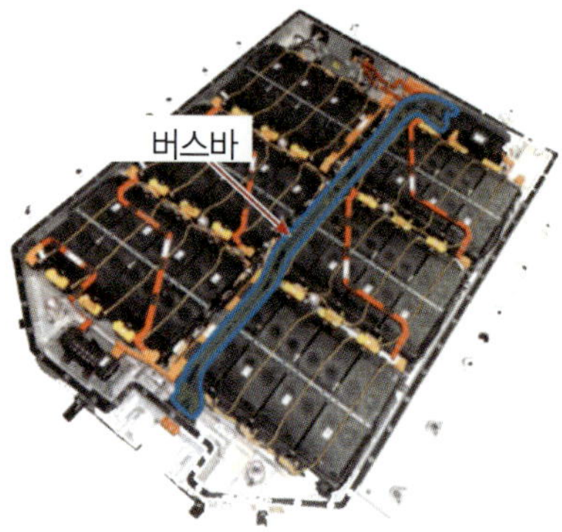

그림 3-101 버스바 탈거(1)

⑤ 볼트와 너트를 제거한 후 버스바를 탈거한다(체결 토크 : 0.8~1.2kgf · m).

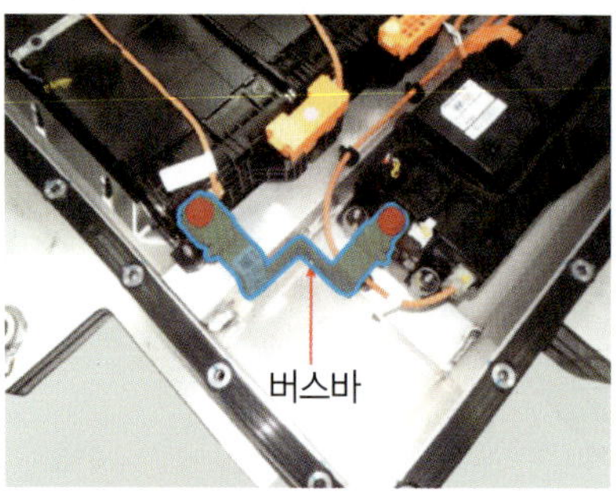

그림 3-102 버스바 탈거(2)

그림 3-103 버스바 탈거(3)

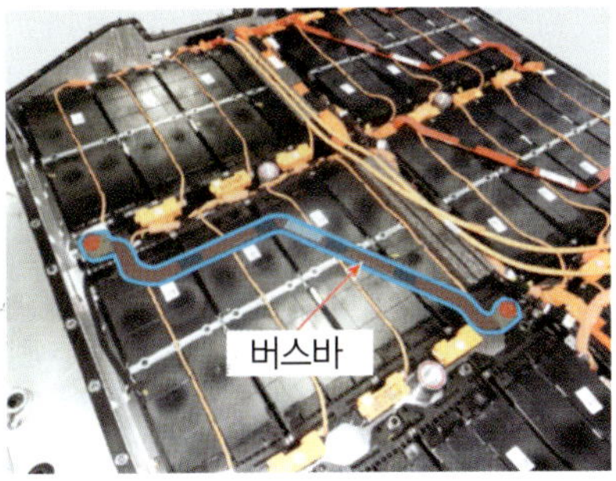

그림 3-104 버스바 탈거(4)

⑥ 배터리 모듈 온도 센서 커넥터를 분리한다.

⑦ 배터리 모듈 전압 센싱 와이어링 하네스를 분리한다.

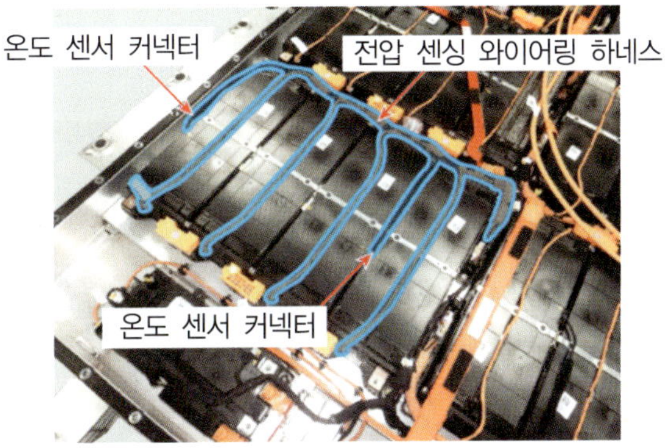

그림 3-105 온도센서 커넥터 및 전압 센싱 와이어링 하네스 분리

⑧ 볼트를 푼 후 버스바를 탈거한다(체결 토크 : 0.8~1.2kgf · m).

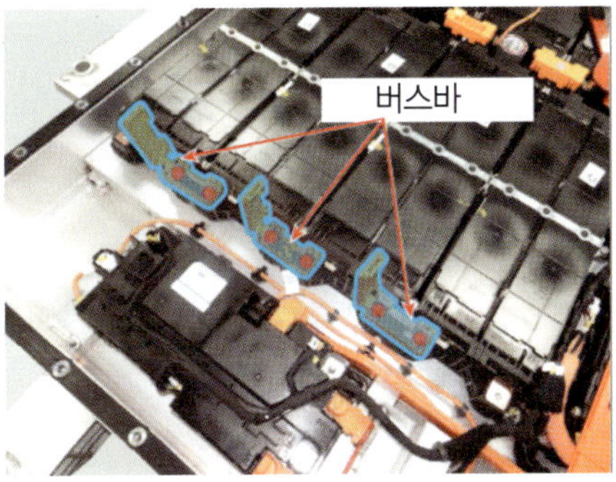

그림 3-106 버스바 탈거(5)

⑨ 볼트를 푼 후 보강 판을 탈거한다(체결 토크 : 0.8~1.2kgf · m).

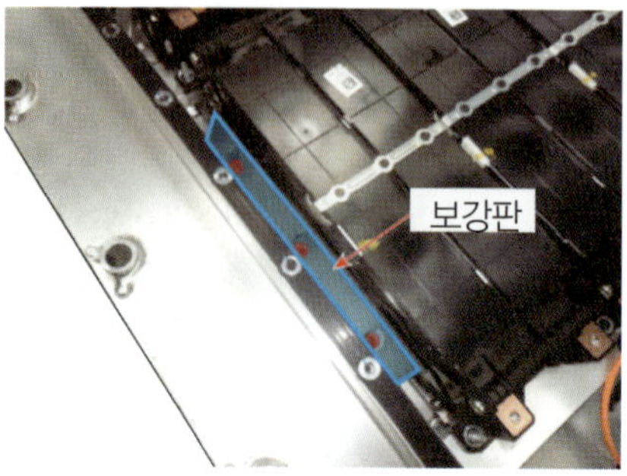

그림 3-107 보강 판 탈거

⑩ 서브 배터리 팩 어셈블리 고정 볼트와 너트를 탈거한다(체결 토크 : 0.8~1.2kgf · m). 서브 배터리 팩 어셈블리 고정 볼트 및 너트는 신품으로 교체한다.

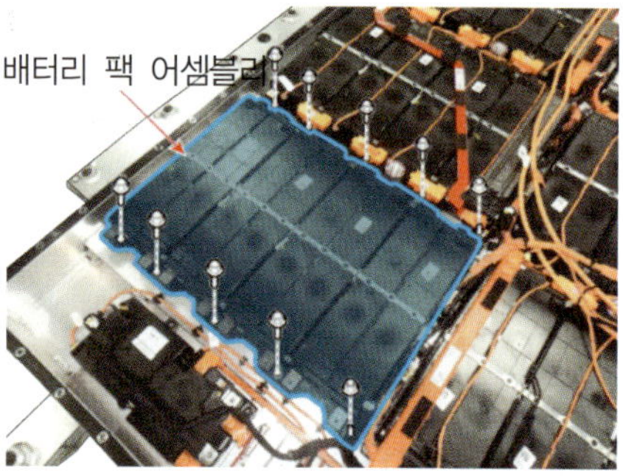

그림 3-108 서브 배터리 팩 어셈블리 고정 볼트와 너트 탈거

⑪ 배터리 모듈 행어를 서브 배터리 팩 어셈블리에 장착한다.

그림 3-109 배터리 모듈 행어를 서브 배터리 팩 어셈블리에 장착

주의사항 : 고정 노브를 시계 방향으로 돌려 모듈 사이에 고정한다.

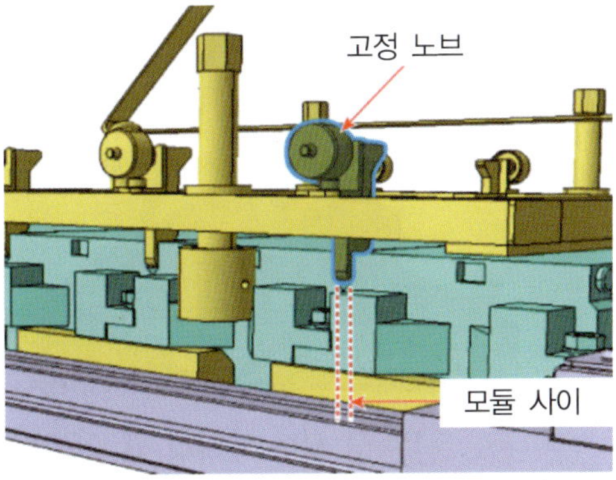

그림 3-110 고정 노브를 모듈 사이에 고정

⑫ 탈거 볼트를 어댑터에 아래 그림처럼 순서대로 조인다.

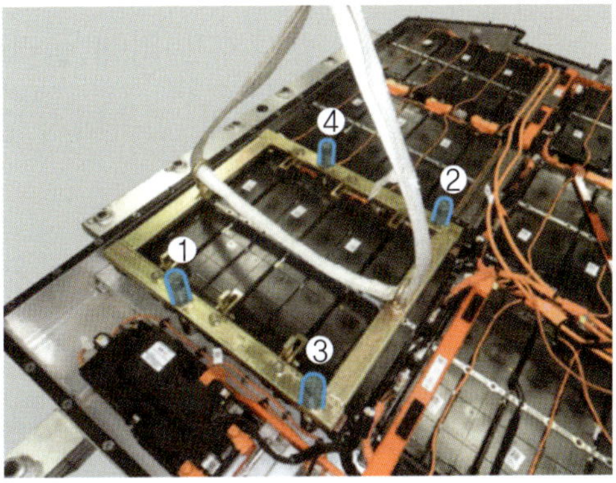

그림 3-111 어댑터 설치

⑬ 배터리 모듈 행어와 크레인 자키를 이용하여 서브 배터리 팩 어셈블리를 수평으로 들어 올려서 하부 케이스로부터 분리한 후, 이송한다. 위의 탈·부착 절차는 모듈 (#1~#4)에 대한 절차이므로 나머지 모듈 (#5~#24)도 동일한 방법으로 진행한다.

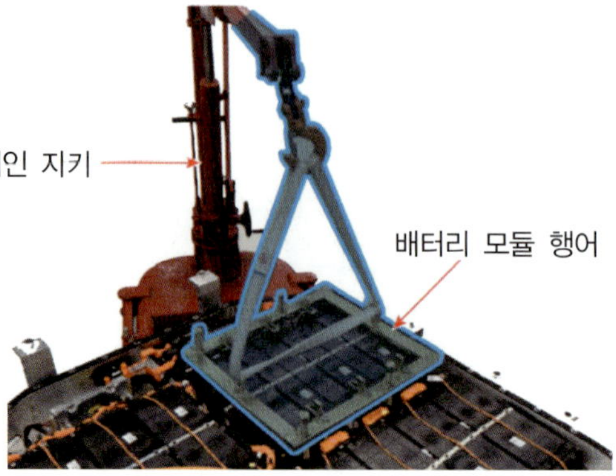

그림 3-112 **서브 배터리 팩 어셈블리 분리**

⑭ 배터리 모듈 어셈블리(BMA : Battery Module Assembly) 및 하부 케이스에 있는 잔여 갭 필러를 반드시 절연 장갑 착용 후 모듈 하단부가 변형되지 않도록 조심스럽게 갭 필러를 제거하며, 갭 필러 제거 시에는 하부 케이스에 스크래치 발생을 방지하기 위해 플라스틱 리무버를 이용한다. 에어건 사용 시에는 모듈 하단부와 접촉되지 않도록 한다.

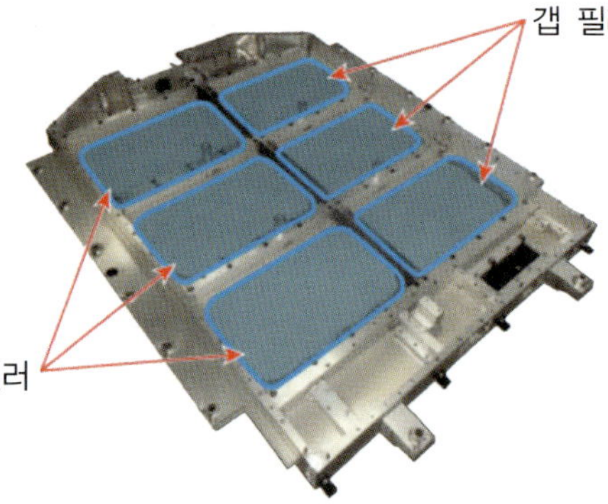

그림 3-113 **갭 필러 제거**

[2] 장착

① 신품 모듈을 장착 전 신품 모듈을 목표 충전 전압으로 충전 또는 방전한다.

② 특수 공구를 이용하여 신품 갭 필러를 도포한다.

㉮ 갭 필러 도포 작업 전, 남아있는 갭 필러를 깨끗이 제거하고 배터리 시스템 어셈블리(BSA)에 고전압 배터리 갭 필러 고정 틀을 장착한다.

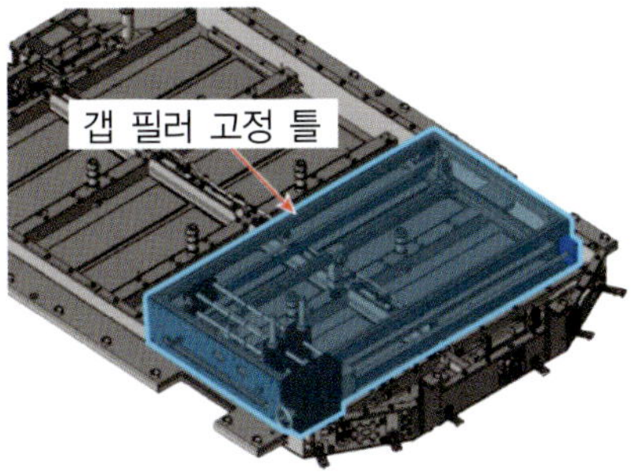

그림 3-114 갭 필러 고정 틀 장착

㉯ 갭 필러 고정 틀에 갭 필러 작업 건을 장착한다.

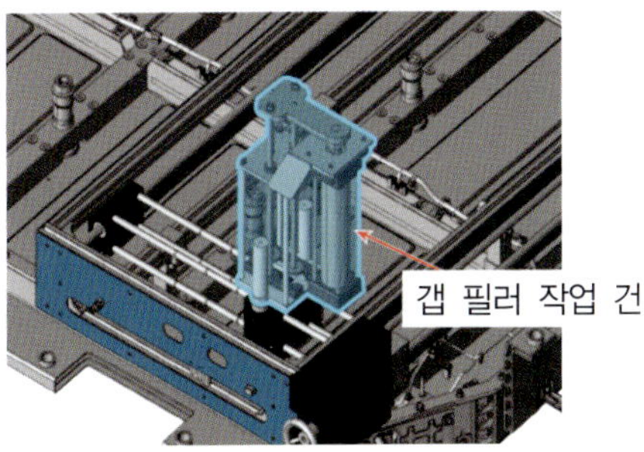

그림 3-115 작업 건 장착

㉰ 카트리지에 갭 필러 리본을 조립한다. 갭 필러 리본은 면적당 한 개씩 사용한다.

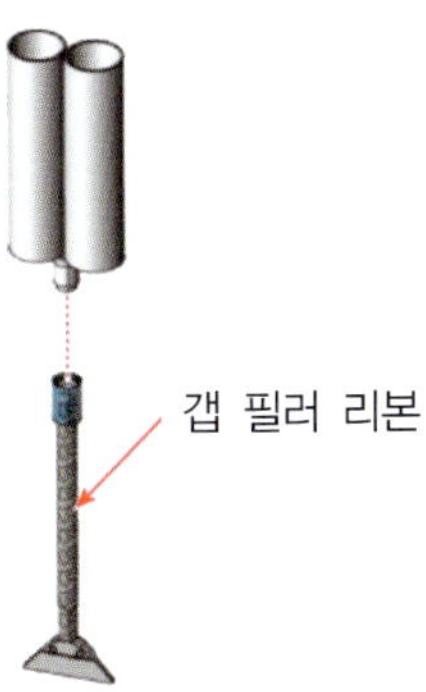

그림 3-116 갭 필러 리본 조립

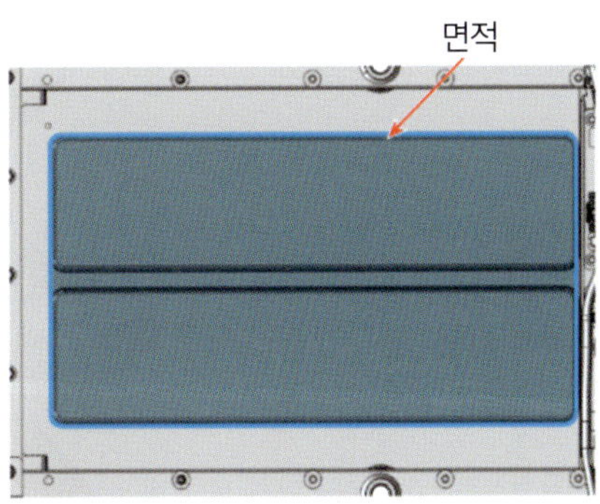

그림 3-117 갭 필러 리본은 면적당 한 개씩 사용

㉣ 갭 필러 작업 건에 카트리지 & 갭 필러 리본을 장착한다.

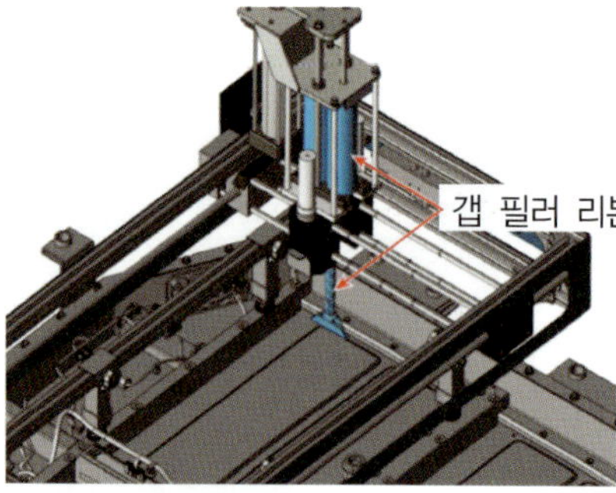

그림 3-118 갭 필러 작업 건에 카트리지 & 갭 필러 리본 장착

㉤ 갭 게이지를 사용하여 리본 높이를 갭 필러 고정틀 지지대 다리를 조절하여 높이를 조절한다(규정값 : 5.4㎜).

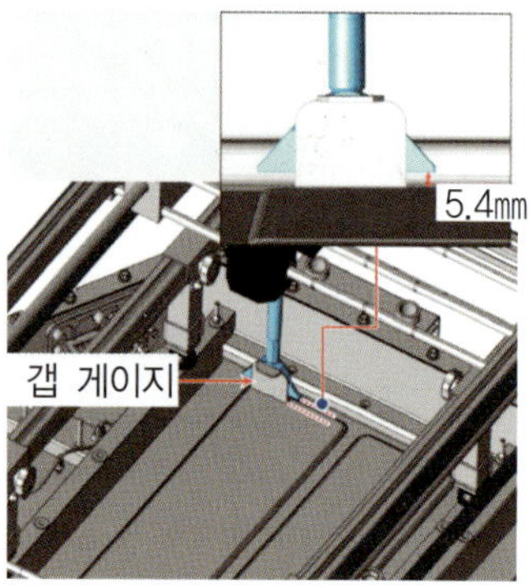

그림 3-119 리본 높이 조절

㉥ 갭 필러 작업 건에 에어호스를 연결한다.

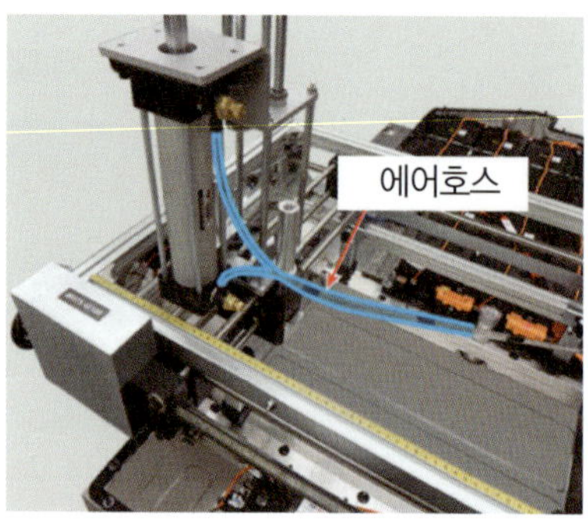

그림 3-120 작업 건에 에어호스 연결

㉳ 갭 필러 고정 틀에 에어호스를 연결한다.

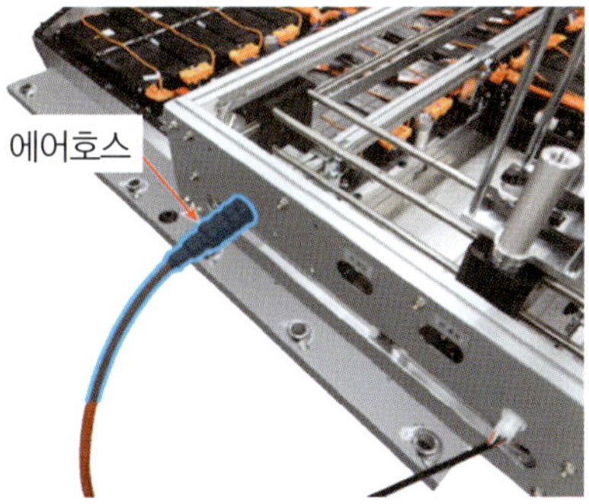

그림 3-121 고정 틀에 에어호스 연결

㉴ 갭 필러 컨트롤러 커넥터를 연결한다.

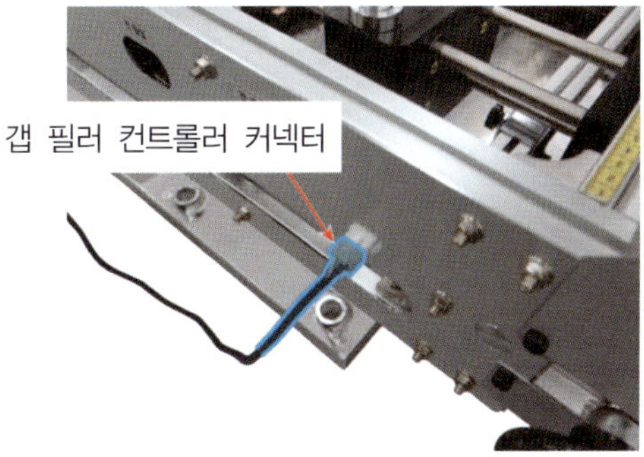

그림 3-122 갭 필러 컨트롤러 커넥터 연결

㉵ 갭 필러를 아래 그림 순서대로 도포한다. 갭 필러 도포 후, 경화시간(90분)이내 모듈을 장착한다.

그림 3-123 갭 필러 도포

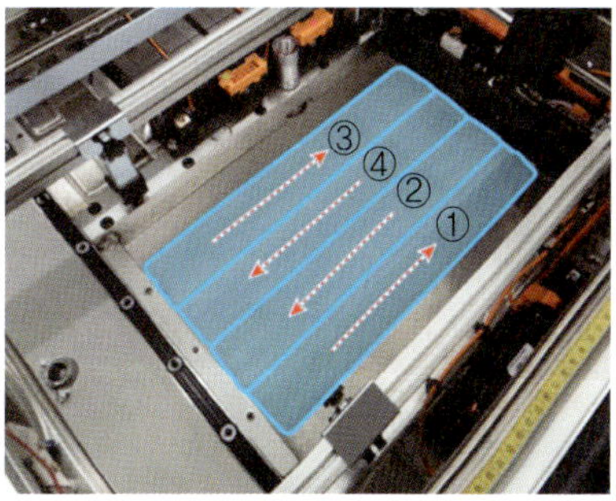

그림 3-124 갭 필러 도포 순서

③ 장착은 탈거의 역순으로 진행한다.

④ 배터리 시스템 어셈블리 기밀 테스트를 수행한다.

⑤ 배터리 충전 상태(SOC)를 보정한다.

8.2.3. 배터리 모듈 어셈블리(BMA) 탈 · 부착

[1] 탈거

① 서브 배터리 팩 어셈블리(Sub-BPA)를 탈거한다.

② 고전압 배터리 모듈 분해 지그에 면압 지그 및 모듈 가이드를 장착한다.

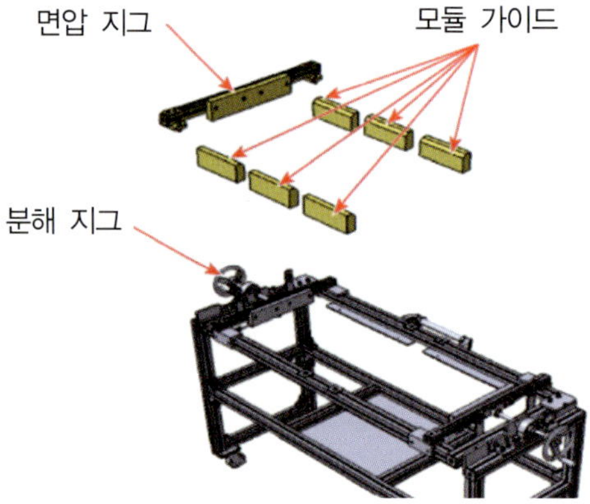

그림 3-125 지그 및 모듈 가이드 장착

③ 서브 배터리 팩 어셈블리를 고전압 배터리 모듈 분해 지그에 장착한다.

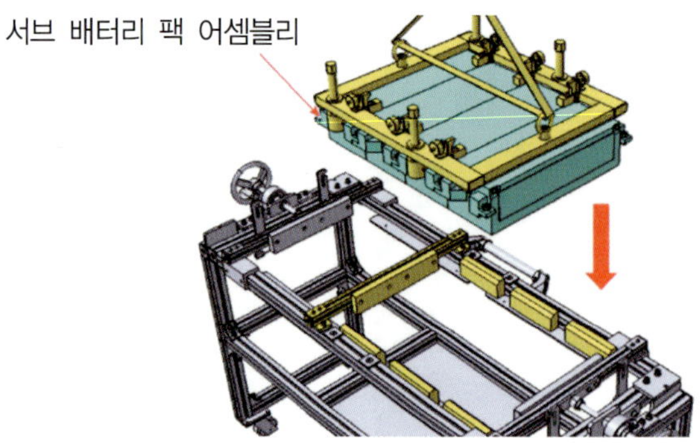

그림 3-126 서브 배터리 팩 어셈블리 지그에 장착

④ 배터리 모듈 행어를 탈거한다.

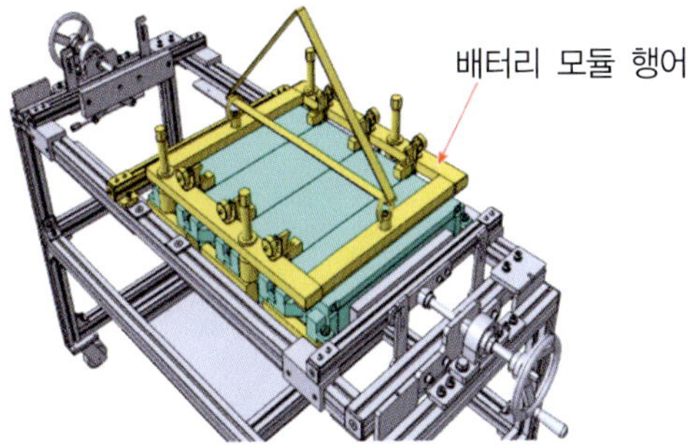

그림 3-127 **배터리 모듈 행어 탈거**

⑤ 핸들을 화살표 방향으로 돌려 모듈을 압축한다(압축 토크 : 0.5kgf · m). 배터리 모듈 어셈블리 (#5~#8), (#21~#24)는 압축 전 배터리 모듈 하부 온도센서 #13, #14를 탈거한다.

⑥ 모듈 고정 볼트를 탈거한다(체결 토크 : 2.0~3.0kgf · m).

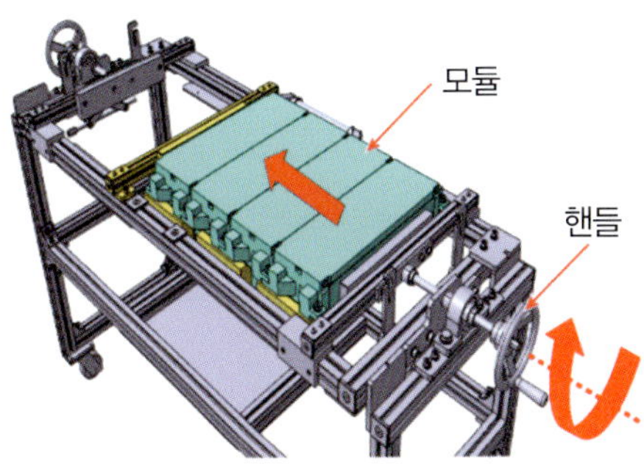

그림 3-128 **모듈 압축**

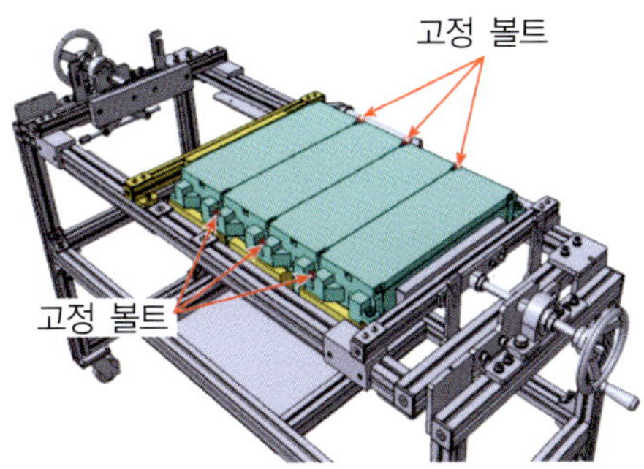

그림 3-129 **고정 볼트 탈거**

⑦ 핸들을 반시계 방향으로 돌려 압축 해제 후, 배터리 모듈 어셈블리(BMA)를 탈거한다.

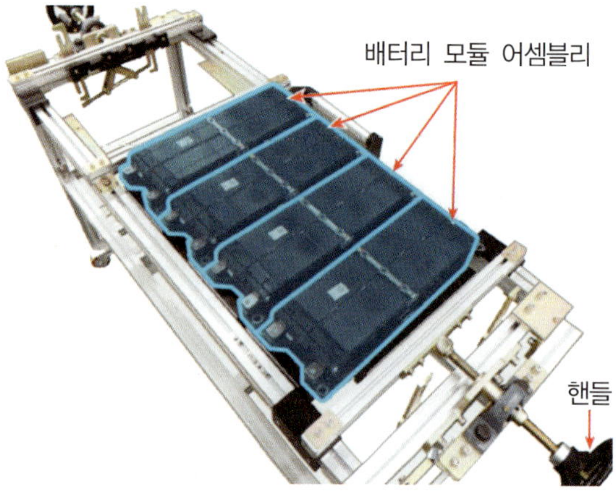

그림 3-130 배터리 모듈 어셈블리(BMA) 탈거

[2] 장착

① 신품 모듈을 장착 전 신품 모듈을 목표 충전 전압으로 충전 또는 방전한다.

② 장착은 탈거의 역순으로 진행한다.

③ 배터리 시스템 어셈블리 기밀 테스트를 수행한다.

④ 배터리 충전 상태(SOC)를 보정한다.

8.2.4. 하부 케이스 탈거 및 장착

① 고전압 차단 절차를 수행한다.

② 메인 퓨즈를 탈거한다.

③ 배터리 매니지먼트 유닛(BMU)를 탈거한다.

④ 고전압 배터리 시스템 어셈블리(BSA)를 탈거한다.

⑤ 고전압 배터리 시스템 어셈블리(BSA) 상부 케이스를 탈거한다.

⑥ 파워 릴레이 어셈블리(PRA)를 탈거한다.

⑦ 서브 배터리 팩 어셈블리(Sub-BPA)를 탈거한다.

⑧ 셀 모니터링 유닛(CMU)을 탈거한다.

⑨ 방수 개스킷 어셈블리를 탈거한다. 방수 개스킷 어셈블리는 신품으로 교체한다.

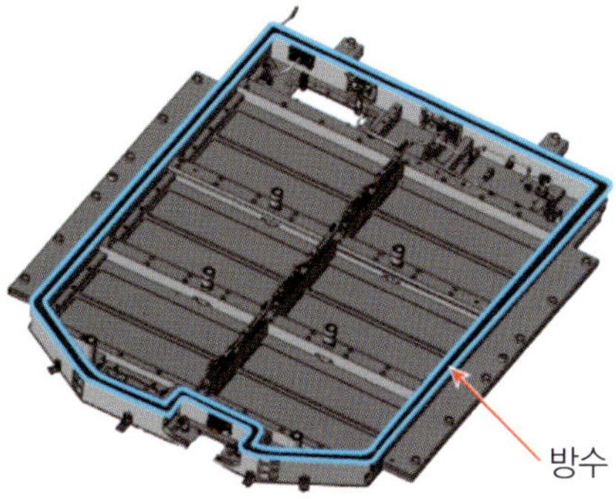

그림 3-131 방수 개스킷 탈거

⑩ 고전압 배터리 프런트 커넥터를 탈거한다.

㉮ 커넥터를 분리한다.

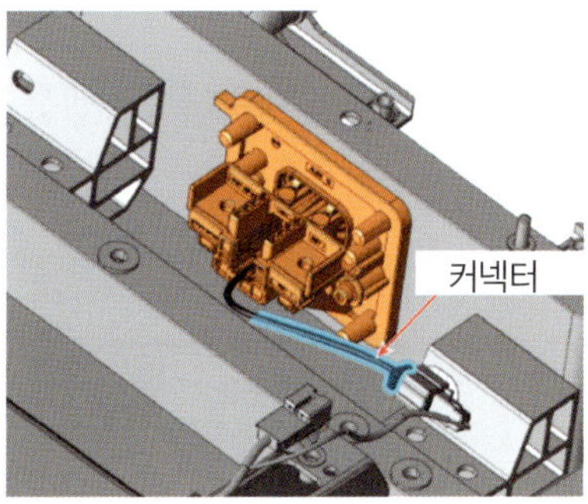

그림 3-132 프런트 커넥터 분리

㉯ 고전압 배터리 프런트 커넥터 어셈블리를 탈거한다(체결 토크 : 0.8~1.2kgf · m).

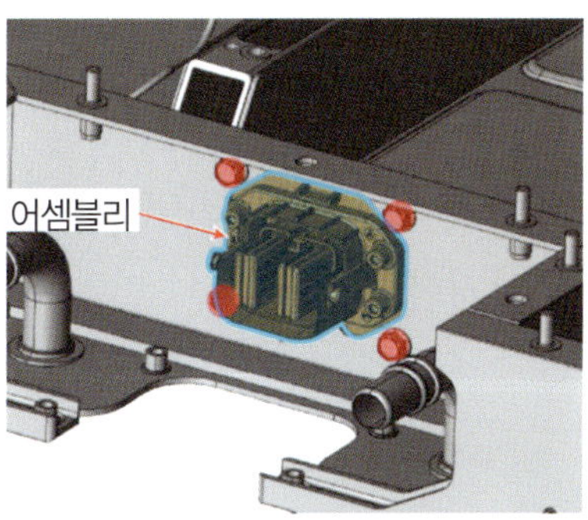

그림 3-133 프런트 커넥터 어셈블리 탈거

⑪ 고전압 배터리 리어 커넥터를 탈거한다.

㉮ 커넥터를 분리한다.

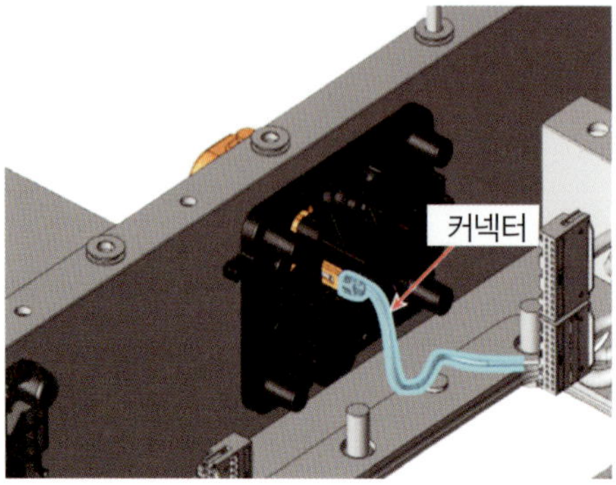

그림 3-134 리어 커넥터 분리

㉯ 고전압 배터리 리어 커넥터 어셈블리를 탈거한다(체결 토크 : 0.8~1.2kgf · m).

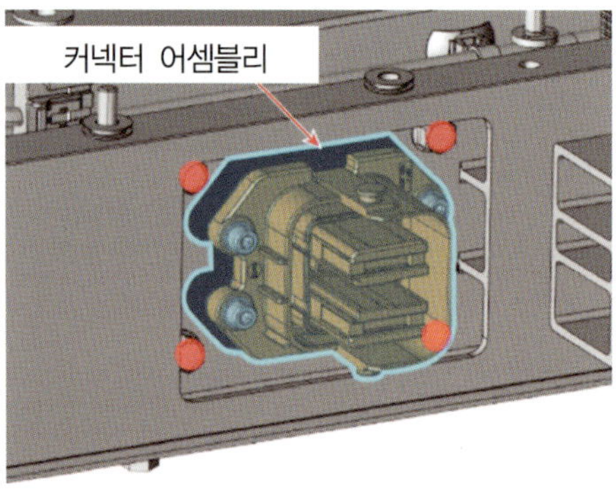

그림 3-135 리어커넥터 어셈블리 탈거

⑫ ICCU(Integrated Charging Control Unit, 통합 충전제어 장치) 고전압 커넥터를 탈거한다.

㉮ 커넥터를 분리한다.

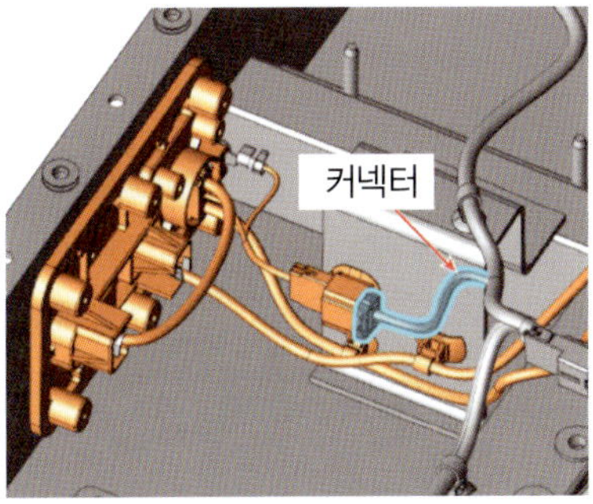

그림 3-136 ICCU 고전압 커넥터 분리

㉯ ICCU 고전압 커넥터 어셈블리 커버를 탈거한다(체결 토크 : 0.8~1.2kgf · m).

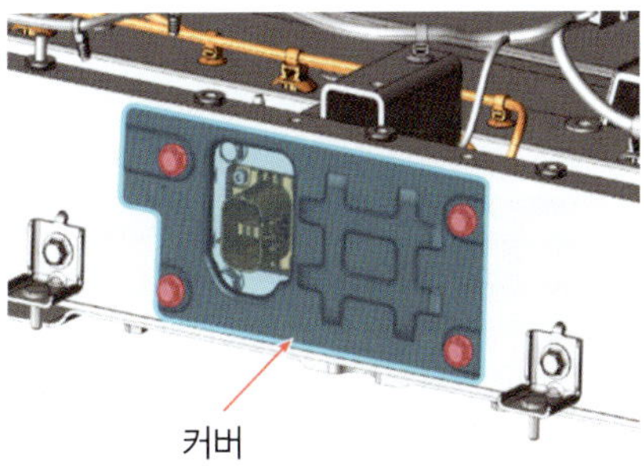

그림 3-137 ICCU 고전압 커넥터 어셈블리 커버 탈거

㉰ ICCU 고전압 커넥터 어셈블리를 탈거한다(체결 토크 : 0.8~1.2kgf · m).

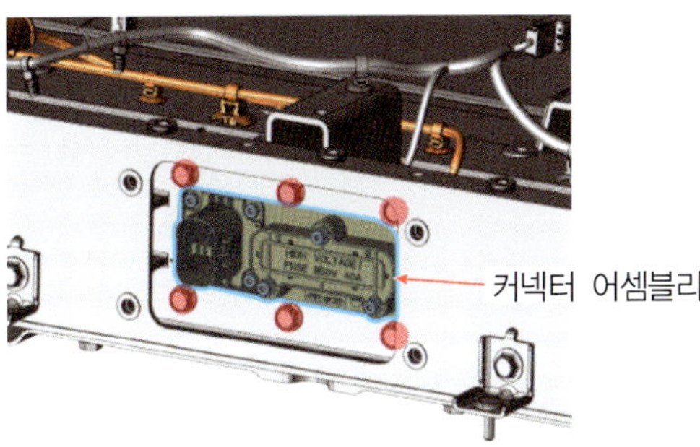

그림 3-138 ICCU 고전압 커넥터 어셈블리 탈거

⑬ 비동기 통신 와이어링 하네스를 탈거한다.

㉮ BMU 익스텐션 커넥터를 탈거한다(체결 토크 : 0.8~1.2kgf · m).

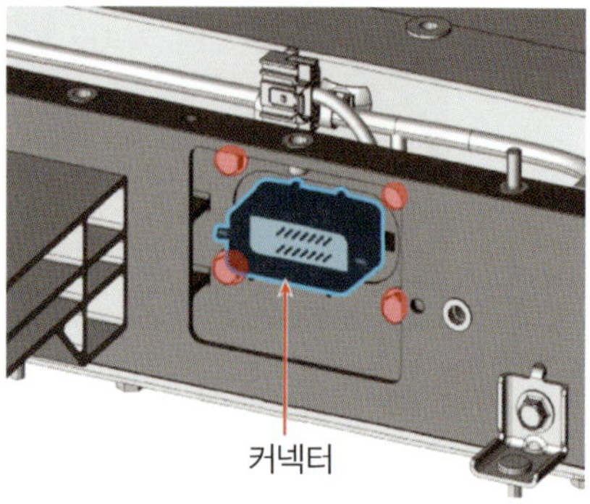

그림 3-139 BMU 익스텐션 커넥터 탈거

㉯ LEAK 센서(누액센서) 볼트를 탈거한다(체결 토크 : 0.8~1.2kgf · m).

㉰ 접지 볼트를 탈거한다(체결 토크 : 0.8~1.2kgf · m).

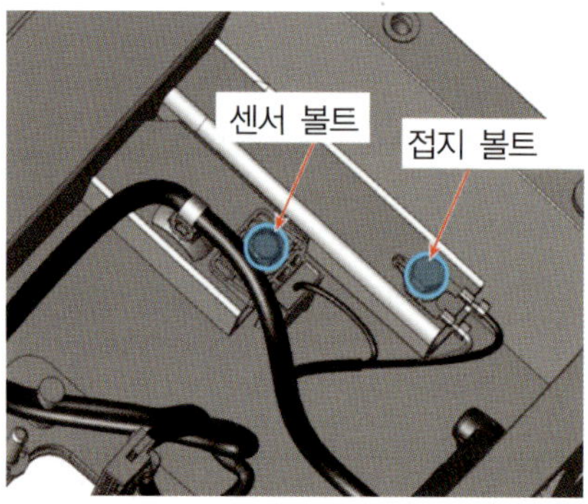

그림 3-140 LEAK 센서 및 접지 볼트 탈거

㉱ 비 동기 통신 와이어링 하네스를 탈거한다.

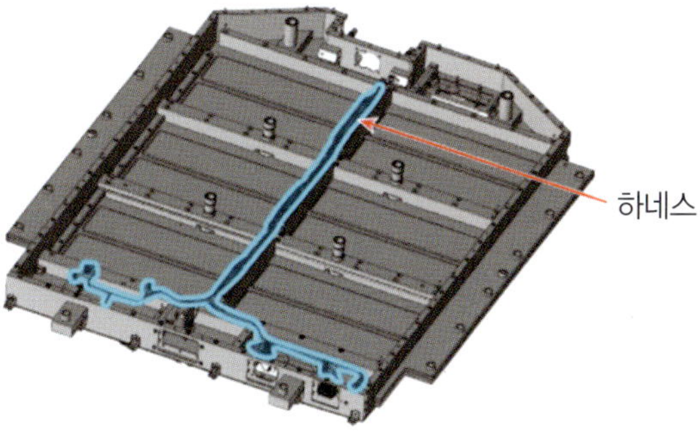

그림 3-141 비 동기 통신 와이어링 하네스 탈거

⑭ 장착은 탈거의 역순으로 진행한다.

전기차 충전 시스템

04

CHAPTER 04

전기차 충전 시스템

1 전기자동차 전지의 충전

1.1 전기자동차의 충전 방법

1.1.1. 충전 종류

① 완속 충전 : 천천히 충전하는 것으로 J1772(동그라미 모양의 5핀) 커넥터를 사용하며 시간당 3~11kW를 충전할 수 있다. 충전기는 AC 220V 충전 전력을 차량에 공급하고 ICCU(OBC)를 통해 DC로 전력 변환 및 고전압으로 승압(약 800V)하여 고전압 배터리를 충전한다.

② 급속 충전 : 빠르게 충전하는 것으로 DC 콤보 1(눈사람 모양의 7핀) 타입의 커넥터를 사용하며, 시간당 50~350kW를 충전할 수 있다. 충전기는 DC로 충전 전력을 차량에 공급하여 고전압 배터리를 충전한다.

③ 회생 제동 : 구동모터가 발전기가 되어 충전하는 것으로 감속 및 제동 시 구동모터는 발전기가 되어 고전압 배터리를 충전하고 회생 제동 정도는 사용자 요구에 맞게 조향 핸들에 부착된 패들 스위치를 사용하여 조절

(0~3단계)할 수 있다.

(a) 완속충전 (b) 급속충전 (c) 회생충전

그림 4-1 충전 종류

1.1.2. 충전 방법

배터리를 충전하는 방법에는 정전류, 정전압, 정전류-정전압 방식이 있다.

① 정전류 충전 : 전류를 일정하게 설정하여 충전하는 방식으로 충전하며 전압은 상승한다.

② 정전압 충전 : 전압을 일정하게 설정하여 충전하는 방식으로 충전하며 전류는 감소한다.

③ 정전류(CC)-정전압(CV) 충전 : 충전 초기 정전류로 충전하다가 일정 SOC에 도달하면 정전압 충전으로 변경한다. CC충전 구간은 빠르게 충전하여 충전 시간을 단축하고, CV충전 구간에서는 충전량 제어를 원활하게 하기 위해 전기차 뿐만 아니라 대부분의 배터리 충전은 CC-CV복합 충전 방식을 채택하고 있다.

1.1.3. 충전기 크기와 케이블의 굵기

① 완속 충전기는 충전기 전원 AC 220V를 입력 받아 별도의 전력 변환 없이 출력하며 요금 계산 계량기 역할만 하여 크기가 작고, 220V의 전력이

차량에 공급되기에 충전 케이블의 굵기도 엄지 손가락 정도로 가늘다.

② 급속 충전기는 충전기 전원 AC 380V를 입력 받아 DC 800V로 변환하여 출력하는 전력 변환 및 승압장치를 포함하고 있어 충전기의 크기가 크며, 케이블에 걸리는 전압도 높아 케이블이 완속보다 굵다.

1.1.4. 완속 충전기 설치 형태에 따른 방식

① 스탠드형 : 바닥에 고정되는 타입으로 대부분 시간당 7kW(220V/32A)급으로 충전 가능하며, 최근 11kW(220V/48A)급 충전기도 설치되고 있다.

② 벽부형 : 벽걸이 선풍기처럼 벽에 부착되는 형태로 5~7kW급이 대부분이다.

③ 휴대용 : 가지고 다니며 충전할 수 있는 형태로 대부분 3kW급이다. 휴대용 충전기 사용 시 한가지 주의점은 휴대폰 충전기처럼 220V콘센트 연결 시 별도의 절차 없이 즉시 충전되며, 아파트 등의 공공건물에서 관리자의 허락 없이 임의적으로 사용할 경우 도전(盜電)으로 법적 처벌을 받을 수 있다.

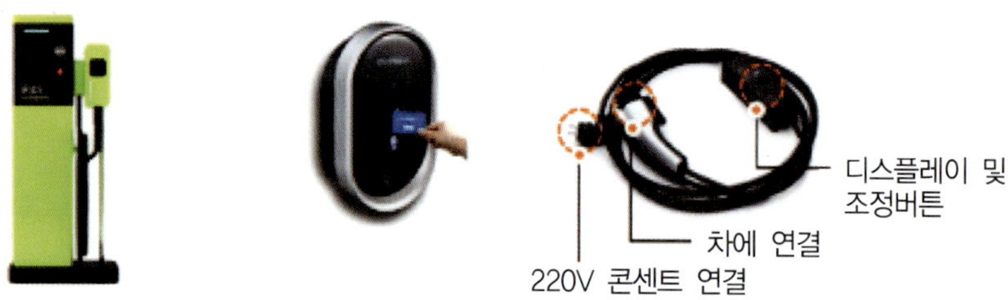

(a) 스탠드형 (b) 벽부형 (c) 휴대용

그림 4-2 완속 충전기 종류

1.1.5. 충전 접속형식에 의한 분류

① 인덕티브 충전방식(Inductive Charging) : 무선 충전 시스템으로 변압기 원리를 응용한 전자유도에 의해 에너지를 전달하는 방법으로 무선 충전 시스템의 주요 구성품과 작동은 다음과 같다.

㉮ 내비게이션 : 화면에 충전기와 차량의 정렬 상태 및 충전 승인 등으로 사용

㉯ 차량 측 수신 패드(VA : Vehicle Assembly) : 송신 패드로 수신한 전력을 DC로 변환하여 고전압 배터리 충전

㉰ 충전기 송신 패드(GA : Ground Assembly) : 스탠드로 전력을 공급받아 송신 코일에 고주파 자계 형성→VA와 GA는 Wi-Fi 통신으로 충전 정보 전달

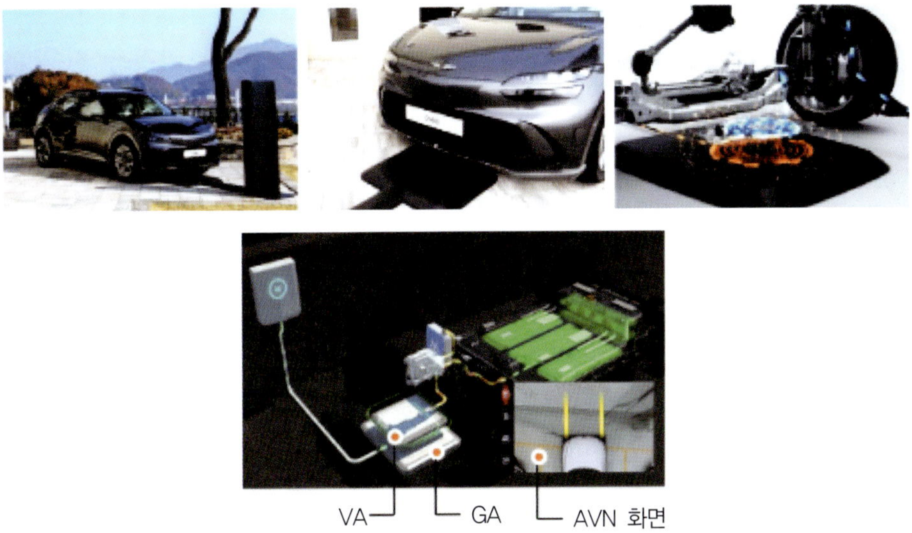

그림 4-3 **무선 충전 시스템(11㎾ 급)**

② 컨덕티브 충전방식(Conductive Charging) : 일반적인 전기접속방법에 따라 단자 간 접촉으로 에너지를 전달하는 방법

1.1.6. 과금형 콘센트 타입 및 이동형 케이블 타입 완속 충전

① 컨센트형 : 콘센트가 요금정산-충전 사업자 어플 설치하고 스마트 폰 태그하여 사용

② 이동형 : 전용 충전기가 요금정산-충전 손잡이를 태그하여 사용

③ 장점 : 전용 주차면을 사용하지 않아 주차난 해소하지만 3㎾급의 낮은 속도 충전이 단점이다.

1.1.7. 전기 자동차 충전 옵션

다양한 옵션을 통해 전기차 충전이 가능해 소유자에게 유연성과 편의성을 제공한다. 사용 가능한 몇 가지 일반적인 충전 옵션은 다음과 같다.

① 가정 충전 : 전기 자동차를 충전하는 가장 편리한 방법 중 하나는 집에서 표준 전원 콘센트를 사용하는 것이다. 레벨 1 충전으로 알려진 이 방법은 일반적으로 차량을 완전히 충전하는 데 더 오랜 시간이 필요하지만 야간 충전에 적합하다.

② 가정용 전용 충전소 : 레벨 2 충전이라고도 하는 가정용 전용 충전소를 설치하면 표준 전원 콘센트를 사용할 때보다 충전 시간이 더 빨라진다. 이러한 스테이션은 전문적인 설치가 필요하며 더 높은 전압과 전류량을 제공하므로 더 빠른 재충전이 가능하다.

③ 공공 충전소 : 공공 충전소는 많은 지역에서 점점 더 보편화되고 있다. 이들 충전소는 레벨 2 또는 레벨 3 고속 충전 옵션을 제공하므로 운전자는 이동 중에도 차량을 신속하게 충전할 수 있다.

④ 고속 충전 네트워크 : 고속 충전 네트워크는 빠른 충전 속도를 제공할 수 있는 고전력 충전기를 제공한다. 이러한 네트워크는 주요 고속도로나 도시 지역에서 흔히 발견되며, 충전소를 더 짧게 하여 장거리 여행을 가능하게 한다.

다양한 충전 옵션을 이용할 수 있으면 전기 자동차 소유자는 특정 요구 사항과 상황에 따라 차량을 충전하는 방법을 유연하게 선택할 수 있다.

1.1.8. 충전인프라

① 전기자동차의 핵심 충전인프라는 배터리관리시스템(BMS, Battery Management System)을 꼽을 수 있다. 이 시스템은 배터리 충전시, 안전한 충전이 가능하도록 배터리 상태를 지속적으로 모니터링한 정보를 충전기 및 외부 충전 스탠드와 주고받음으로써 안정적인 충전 동작이 수

행되도록 하는 시스템을 가리킨다. 배터리 관리 시스템은 배터리의 전압, 온도, 전류를 실시간으로 측정한 데이터를 기반으로 배터리 충전잔량(SOC, State of Charge)을 산출하며, 충전기에 해당 정보를 전송하여야 한다. 충전인프라와 연계시에는 전기자동차가 안전하게 충전될 수 있는 상황인지를 차량 내부 네트워크에서 정보공유를 통해 판단하고, 이를 통신 인터페이스 장치를 통해 외부 충전스탠드 및 중앙관리 시스템에 전송함으로써 안전한 충전동작이 수행되도록 해야 한다.

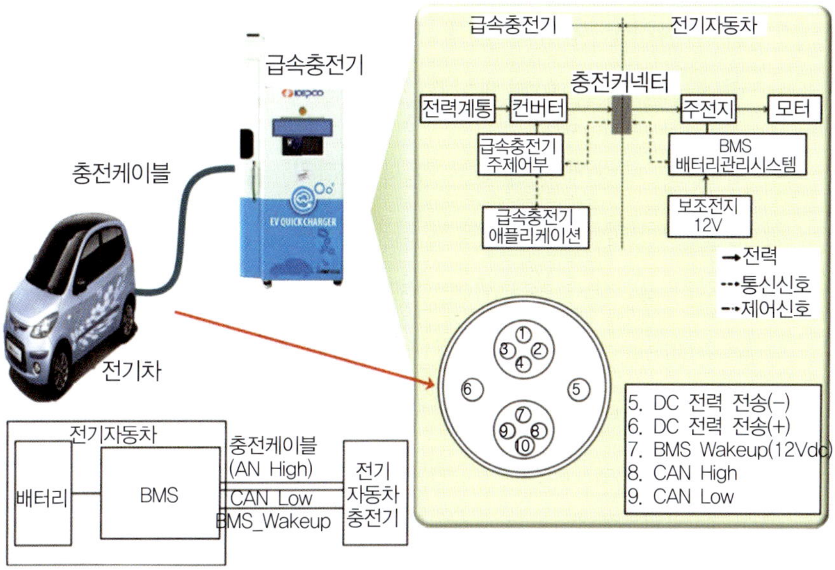

그림 4-4 전기자동차의 핵심 충전인프라

② 충전 인터페이스 장치 역시 전기차 사용에 필수적인 충전인프라에 해당한다. 충전 인터페이스는 전기차와 외부 충전시스템 간의 정보교환을 위한 통신 인터페이스 장치와 충전 전기에너지를 공급하기 위해 차량과 외부 설비 혹은 장치와 연결하는 커넥터, 포트 등의 부품과 전선 등을 지칭하는 것으로 충전시스템 구성에 필수적인 장치이다.

③ 충전 스탠드는 친환경 자동차와 상용 교류 전력계통을 연계하기 위한 충전인프라의 주요 구성요소로 충전 인터페이스 장치 및 충전 모니터링 장

치 등이 설치되는 시설물에 해당한다. 계통 연계 및 전력공급 제어, 충전 정보 표시, 사용자 조작 스위치 내포 등의 기능을 하며, 비탑재형 충전기 및 급속 충전기 등이 내부에 설치되기도 한다. 충전 스탠드는 상용 교류 전력계통과 충전 인터페이스 장치를 연결하고, 사용자 조작 스위치 및 충전 모니터링 정보표시 장치 등이 포함되어 있어야 한다. 충전시스템을 사용하기 위한 사용자가 충전 스탠드에 장착된 충전 인터페이스 장치를 차량과 연결하고 충전 시작을 가능하도록 하는 스위치를 조작하게 되면, 차량이 정지 상태에 있는지 충전시스템 동작에 안전성은 확보되었는지 등을 점검하고 이상이 없을 시에는 충전 스탠드 내에 인입된 상용 교류 전력계통과 충전 인터페이스 장치가 연계되도록 제어하는 기능을 지닌다.

이 밖에도, 차량에 공급되는 순시 전력량, 누적 전력량, 충전 상태, 충전 시간 등을 측정하고 사용자에게 표시할 수 있도록 정보를 제공하며, 정상적인 충전 시작 및 정지 동작제어, 위험상황 인지 및 보호동작, 단락보호 등의 기능을 수행하는 충전 모니터링 장치가 있고, 충전 시스템을 이용하기 위해 연결된 차량의 고유정보를 식별하기 위한 차량식별 장치가 있다. 이러한 모든 충전인프라는 중앙관리시스템에서 직간접적으로 제어하며, 전력계통 관리자와의 연계를 통해 정보 교환 및 충전량 제어기능을 수행한다.

1.1.9. E-GMP의 충전 시스템

그림 4-5 E-GMP 플랫폼의 멀티 충전 시스템

E-GMP는 별도의 제어기 없이도 800V와 400V 급속 충전이 모두 가능한 멀티 충전 시스템을 세계 최초로 적용했다. 모터와 인버터를 사용하여 승압하는 시스템이다.

아직까지 국내외 대다수 급속 충전 인프라는 400V 충전 시스템을 갖춘 전기차를 위한 50~150㎾급 충전기가 대부분이나 최근에는 빠른 충전을 위해 800V 고전압 충전 시스템을 갖춘 전기차를 위한 350㎾급 초고속 충전 인프라가 설치되고 있는 추세다.

E-GMP는 이러한 흐름에 맞춰 800V 고전압 충전 시스템을 기본으로 적용했다. 초고속 충전기로 충전 시 18분 만에 배터리를 80%까지 충전할 수 있으며, 1회 완충으로 500㎞ 이상 주행이 가능하다. 또한, 단 5분의 충전으로도 약 100㎞를 주행할 수 있다. 현재 널리 사용 중인 400V 충전 시스템이 배터리를 80%까지 충전하는데 약 1시간 정도의 시간이 소요되는 것에 비하면 눈에 띄는 변화다. 800V 방식을 쓰는 몇몇 최신 전기차의 80% 충전 속도가 20분 이상인 것을 감안해도 시간을 크게 절감했다.

E-GMP의 충전 편의성은 단순히 시간이 빠른 데서 그치지 않는다. E-GMP를 기반으로 하는 전기차는 800V 방식 외에도 아직까지 국내외 대다수 전기차 충전 인프라에 쓰이는 400V 충전 방식을 동시에 지원한다. 현재 800V 방식을 지원하는 일부 전기차도 400V 충전기를 사용할 수 있지만, 별도의 제어기를 장착해야 한다. 반면, E-GMP는 별도의 제어기 없이도 800V와 400V 충전이 모두 가능한 멀티 충전 시스템을 세계 최초로 적용했다. 이런 혁신이 가능한 것은 400V 충전기 사용 시 구동용 모터와 인버터를 활용해 400V 전압을 800V로 승압해 배터리에 공급하는 현대차그룹의 특허 기술 덕분이다.

E-GMP 기반의 전기차는 비상용 충전 케이블(ICCB : In-Cable Control Box)을 사용해 다른 전기차의 배터리를 완속으로 충전하는 등 활용 범위가 넓다. 전기차에 탑재된 배터리를 대용량 보조 배터리 개념으로 활용할 수 있다는 것도 E-GMP의 특징이다. 기존 전기차는 외부 전력을 차량 내부로 전달하는 단방향 충전만 가능했다. 그러나 E-GMP는 별도의 제어기나 연결 장

치 없이도 110V나 220V 등의 일반 전원을 전기차 내외부로 공급할 수 있는 V2L(Vehicle to Load) 기능을 지원한다. 이 같은 기능은 통합 충전 시스템(ICCU : Integrated Charging Control Unit)과 차량 충전 관리 시스템(VCMS : Vehicle Charging Management System)을 통해 구현 가능하다. E-GMP의 V2L 기능이 제공하는 최대 공급 전력은 주택용 계약 전력(한국전력공사와 어느 정도의 전기를 쓸지 계약하고 이에 맞게 공급받는 전력) 3 kW보다 많은 3.5kW다. 덕분에 E-GMP 기반의 전기차는 220V 완속 충전이나 캠핑장 등에서 가전용 전자제품을 아무런 불편함 없이 쓸 수 있는 양방향 전력 사용이 가능하고, 비상 시에는 외부 전력원으로도 활용할 수 있다. 뿐만 아니라 E-GMP 기반의 전기차는 비상용 충전 케이블(ICCB : In-Cable Control Box)을 사용해 다른 전기차의 배터리를 완속으로 충전하는 등 활용 범위가 넓다.

2 충전 케이블

2.1 완속 충전 케이블

① 일부 스탠드 타입의 완속 충전기의 경우 개인 케이블을 사용하여 충전

그림 4-6 완속 충전 케이블

② 충전 타입 (AC 5핀〈현대/기아 등〉 또는 7핀〈르노 삼성, 테슬라〉)에 맞도록 개인 케이블 사용

2.2 휴대용 충전 케이블(ICCB : In Cable Control Box)

① 220V 콘센트용 충전 케이블, 케이블 연결 시 결재 없이 바로 충전 가능

② ICCB 충전 시간 (내수 220V, SOC 0 → 100% 충전, 상온 기준) : 기본형 31시간/경제형 19시간

③ 충전소까지 이동이 어려운 경우 가정용 220V를 이용해 충전

④ 후면 스위치 : 차량 연결 전 누르면 전류 조절/충전 중 누르면 충전 중지 (케이블 잠금 자동 해제)

⑤ 레이 EV의 ICCB 타 차량과 혼용 불가, 이외의 모든 ICCB 혼용 가능

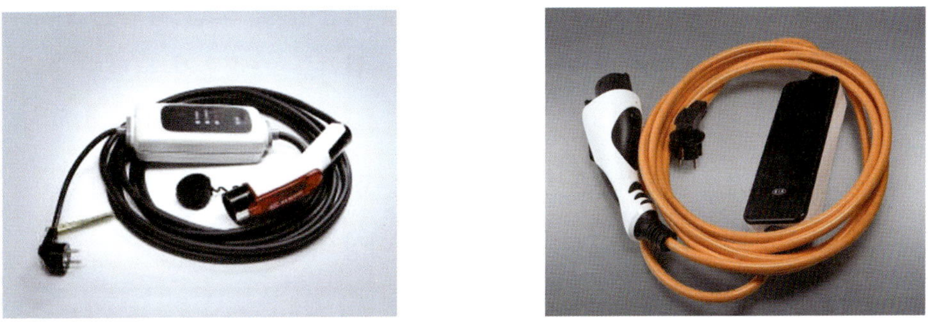

(a) 휴대용 충전케이블(1세대) 쏘울/레이EV 적용

(b) 휴대용 충전 케이블(2세대)

그림 4-7 휴대용 충전 케이블(ICCB)

2.3 휴대용 충전 케이블 업그레드

2세대 ICCB의 경우 후면의 스위치를 사용하여 3단계 전류 조절(8, 10, 12A/미 충전시에만 전류 조절 가능) 및 충전 중 충전 중지가 가능하고, 전면 LCD의 아이콘과 LED색상을 통해 충전 및 고장 상태를 확인할 수 있다.

(a) 충전중　　(b) 고장　　(c) 전류 조절 및 충전 중지 스위치(후면)

그림 4-8 2세대 ICCB

3세대의 경우 사용자 편의성 향상을 위해 전면의 스위치를 사용해 충전 중에도 4단계(6, 8, 10, 12A) 전류 조절이 가능해 졌으며, 7-세그먼트를 통해 전류 및 고장 상태를 상세 표시한다.

충전 전류는 사용자 충전 환경에 맞게 사용하며, 조절 방법은 아래와 같다.

① 220V전원 연결 상태에서 전면의 스위치를 약 3초간 누르면 7-세그먼트 램프 점멸

② 스위치를 1초 미만으로 누르면 6-8-10-12A로 변경

③ 원하는 전류 값에서 스위치 1초 이상 누르면 확정

그리고 ICCB 220V플러그 온도가 80~90℃ 또는 ICCB 내부 온도가 90~95℃가 되면 안전을 위해 충전 전류가 6A로 자동하향(7-세그먼트 전류 표시 점멸)되며 이후 각각의 온도가 70℃ 이하 시 원래 값으로 복귀하는 안전 로직도 추가되었다.

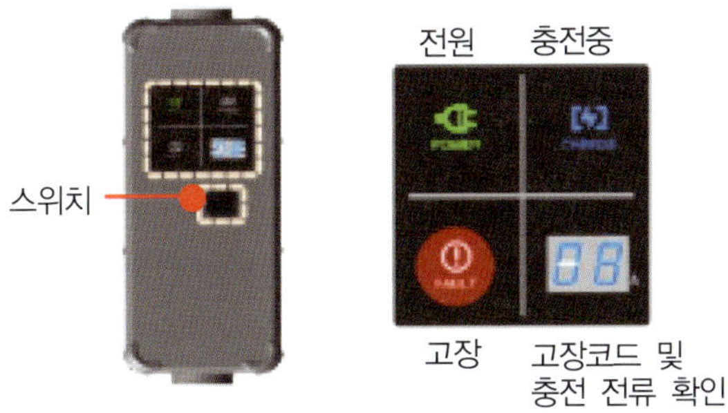

그림 4-9 3세대 ICCB

AVN에서도 완속 충전 전류 3단계 조절이 가능하다.

① 최대 : 충전기 전력 100% 충전

② 감소 : 충전기 전력의 90% 충전

③ 최소 : 충전기 전력의 60% 충전

④ 사용자 충전 환경에 맞게 조절하여 사용

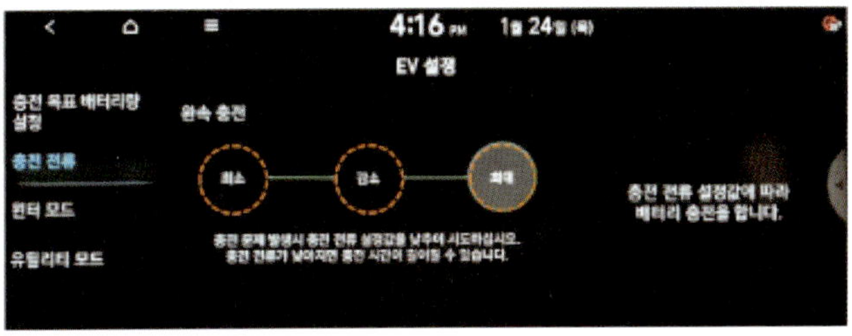

그림 4-10 AVN에 완속 충전 전류 조절

완속 충전(220V 충전)의 경우 대부분 가정에서 사용한다. 만약 오래된 단독 주택 등의 건물이라 사용 가능한 전력이 낮다면 전기차 충전 시 누전 차단기가 차단될 수 있다. 이런 경우 ICCB 또는 AVN에서 충전 전류를 감소시켜 차단기가 내려가지 않도록 조정하면 가정에서의 전기 사용과 전기차 충전 모두 가능하도록 사용자 충전 환경에 맞게 조절하여 사용 가능하다. 완속 충전 전류 조절은 AVN에서 EV-설정-충전 전류에서 조절이 가능하다.

2.4 휴대용 충전 케이블 고장시

차량, ICCB 고장 또는 누설 전류 발생 시 고장 램프(적색)를 점멸한다. 2세대 ICCB는 LCD 아이콘 및 색상으로 고장 상태를 단순하게 표시했지만, 3세대는 고장 경고등과 7-세그먼트(E/F 1~9)로 상세하게 표시한다. 고장 감지 시 충전은 중지되고, 고장코드는 아래 표와 같다.

[고장코드]

<table>
<tr><th>고장코드</th><th>항목</th><th>원인</th><th>서비스 조치방법</th></tr>
<tr><td>E1</td><td>CP 통신</td><td>차량 통신 오류 발생</td><td>통신 라인 점검, ICCU고장 확인, ICCB고장 확인 필요</td></tr>
<tr><td>E2</td><td rowspan="2">누설</td><td>누설 전류 발생</td><td>전원탈거 후 스위치 2초간 누름</td></tr>
<tr><td>E3</td><td>충전기 오류 발생</td><td rowspan="9">ICCB 교환</td></tr>
<tr><td>E4</td><td rowspan="3">플러그 온도</td><td>전원 플러그 90℃ 이상</td></tr>
<tr><td>E5</td><td>전원 플러그 1분 이내 20℃ 이상 온도 상승</td></tr>
<tr><td>E6</td><td>전원 플러그 온도 센서 이상</td></tr>
<tr><td>E7</td><td>과전류</td><td>충전 과전류 경고</td></tr>
<tr><td>E8</td><td rowspan="2">내부 온도</td><td>ICCB 내부 온도 95℃ 이상</td></tr>
<tr><td>E9</td><td>ICCB 내부 온도 센서 이상</td></tr>
<tr><td>F1</td><td>릴레이 고장</td><td>내부 릴레이 융착</td></tr>
<tr><td>F3</td><td rowspan="2">내부 전원 이상</td><td>출력 전압 8.5V 미만</td><td rowspan="6">ICCB 교환</td></tr>
<tr><td>F4</td><td>출력 전압 8.5~11V</td></tr>
<tr><td>F5</td><td rowspan="2">CP전압 이상</td><td>CP(-)전압 이상</td></tr>
<tr><td>F6</td><td>CP(+)전압 이상</td></tr>
<tr><td>F7</td><td rowspan="2">온도 센서 이상</td><td>플러그 온도 센서 이상</td></tr>
<tr><td>F8</td><td>PCB내부 온도 센서 이상</td></tr>
</table>

2.5 충전 커넥터 잠금(완속 Only)

① LOCK(LED OFF) : 개인 소유의 ICCB 또는 완속 충전 케이블 도난 방지 기능 (도어 언락 시에만 케이블 분리 가능)/도어 언락 후 15초 이내에 분리하지 않으면 다시 잠긴다.

② AUTO(LED ON) : 공용 충전기를 사용하여 충전 시 사용(충전 완료 시 케이블 분리 가능)

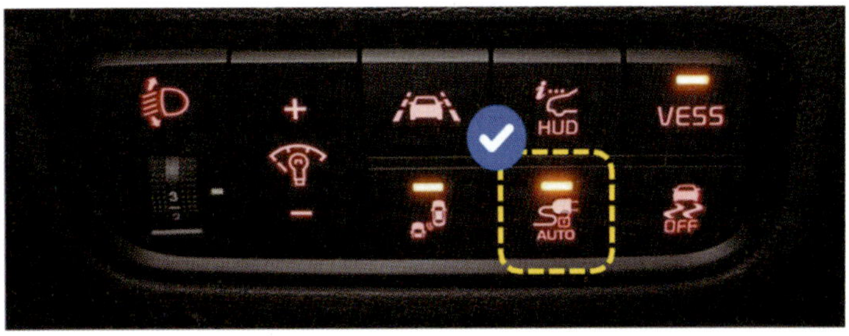

그림 4-11 스위치를 눌러 LED 점등 시 AUTO 모드

[커넥터 잠금 동작]

구분	Lock 모드	Auto 모드
충전 전	○	×
충전 중	○	○
충전 완료 후	○	×

2.6 완속 충전 케이블이 탈거 안될 때

급속 충전은 고전압 안전을 위해 도어 언락과 무관하게 충전 중이더라도 충전건(아웃렛) 상단의 스위치를 누르면 충전이 중지되고, 케이블 잠금 장치가 해제되어 충전건을 탈거할 수 있다. 완속 충전은 충전 중 충전건 상단 스위치를 누르면 충전은 일시 중지되며 케이블의 잠금 장치는 해제되지 않는다. 그래도 LOCK 모드로 설정된 완속 충전건을 탈거하기 위해 도어 언락을 했

는데도 보조 배터리 방전 또는 연관 시스템의 고장으로 충전건이 빠지지 않는다면 비상 해제 케이블을 당기면(아이오닉 5는 트렁크 우측 편의 동그란 캡을 연다.) 충전 케이블 삼금이 강제로 풀려 충전건 탈거가 가능하다. 비상 해제 케이블은 차종별로 위치가 상이하다.

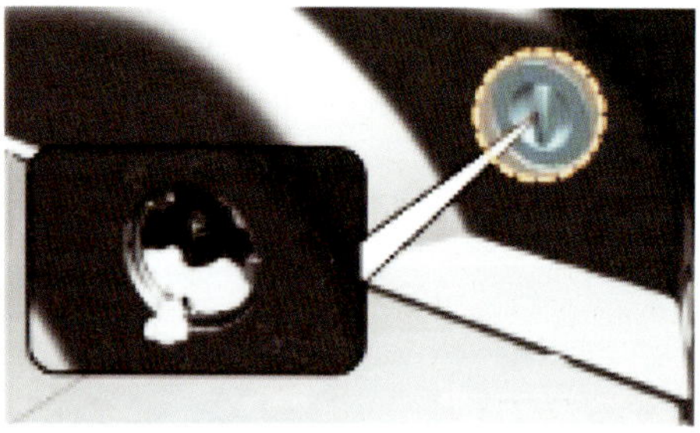

그림 4-12 비상 해제 케이블(아이오닉 5)

2.7 충전구 및 커넥터

구분	차데모	DC 콤보	AC 3상
커넥터 형상			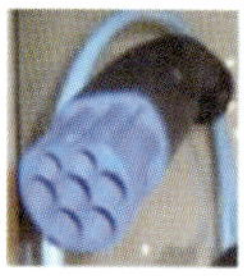
개발 시기 및 주체	10년 도쿄 전력	11년 10월 GM등 독일, 미국의 7개 기업	12년 12월 르노
특징	-완속·급속 소켓이 구분 -전파 간섭의 우려가 적음	-충전구가 하나로 효율적(완속·급속이 위아래로 위치) -비상급속 충전이 가능(15분 소요)	-배터리와 전력망을 전기 교란으로부터 보호하는 기술(갈바닉) 적용
단점	-충전기 부피가 큼 -충전시간 다소 김(80% 충전하는데 30분 소요)	-급속충전시간에 비해 완속 충전 시간이 김	-충전기 출력을 20㎾ 이상 올리기 어려움 -충전기 설치비용 높음

그림 4-13 전기차 충전 3가지 방식

2017년 말부터 국내 규격도 DC 콤보1 로 통일되어서, 최근 대부분의 차종이 DC 콤보 방식이다.(볼트 EV, 코나 일레트릭, 아이오닉 일렉트릭, 니로 EV, 쏘울 EV 등)

구분	종류			국내 통일
전기자동차 충전구 (Inlet)				
	차데모	AC 3상	콤보 1	콤보 1
급속충전기 커넥터 (Connector)		커넥터(Connector)		
		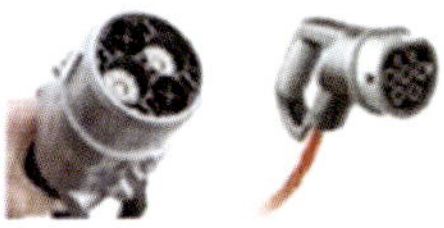		
	멀티형 충전기	차데모+AC 3상+콤보 1		콤보 1

그림 4-14 충전구 및 커넥터 종류

구분	콤보 1 충전구	
이미지	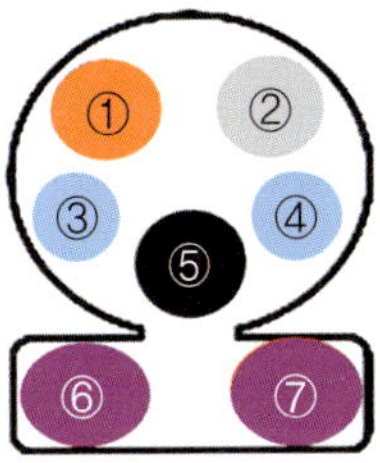	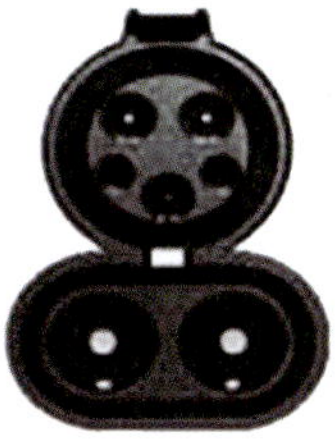
특징	단상(5핀+2핀), 내수/북미 적용	

그림 4-15 콤보 1 충전구

[콤보 1 충전구 단자 역할]

구분	콤보1
1	AC 220V
2	AC 220V
3	PD 신호선
4	CP 신호선
5	접지
6	DC(+) 370V(급속 전용)
7	DC(–) 370V(급속 전용)

① CP 규정 전압 : 0V(충전기 연결 안됨), 6V(충전기 연결/충전 중), 9V(충전기 연결/충전 준비)

② CP 규정 듀티 : 0%(충전기 연결 전), 20%(충전 중), 100%(케이블 언락 버튼 누름)

③ PD 규정 전압 : 1.5V(케이블 연결), 4.5V(케이블 탈거), 2.5V(케이블 언락 버튼 누름)

2.8 충전기 종료 버튼 누르기

① 전기차 충전 케이블을 차량에서 분리할 때도 그냥 뽑아내면 고장의 원인이 될 수 있다.

② 대부분 전기차 급속 충전 시 80~90% 충전이 목표 수치인데, 목표 수치에 도달하기 전에 케이블을 분리해야 하는 경우에는 꼭 충전 중지 버튼을 누른 후 케이블을 분리해야 한다.

③ 충전단자 오토락 기능이 작동한 경우 전기차 충전 케이블이 물리적으로 분리가 되지 않을 수도 있으니 당황하지 말고 차량 문 잠금장치를 풀고 문을 열면 충전 단자를 분리할 수 있다.

그림 4-16 충전기 종료 버튼 누르기

3 충전 시스템

3.1 초급속 충전 중 충전 전력

E_pit 충전은 고전압 배터리 SOC 10~80%까지 충전 시간이 단 18분(아이오닉 5 기준) 소요된다. 그러나 이 조건은 고전압 배터리 온도가 가장 좋아하는 온도인 상온(25±5℃)일 때 가능하며, 겨울철 고전압 배터리의 온도가 낮아지면 충전 시간은 길어진다.(예 : 고전압 배터리의 온도 17℃에서 약 50분 정도 소요) 충전 대기 중 계기판 또는 충전기의 전력을 지켜보고 있다면 일정 구간에서 충전 전력이 감소했다 다시 상승하는 것을 볼 수 있는데 이는 배터리 냉각과 안전 및 내구성 확보를 위한 충전 전력 최적화를 위한 정상적으로 제어되는 "스탭 충전 맵" 으로 이해해야 한다.(고전압 배터리 온도에 따라 상이)

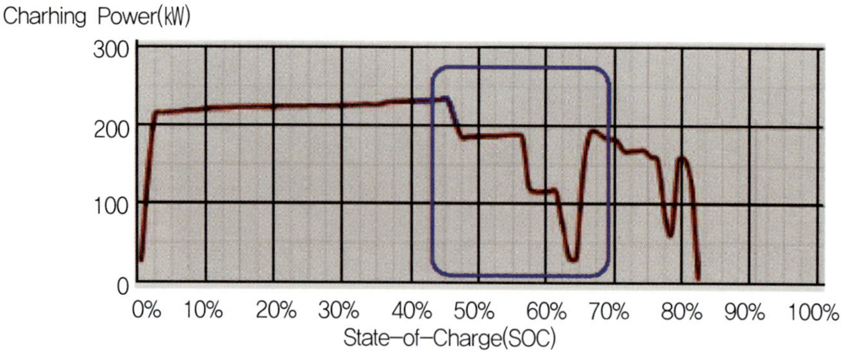

그림 4-17 초급속 충전 중 충전 전력

3.2 충전(고전압) 시스템 회로

3.2.1. 코나 일렉트릭

코나 일렉트릭의 충전 시스템은 전방의 충전구를 통해 입력된 전력이 아래와 같은 흐름으로 고전압 배터리를 충전한다.

① 완속 충전 : 충전구(AC 입력)→고전압 정션 블록→OBC(DC로 전력 변환 및 400V로 승압)→PRA→고전압 배터리

② 급속 충전 : 충전구(DC 입력)→고전압 정션 블록(급속 충전 릴레이)→PRA→고전압 배터리

이외에 급속 충전 시 PLC 통신을 CAN 통신을 변경하여 BMU로 보내주는 급속 충전 컨트롤 모듈인 CCM이 있다.

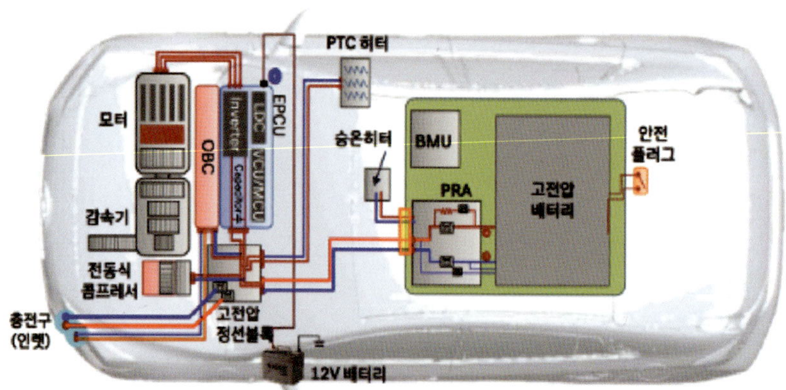

그림 4-18 코나 일렉트릭 충전(고전압) 시스템

3.2.2. 아이오닉 5(E-GMP 기준)

아이오닉 5의 고전압 시스템 구성은 4WD 시스템이 적용되며 후방 충전구로 입력된 전력이 아래와 같이 흘러 고전압 배터리에 충전된다.

① 완속 충전 : 충전구(인렛/AC 입력)→ICCU(승압 및 전력 변환)→메인 릴레이→고전압 배터리

  - V2L의 경우 완속 충전과 반대로 흘러 외부에서 전력 사용

② 급속 충전 : 충전구(인렛/DC 입력)→고전압 정션블록(급속 충전 릴레이)→멀티 인버터→메인 릴레이→고전압 배터리

이런 고전압 흐름과 별도로 충전 통합 제어기인 VCMS, 충전 도어 제어기인 CDM 및 충전 도어 액추에이터 등이 충전 관련 제어기로 적용되었다.

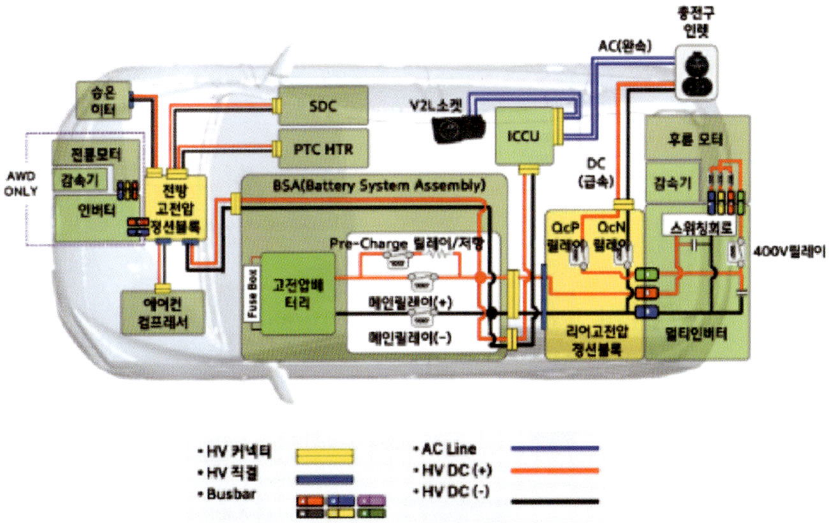

그림 4-19 아이오닉 5 충전(고전압) 시스템

3.3 충전 시스템의 구성도

E-GMP 기준으로 완속 또는 급속 충전기를 차량에 연결 시 흐름은 아래와 같다.

① 충전기 연결 : 충전건 연결 시 PD 전압 변화로 VCMS는 충전건 연결 확인

㉮ ICU : PD전압 확인 시 VCMS는 ICU를 통해 IG3 릴레이를 작동시켜 충전에 필요한 제어기 ON

㉯ VCMS는 CP 전압, 듀티 및 PLC를 통해 완속 또는 급속 충전기 구분

㉰ CDM : 전동식 충전 도어 및 충전 램프 표시 제어

㉱ VCU : 고전압 배터리 상태, 운전자 의지 등의 정보를 입력 받아 차량을 제어하는 전기차 최상위 제어기

② 완속 충전 : 인렛을 통해 AC 220V가 ICCU로 입력되고 DC로 전력 변환 및 800V로 승압하여 고전압 배터리를 충전한다.

③ 급속 충전 : 초고속 충전기를 사용한 충전의 경우 인렛을 통해 입력된 DC 800V가 멀티 인버터와 구동 모터(별다른 작동 없이 흘러감)를 통해 고전압 배터리를 충전한다. 단, DC 400V 급속 충전기의 경우 멀티 인버터와 구동 모터를 통해 DC 800V로 승압하여 고전압 배터리를 충전한다.

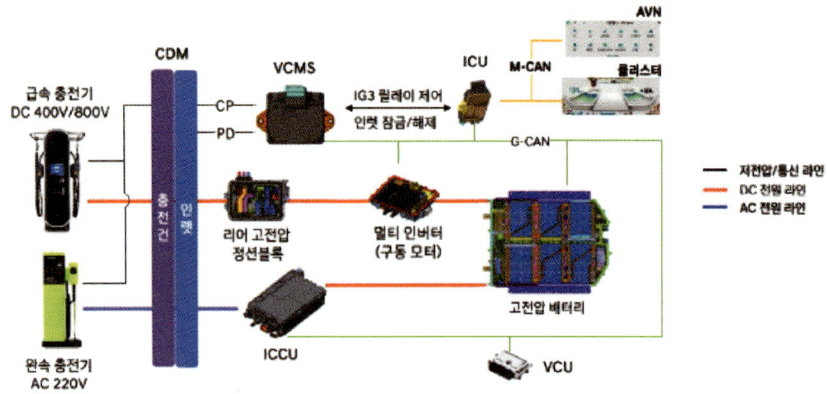

그림 4-20 전체적인 시스템 구성도

3.4 충전 제어 통합 제어기 (VCMS : Vehicle Charging Management System)

3.4.1. VCMS 기능

① PD 감지 : VCMS가 충전구(인렛)에 인가하는 PD 전압 변화로 충전건

연결 여부 확인

② CP 감지 : 충전기를 통해 입력되는 CP 전압 및 PWM, PLC 통신을 통해 충전 정보 확인

③ 인렛온도 감지(완속 1개, 급속 2개 온도 센서 적용) : 충전 중 인렛 온도 감지하여 충전 안전 확보

④ 인렛 잠금 장치 작동 : 충전 케이블 도난 방지 및 고전압 안전을 위해 락/언락 제어 및 작동 감지(도어 언락 시 인렛 락킹 해제를 위해 ICU→VCMS Wake-UP 제어)

⑤ IG3 릴레이 제어 : 충전건 연결 시 VCMS→ICU를 통해 IG3 릴레이 ON 하여 충전 관련 제어기 작동

⑥ V2L 연결 감지 : 실내/외 V2L 체결 여부 감지, 릴레이(실내 V2L 유닛 내부) 작동

⑦ PnC 제어 1 : E_pit에서만 사용 가능한 플러그 & 차지 기능 작동을 위한 인증서 관리

[1] PD 신호 감지

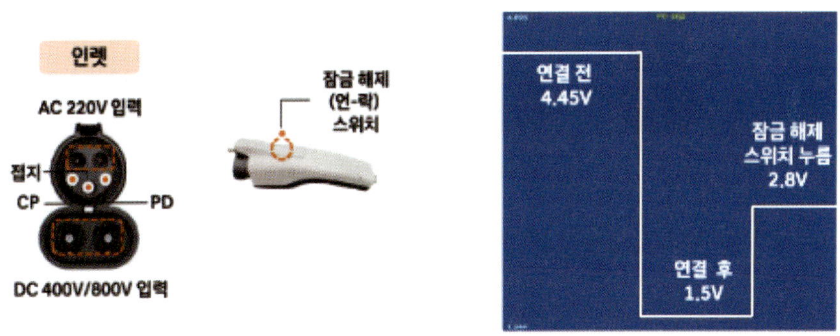

그림 4-21 PD 신호

PD 신호는 VCMS가 인가한 5V 전압으로 충전건의 체결 여부를 감지하며 정상적인 신호가 입력되지 않으면 완속과 급속 충전이 모두 불가능한 충전에 매우 중요한 신호 중 하나이다.

실차량에서 충전건을 연결하며 측정한 데이터를 통해 PD 전압을 확인해보면

각 조건에 따라서 변경된 전압으로 VCMS는 충전건의 체결 상태를 확인한다. PD 라인의 고장 발생 시 아래와 같은 DTC가 점등된다.

① 단선 시 : P0D5917 PD 회로 전압 높음

② 단락 시 : P0D5816 PD 회로 그라운드 단락

PD 라인의 점검은 진단 장비의 센서 출력에서 충전건 연결 전 PD 전압 값이 정상 4.4~4.5V, 단선 4.9V, 단락 시 0V를 출력한다. 비정상적인 값 출력 시 회로의 단선/단락 점검을 해야 한다. VCMS는 5V전원을 인가하는데 VCMS 내부의 풀업 저항(330Ω)과 인렛 내부의 저항(2.7㏀)에 의해 분배된 정상 전압이 4.4~4.5V이다.

[2] CP 신호 감지

(1) 충전기와 차량이 충전 정보를 주고 받는 신호

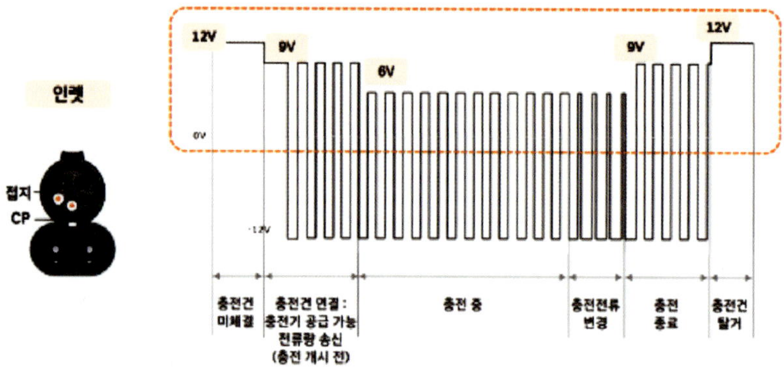

그림 4-22 충전기와 차량이 충전 정보를 주고 받는 신호

CP 신호는 충전기가 CP 라인을 통해 충전과 관련된 정보를 전압과 PWM/PLC 통신으로 VCMS에 전송하는 VCMS-충전기 통신 라인으로 PD 신호와 함께 충전에 매우 중요한 센서 신호로 VCMS 센서 출력을 통해 확인 가능하다. CP 신호 관련 고장 시 PD와 동일하게 완속과 급속 충전 모두 불가능하다.

충전기가 공급하는 12V 전압이 충전기와 VCMS 내부 저항으로 각 상황에

따라 9V(충전건 연결/충전 개시 전), 6V(충전 중)으로 변화되며 VCMS의 CP 전압을 통해 확인 가능하다.

PWM 듀티값은 그 값에 따라 충전기의 종류, 충전기가 공급 가능한 최대 전류 값의 정보를 포함하고 있다.

① 급속 : PWM 듀티 3~7%(급속 충전은 PWM을 기반으로 한 PLC 통신으로 충전 정보 송/수신)

② 완속 : PWM 듀티 52%-32A 충전, PWM 듀티 20%-12A 충전, PWM 듀티 16%-10A 충전, PWM 듀티 13%-8A 충전

- (완속) 충전 전압 220V×충전 전류=충전 전력(kW)

만약 AVN 또는 ICCB에서 충전 전류를 변경하면 그 정보를 VCMS가 인식하고, ICCU로 요청하여 충전 전류를 조정한다.

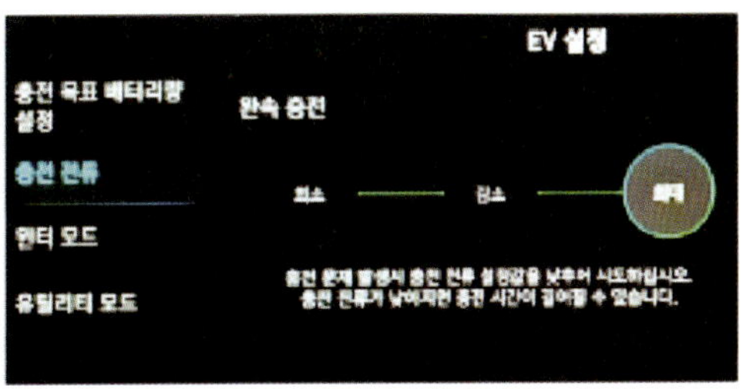

그림 4-23 AVN에서 충전 전류 변경

AVN에서 충전 전류 최대는 충전기의 최대 전력 그대로 충전되며, 감소는 90%, 최소는 60%로 ICCU 내부적으로 감소하여 충전되며 전류 조절은 사용자의 충전 환경에 따라 조절하여 사용하고, 충전 전류가 낮아지면 충전 시간은 길어진다.

(2) PLC는 급속 충전 시 충전기와 차량 통신

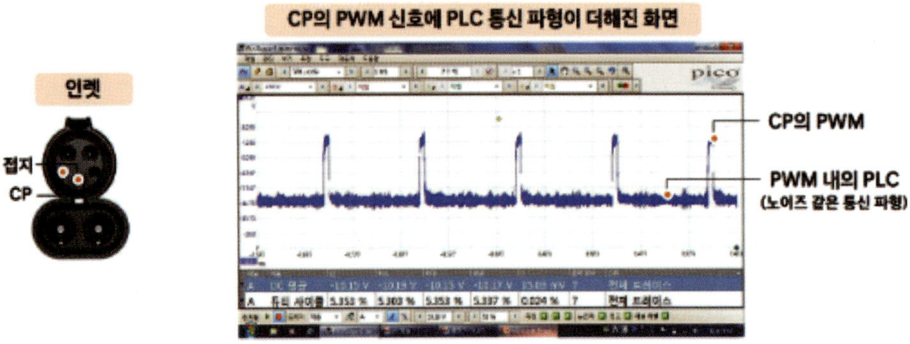

그림 4-24 PLC 급속 충전 시 충전기와 차량 통신

빠르게 충전되는 급속 충전은 완속 충전 대비 충전기와 차량(VCMS) 간의 송/수신 정보가 매우 많다. 완속의 경우 그 정보가 적어 CP의 PMW만으로 충분하지만, 급속은 PWM 듀티만으로 모든 정보를 송/수신하기에 한계가 있어서 CP 라인의 PWM에 추가로 PLC 통신(2~28㎒)을 하고 있다.

PLC 통신은 한 개의 라인(CP)에 2개의 통신(PWM, PLC)을 주고 받는 통신을 의미한다. 차데모 타입의 경우 충전구에 CAN 통신이 존재하여 충전기와 차량 통신에 문제가 없었지만, DC 콤보 1타입의 경우 충전구에 CAN통신이 없기 때문에 CP 라인을 활용한 PLC 통신을 한다고 생각하면 된다. 기존 EV의 경우 PLC 통신을 차량이 이해할 수 있도록 CAN 통신으로 변경해주는 CCM(Charge Control Module : 급속 충전에만 사용)이 적용되었고, E-GMP의 경우 VCMS가 그 역할을 하고 있다.

PLC 파형을 측정해보면 노이즈 같지만 정상적인 통신 상태이며, 파형을 통해 고장 진단 등으로 활용하기에는 어려움이 있어서 "급속 충전에 CP를 통한 PLC 통신이 사용된다"는 정도로 이해하면 된다.

CP 신호가 정상적으로 입력되지 않을 경우 완속 및 급속 충전 모두 불가능하며, CP 라인의 점검은 진단 장비 센서 출력에서 CP 전압을 확인하면 된다.

① 충전건 체결 전 : 정상, 단선, 단락 모두 0.7V

② 충전건 연결 시 : 9V(충전건 연결/충전 개시 전)→6V(충전 중)로 변환
③ 단선/단락 시에는 충전건을 연결해도 계속 0.7V 유지 CP 라인 점검 필요

(3) 충전기와 VCMS의 내부

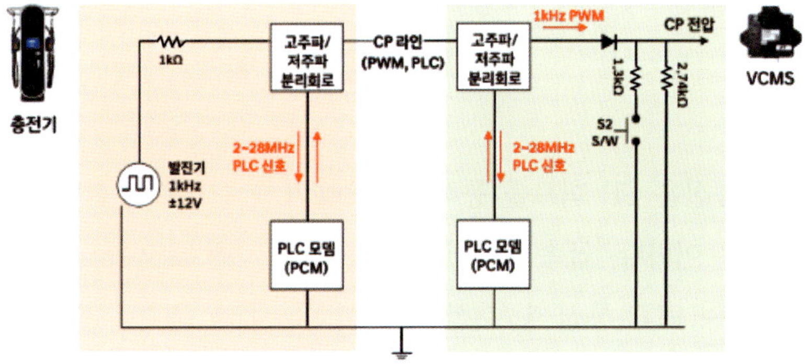

그림 4-25 충전기와 VCMS의 내부 구성

PLC 통신의 원리는 충전기 내부의 1㎑의 ±12V 발진기를 통해 CP로 출력된 PWM과 PLC 통신이 VCMS 내부의 고주파/저주파 분리 회로를 통해 PLC 모뎀으로 전달된다.

① 고주파/저주파 분리 회로 : PLC 통신과 PWM 분리 회로
  ㉮ CP PWM 약 5% 듀티 입력 시 VCMS는 급속 충전으로 인식하고, PLC 통신으로 급속 충전 정보 송/수신
② PLC 모뎀(PCM) : PLC 통신 신호를 송/수신하는 인터페이스 역할
③ VCMS에서 측정되는 CP 전압 : 충전건 연결 전 0V, 연결 후 9V, 충전 중 6V
  ㉮ VCMS 내부의 S2 스위치 : BMS의 메인 릴레이 ON 후 충전기로 전력 공급 요청 시 ON되며 CP 9V에서 6V로 변환
  ㉯ 충전기에서 출력된 CP 12V 값은 충전기와 VCMS 내부 저항을 거치며 각 상태에 따라 전압 변화
  ㉰ 충전기에서 CP 전압을 측정하면 12V 확인 가능

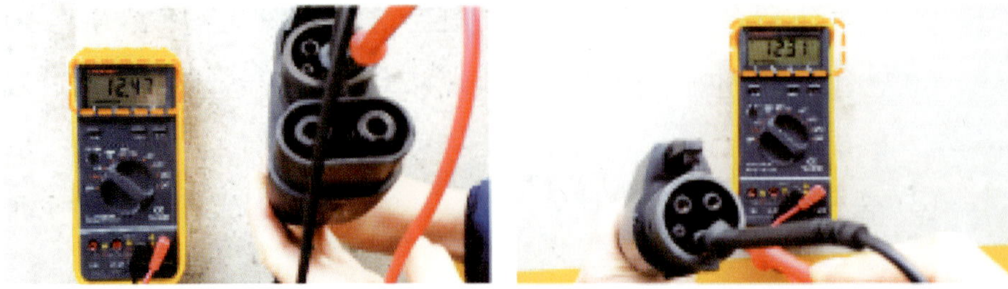

(a) 급속 (b) 완속

그림 4-26 12V 확인

PLC 통신은 CP 회로를 통해 2~28㎒의 고주파로 통신되기에 별도의 점검이 매우 어렵다. 급속 충전에서 급속 충전 시퀀스(Sequence : 단계/차례)를 확인하며 PLC 통신 송/수신 시 변화되는 센서 출력을 확인하고, 충전 불가 시 원인 부품을 찾는 방식으로 고장 진단 시 활용한다.

(4) CP/PD 라인 관련 참고 사항 및 실차 점검 방법

① 점검 방법

㉮ CP 점검 : CP와 인렛 접지(약 150~250㏀), 단선 시 무한대 Ω, 단락 시 1Ω 이하

㉯ PD 점검 : PD와 인렛 접지(약 4.5V), 0V일 경우 PD와 인렛 접지 저항을 측정하여 단선 시 에는 약 2.7㏀, 단락 시에는 1Ω 이하

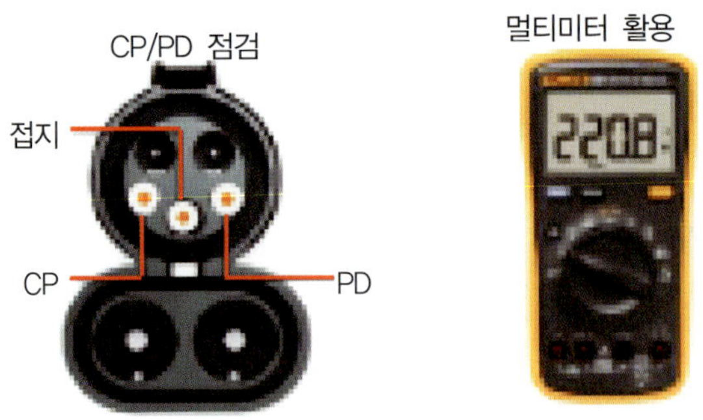

그림 4-27 CP/PD 점검

② CP 파형에 −12V의 의미 : CP 전압, PWM 파형의 −12V는 실제 차량에서 사용하는 전압이 아닌 충전기 고장 판정 등의 안전을 위해 적용되는 전압이다. 충전기 측의 CP 단자를 차량이 아닌 저항이 작은 물체에 닿으면 이때는 별도의 안전장치가 없기 때문에 CP 라인에 −12V 유지가 어렵다. 이 경우 충전기가 측정한 전압이 규정을 벗어나기에 충전기 고장으로 판단하는 용도이다.

③ 차량측 CP 라인의 고장 코드는 없다 : CP 라인의 단선/단락 또는 제어기 CP 관련 고장 발생 시 VCMS는 CP 관련 고장을 판단하기 어려움이 있다. 그 이유는 ICCB의 AC 220V 플러그를 연결하지 않고 충전건만 차량에 연결하면 PD 신호만 확인되고 CP 신호가 없기에 차량은 고장이라고 오판할 수 있다. 이러한 이유로 CP 라인 단선/단락의 고장 코드는 없으며, 정상 CP 전압(12/9/6V), 정상 주파수(1㎑), 정상 듀티 값을 벗어난 경우에만 1CFA00(B00) 외부 완속(급속) 충전기 CP 신호 이상 DTC가 점등된다.

④ CP/PD 라인의 가장 쉬운 점검 방법 : 실차에서 CP/PD 신호 값 점검 가장 쉬운 방법은 진단 장비의 센서 출력 값을 확인하는 것이다. 규정 값이 측정되지 않으면 인렛(충전구)의 CP/PD 단자와 접지 단자 저항 측정으로 배선의 상태를 점검할 수 있다.

(5) 충전건과 실외 V2L 커넥터 구분 방법

충전건과 V2L 커넥터 내부 회로의 저항 값을 달리하여 VCMS가 인식하는 CP/PD 전압의 차이로 구분한다.

[VCMS 센서 출력]

구분		단위	연결 전	연결 후	연결 후	특정 조건
충전건	CP	V	0.6	9	9	6 (충전 중)
	PD		4.45	1.5	1.5	2.8 (잠금 해제 스위치 누름)
V2L 커넥터	CP	V	0.6	0.6 (전원 스위치 OFF) V2L 미작동 상태	1.0 (전원 스위치 ON) V2L 작동 상태	2.8 (잠금 해제 스위치 누름) V2L 미작동 상태
	PD		4.45	0.9	0.9	2.8

(6) 저항으로 간단하게 점검

시동 OFF시 사용하는 실외 V2L 커넥터는 2개의 스위치가 장착되어 있다. 각각의 스위치를 눌렀을 때와 누르지 않았을 때의 저항을 측정하여 간단하게 V2L 커넥터를 점검할 수 있다.

① 접지-PD 단자

㉮ 잠금 해제 스위치를 누르고 저항 측정 : 500Ω

㉯ 잠금 해제 스위치를 안 누르고 저항 측정 : 75Ω

② CP-PD 단자

㉮ 전원 스위치 누르고 저항 측정 : 통전

㉯ 전원 스위치 안 누르고 저항 측정 : 무한대

※ 상온에서 측정시 저항값

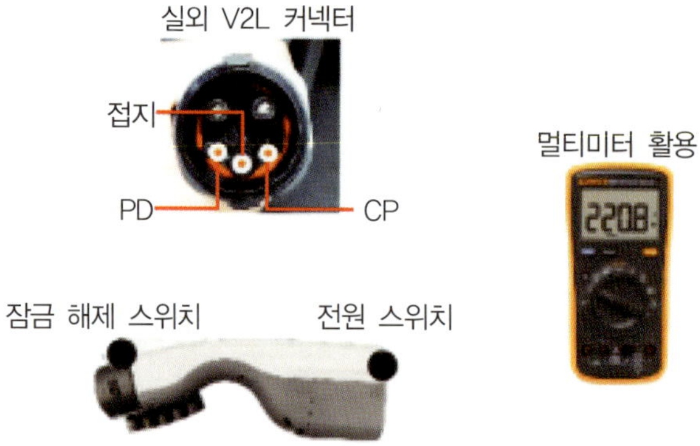

그림 4-28 저항 점검

[3] 충전건 락/언락

그림 4-29 충전건 락/언락

(1) 충전건 락/언락 제어

충전건 락/언락 제어는 완속과 급속의 차이가 있다.

① 완속 충전 : AVN에서 설정한 충전 커넥터 잠금 모드에 의해 작동

㉮ 잠금 상태와 무관하게 충전 가능

㉯ 충전건의 잠금 해제 스위치 누르면 충전 일시 중지되며 언락 제어 미 실시

㉰ 충전 중이라도 도어 언락 시 잠금 해제-15초 이내 미 탈거 시 다시 잠김(도난방지)

㉱ 실외 V2L 커넥터는 AVN 설정과 무관하게 항상 잠김

② 급속 충전 : 고전압 안전을 위해 AVN 설정과 무관하게 항상 잠김

㉮ 충전건 언락 시(잠금 시스템 관련 고장 시) 충전 불가

㉯ 충전건의 잠금 해제 스위치 누르면 충전 즉시 중지되며 충전건 언락 제어 실시

액추에이터, 릴레이 등 고장으로 충전건이 잠기지 않으면 안전을 위해 완속 충전만 가능하며 급속 및 실외 V2L(실내는 작동)은 작동하지 않는다.

(2) 인렛 잠금 액추에이터 작동 점검

완속의 경우 충전건 연결 및 해제에 따라 인렛 잠금 액추에이터가 작동하는데 그 기준은 AVN의 설정에 따라 달라진다.

① 충전 중 잠금(AUTO) 모드 : 충전건이 충전 중에만 잠기고, 충전 종료 시 자동 언락

② 상시 잠금(LOCK) 모드 : 충전건 연결되면 항상 잠김

③ 사용 안함 : 인렛 항상 언락

인렛 액추에이터의 점검 중 가장 쉬운 방법은 진단 장비를 이용해 강제 구동을 통해 작동 유무와 회로를 검사할 수 있다. 강제 구동 검사를 했는데도 작동하지 않는다면 VCMS, 락/언락 릴레이 및 액추에이터와 배선의 문제를 의심할 수 있다. 언락 릴레이, 회로 등의 고장으로 충전건 또는 V2L 외부 커넥터의 잠금이 해제되지 않으면 러기지룸 우측의 커버 안에 위치한 비상 해제 케이블(비상 해제 케이블은 차종별로 위치가 상이하다.)을 당겨 충전건 탈거가 가능하다.

[4] 인렛 온도센서

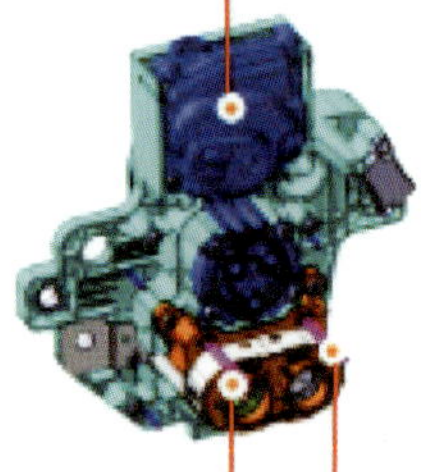

그림 4-30 인렛 온도센서

인렛에 3개의 온도센서를 장착하여 VCMS는 충전 중 온도를 확인하고, 고온 발생 시 안전을 위해 충전을 중지한다. 기존 EV의 경우 급속용으로 1개만 온도센서가 적용되었지만 아이오닉 5 이후의 EV는 완속용 1개, 급속용 2개

등 총 3개를 적용하여 충전 안전성을 향상시켰다.

온도센서의 감지 범위는 −49~124℃로 센서 관련 고장 시 아래와 같은 센서 출력을 확인할 수 있다.

① 센서 접지 단락 : −49℃ 이하

② 단선 또는 전원 단락 : 124℃ 초과

③ 충전 중 온도 높음 : 100℃ 이상 10초 시 DTC 발생 및 충전 중지

온도센서의 전압은 4.84~0.31V가 온도에 따라 가변 되어 출력한다. 완속용 온도센서 고장 시 완속 충전만 불가능하고, 급속용 온도센서 고장 시 급속 충전만 불가능하다.

3.4.2. 급속 충전 시 VCMS 시퀀스 총 19단계

[급속 충전 시 VCMS 시퀀스 총 19단계]

<table>
<tr><th>순서</th><th>급속 충전 시퀀스 19단계 절차</th><th>비고</th></tr>
<tr><td>1</td><td>충전 커넥터 체결 상태</td><td>PD 신호 확인</td></tr>
<tr><td>2</td><td>충전 시스템 Wake Up</td><td>ICU에 의해 IG3릴레이 ON</td></tr>
<tr><td>3</td><td>PLC 통신 시작</td><td>충전기와 VCMS 통신 개시</td></tr>
<tr><td>4</td><td>CP 전압 변경(9→6V)/실제 충전 아님(완속은 6V 변화가 실제 충전)</td><td>VCMS 내부 S2 스위치 ON</td></tr>
<tr><td>5</td><td>충전기)케이블 절연 체크 및 인렛 잠금</td><td rowspan="2">충전기 절연 검사</td></tr>
<tr><td>6</td><td>충전기)내부 절연 체크</td></tr>
<tr><td>7</td><td>충전기)내부 커패시터 초기 충전/비공식적 급속 충전 릴레이 융착 검사 가능</td><td rowspan="2">차량과 충전기 전압 일치를 위해 커패시터 충전</td></tr>
<tr><td>8</td><td>차량)800V 및 인버터 중성단 커패시터 초기 충전/VCMS →MCU요청_메인 릴레이 ON</td></tr>
<tr><td>9</td><td>급속 충전(+/−)릴레이 ON</td><td></td></tr>
<tr><td>10</td><td>충전기 전력 공급 요청</td><td>VCMS→충전기 요청</td></tr>
<tr><td>11</td><td>실체 충전기 전력 차량 입력/실제 충전</td><td>충전기→차량</td></tr>
<tr><td>12</td><td>충전 종료/목표 SOC 도달, 충전 종료 선택</td><td>충전 종료 시작</td></tr>
</table>

순서	급속 충전 시퀀스 19단계 절차	비고
13	급속 충전 릴레이 OFF	–
14	충전기 내부 커패시터 방전 및 실제 급속 충전 릴레이 융착 검사	–
15	멀티 인버터 구동 중단/승압 충전 시	–
16	800V 및 인버터 중성단 커패시터 강제 방전	–
17	인렛 잠금 해제	–
18	PLC 통신 종료	–
19	충전 커넥터 탈거	–

급속 충전은 400V 또는 800V의 고전압으로 충전되며 PLC 통신으로 충전기 내부의 절연 검사, 충전기 전력 확인 등의 많은 데이터를 주고받으며 급속 충전 릴레이, 인렛 잠금 및 인버터 중성단 커패시터 충전 등 제어 조건이 완속 충전 대비 매우 많다.

각각의 시퀀스(sequence : 단계/차례)의 변화는 특정 조건이 정상으로 확인되어야 다음 시퀀스로 변화되고, 만약 특정 조건이 맞지 않는다면 고장을 판단한 현재 시퀀스에서 바로 종료 시퀀스로 넘어가며 정상적인 충전이 되지 않는다. 바로 이 충전 종료 시점을 진단 장비를 통해 시퀀스 변경 기준 항목 및 시퀀스 별로 연계된 센서 출력 변화를 확인하면 급속 충전 불가 시 진단에 큰 도움이 된다. 또한 이 시퀀스는 학습적인 측면에서 급속 충전 절차를 이해하는 부분에서도 큰 도움이 된다.

급속 충전은 상단의 표와 같이 VCMS 제어기 내부적으로 시작과 종료까지 총 19단계의 시퀀스를 거쳐 진행되며, 위에서 언급한 것처럼 각 단계는 특정 조건에 만족해야 다음 단계로 변경된다.

[1] 급속 충전 시 VCMS 주요 센서 출력 변화 확인

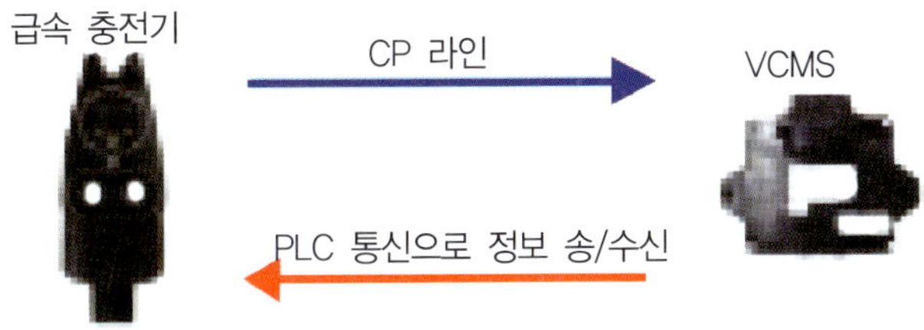

	센서 출력	초기 값
급속 충전기의 기준 데이터	VCMS MAIN 시퀀스 : 완속/급속 충전 전체 절차	1
	VCMS PLC : PLC 통신 시작부터 종료	0
	VCMS급충(PLC)Relay On 시퀀스 상태 : 급속 충전 연관 릴레이 ON 제어	SEQ INIT
	VCMS급충(PLC)Relay Off 시퀀스 상태 : 급속 충전 연관 릴레이 OFF 제어	SEQ INIT

– 충전 커넥터 연결 전 VCMS에서 측정한 데이터
– SEQ INIT : Sequence Initial의 약자로 "단계 초기"를 의미

먼저 급속 충전 VCMS 시퀀스의 핵심이 되는 센서 출력은 4개의 조합으로 19단계를 나타낸다.(실제로는 11단계 까지 충전 완료이며, 12단계부터는 충전 종료로 충전 불가 진단에는 크게 불필요)

① VCMS MAIN(메인) 시퀀스 : 완속/급속 충전 단계

② VCMS PLC 급속 충전 시퀀스 : 급속 충전시 PLC 통신 시작부터 종료까지 단계

③ VCMS 급충(PLC) Relay On/Off 시퀀스 상태 : 급속 충전(메인, 400V 충전, 급충 +/–)릴레이 On/Off 절차

실차와 충전기에서는 약 2~30초 정도면 모든 시퀀스가 완료되어 충전이 시작되며 이때 VCMS 내부의 주요 센서 출력 변화를 각각이 시퀀스 별로 알아보겠다. 먼저 충전 전 주요 데이터의 초기값은 위의 표와 같다.

※ 모든 표는 400V급속 충전기에서 Key On 상태로 측정한 데이터이며 초고속 충전기(800V)도 유사하다.

실차에서 급속 충전 중 측정한 급속 충전의 기준 데이터

① VCMS MAIN 시퀀스

② VCMS PLC 급속 충전 시퀀스

③ VCMS 급충(PLC) Relay On 시퀀스 상태

④ VCMS 급충(PLC) Relay Off 시퀀스 상태

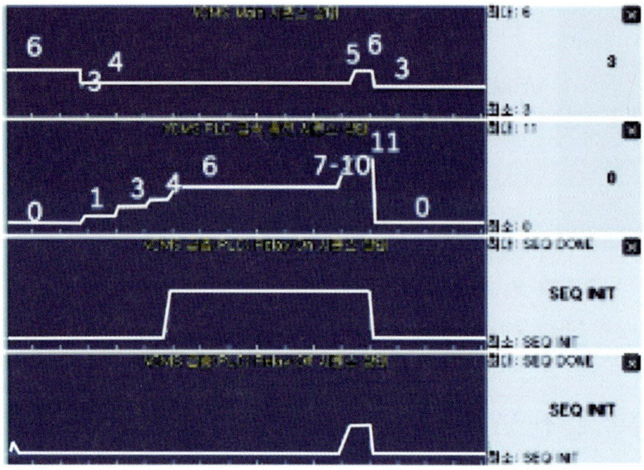

그림 4-31 **정상 급속 충전 시 시퀀스**

※ VCMS 충전 종료 시점에 IG ON일 경우 최초 6으로 표시/충전건 연결 시 1로 시작(진단 장비 화면 상으로 VCMS MAIN 시퀀스 1, 2는 너무 빠르게 변경되어 확인 불가)

[2] 급속 충전 시 VCMS 주요 센서 출력 변화 1단계 확인

[센서 출력 변화 1단계]

	센서 출력	초기 값	1단계	고장예상 원인
급속 충전의 기준 데이터	VCMS MAIN 시퀀스	1	2	-
	VCMS PLC 급속 충전 시퀀스	0	0	
	VCMS 급충(PLC) Relay On 시퀀스 상태	SEQ INIT	SEQ INIT	
	VCMS 급충(PLC) Relay Off 시퀀스 상태	SEQ INIT	SEQ INIT	
단계별 점검	PD 전압	4.4V	1.48V	충전건, CP 및 PD 회로
	CP 전압	0V	9.3V	
	충전 커넥터 체결 상태	Disconnected	Connected	
	VCMS IG3 릴레이 제어 요청		On	VCMS

- 1단계의 변화 핵심 : 충전 커넥터 체결
- VCMS MAIN 시퀀스 1→2단계 변화 조건 : PD 전압의 변화 확인 시

급속 충전 시 기준이 되는 데이터 4개 중 1개 이상 변경되며 단계의 변화가 생기며 이 데이터는 아이오닉 5 이후의 E-GMP 기반의 모든 EV에 동일하게 적용되기에 다양한 차량에서 활용 가능하다.(코나, 포터 등의 EV는 불가) 급속 충전 불가로 입고된 차량의 경우 급속 충전을 실시하며 기준이 되는 4개의 센서 출력을 확인해 보면 어느 단계에서 충전 시퀀스가 종료되는지 확인하고, 각 시퀀스별 점검 항목을 고정 출력으로 추가하여 변화 유무를 점검하면 고장 예상 원인 부위를 찾을 수 있다.

급속 충전건을 차량에 연결 시 VCMS MAIN 시퀀스 1이 2로 변경되며 아래와 같이 데이터가 변경된다.

① PD 전압/충전 커넥터 체결 상태 : 충전 건 연결 시 약 1.5V로 변경되며, 체결 상태도 Connected로 변경된다. 만약 변화가 없다면 충전건/차량의 PD회로 및 인렛 점검한다.

② CP 전압 : VCMS는 충전기로부터 12V를 입력받아 VCMS 내부 저항을 통해 약 9V를 감지하면 충전기와 정상 연결을 확인한다. 만약 변화가 없다면 충전기/차량의 CP회로 및 인렛 점검한다.

③ IG3 릴레이 제어 요청 : PD 신호 입력 시 VCMS는 ICU를 통해 IG3 릴레이 ON 요청을 한다. 만약 변화가 없다면 관련 회로(IG3 릴레이, 전원 퓨즈 및 관련 회로 등)점검한다.

※ VCMS MAIN 시퀀스 1, 2는 너무 빠르게 변경되어 진단 장비로 확인이 어렵다.

[3] 급속 충전 시 VCMS 주요 센서 출력 변화 2단계 확인

[센서 출력 변화 2단계]

	센서 출력	1단계	2단계	고장예상 원인
급속 충전의 기준 데이터	VCMS MAIN 시퀀스	2	3	-
	VCMS PLC 급속 충전 시퀀스	0	0	
	VCMS 급충(PLC) Relay On 시퀀스 상태	SEQ INIT	SEQ INIT	
	VCMS 급충(PLC) Relay Off 시퀀스 상태	SEQ INIT	SEQ INIT	
단계별 점검	IG3 On/Off 상태	Off	On	ICU, IG3 회로
	BMU, MCU 준비 상태	Not Ready	Ready	CAN, 각 제어기
	VCU 기어단 상태	P	P	기어 위치, VCU, CAN

- 2단계의 변화 핵심 : IG3 On
- VCMS MAIN 시퀀스 2→3단계 변화 조건 : 기어 위치 P단 위치 확인 시(VCU에서 CAN으로 수신)

급속 충전 2단계 시 VCMS MAIN 시퀀스 3이 되며 이 단계에서는 아래의 센서 출력 변화가 생긴다.

① IG3 ON/OFF 상태 : 1단계에서 VCMS가 ICU로 IG3 릴레이 ON 요청 시 출력 값은 ON이 되어야 한다. 만약 변화가 없다면 VCMS와 ICU 그리고 연계된 IG3 회로를 점검한다.

② MCU/BMU 충전 준비 상태 : VCMS는 MCU(BMU)로부터 G-CAN으로 수신한 각 제어기의 준비 상태를 나타낸다. Ready로 변경되지 않으면 MCU(BMU) 또는 G-CAN 회로를 점검한다.

③ VCU 기어단 상태 : VCU에서 CAN으로 입력 받은 기어 위치가 P단으로 확인되어야 한다. 만약 변화가 없다면 SCU 및 액추에이터, CAN 및 VCU를 점검한다.

[4] 급속 충전 시 VCMS 주요 센서 출력 변화 3단계 확인

[센서 출력 변화 3단계]

	센서 출력	2단계	3단계	고장예상 원인
급속 충전의 기준 데이터	VCMS MAIN 시퀀스	3	4	-
	VCMS PLC 급속 충전 시퀀스	0	1	
	VCMS 급충(PLC) Relay On 시퀀스 상태	SEQ INIT	SEQ INIT	
	VCMS 급충(PLC) Relay Off 시퀀스 상태	SEQ INIT	SEQ INIT	
단계별 점검	PLC 통신 상태	FALSE	TRUE	-
	CP 듀티, 주파수	0%, 0Hz	5%, 1000Hz	충전기
	충전기(EVSE) 준비상태	Not Ready	Ready	충전기
	충전기 전력 공급 방식	Default	DC Extented	충전기(PLC)
	VCMS의 EV 최대전압/최대전류	0	825.6V/ 310A	BMS, G-CAN

- 3단계의 변화 핵심 : PLC 통신 시작
- VCMS MAIN 시퀀스 3→4단계 변화 조건
  ① VCMS 완속/급속 충전 CP 듀티로 판단 완료 시
  ② 충전 관련 제어기들 Ready(정상)일 경우 : CAN으로 수신

3단계가 되면 VCMS MAIN 시퀀스는 4, VCMS PLC 급속 충전 시퀀스는 1이 된다. 3단계에서 변경되는 출력은 아래와 같다.

① PLC 통신 상태 : 정상 시 TRUE(통신 작동을 의미)로 변경되며 변경되지 않으면 VCMS 고장코드 확인하고 고장 코드가 없다면 충전기의 고장을 의심한다.

② CP 듀티 : 충전기의 최대 출력 값이 PWM(듀티)로 표기되며 급속의 경우 약 5% 값을 나타낸다. CP 전압이 정상인데 CP 듀티값이 비정상이면 충전기 고장의 가능성이 높다. 참고로 센서 출력의 "충전기 전력 공급 방식" 값은 CP 듀티가 3~7%면 DC(급속), 8~98%면 AC(완속)로 표시된다. 그리고 CP 듀티가 3~98%면 센서 출력의 "EVSE 충전 준비 상태"는 Ready로 표시된다.

③ CP 주파수 : 충전기가 출력하는 값으로 약 1,000㎐(정상값 : 850~1150 ㎐)가 출력되며 비정상이면 충전기의 고장이 의심된다.

④ 충전기 전력 공급 방식 : 급속의 경우 DC로 표기되며 정상적으로 변경되지 않으면 충전기 고장을 의심한다.

⑤ VCMS의 EV 최대전압/전류 : VCMS가 BMU로부터 G-CAN을 통해 수신 받은 데이터로 고전압 배터리의 최대 수용 가능한 전압과 전류를 나타낸다. 만약 0을 유지하면 BMU 또는 G-CAN 라인 점검이 필요하다.

[5] 급속 충전 시 VCMS 주요 센서 출력 변화 4단계 확인

[센서 출력 변화 4단계]

	센서 출력	3단계	4단계	고장예상 원인
급속 충전의 기준 데이터	VCMS MAIN 시퀀스	4	4	-
	VCMS PLC 급속 충전 시퀀스	1	2	
	VCMS 급충(PLC) Relay On 시퀀스 상태	SEQ INIT	SEQ INIT	
	VCMS 급충(PLC) Relay Off 시퀀스 상태	SEQ INIT	SEQ INIT	
단계별 점검	CP 전압	9.3V	6V	VCMS
	PCM(EVSE) 최대 전압	0V	500V	충전기 (PLC)
	참고) DC 급속 충전 모드	initial Value	400V	-

- 4단계의 변화 핵심 : CP 전압 9V→6V(VCMS 내부 S2 스위치 ON)
- VCMS PLC 급속 충전 시퀀스 1→2단계 변환 조건 : DC 급속 충전 모드 판단 완료 시 → 400V또는 800V판단 완료

4단계가 되면 VCMS PLC 급속 충전 시퀀스는 2, 4단계에서 변경되는 출력은 아래와 같다.

① CP 전압 : 완속 충전의 경우 6V는 충전 중을 의미하지만 급속은 6V 이후 PLC 통신을 통해 추가 정보 송/수신 절차를 거친다. 이 값이 변경되지 않는다면 VCMS를 점검한다.

② PCM(EVSE) 최대 전압 : VCMS는 충전기로부터 PLC 통신으로 충전기의 최대 전압값을 수신하여 표시한다. 대부분의 급속 400V(승압 충전 필요/멀티 인버터 ON) 충전기는 약 500V, E_pit 등의 초고속 800V(직결 충전) 충전기는 약 825V를 출력한다. 이 값이 변경되지 않으면 충전기의 고장을 의심한다. 이 전압 값을 기준으로 고전압 배터리의 전압보다 낮으면 400V로, 높다면 800V 충전으로(DC 급속 충전 모드) 판단한다.

※ PCM : Powerline Communication Module/VCMS 내부의 PLC 통신 모듈

[6] 급속 충전 시 VCMS 주요 센서 출력 변화 5단계 확인

[센서 출력 변화 5단계]

	센서 출력	4단계	5단계	고장예상 원인
급속 충전의 기준 데이터	VCMS MAIN 시퀀스	4	4	-
	VCMS PLC 급속 충전 시퀀스	2	3	
	VCMS 급충(PLC) Relay On 시퀀스 상태	SEQ INIT	SEQ INIT	
	VCMS 급충(PLC) Relay Off 시퀀스 상태	SEQ INIT	SEQ INIT	
단계별 점검	PCM 케이블 확인 상태	FALSE	TRUE	충전기(PLC)
	인렛 잠금 상태	INIT	Lock Req	VCMS
	인렛 잠금 액추에이터 센싱 상태	Unlonk	Lock	인렛, 잠금 회로

- 5단계의 변화 핵심 : 인렛 잠금, 충전 케이블 절연 확인
- VCMS PLC 급속 충전 시퀀스 2→3단계 변환 조건 : 인렛 LOCK인 경우

5단계가 되면 VCMS PLC 급속 충전 시퀀스는 3이 된다. 5단계에서 변경되는 출력은 아래와 같다.

① PCM 케이블 확인 상태 : 실제 충전을 진행하기 전 충전기는 먼저 고전압 안전을 위해 충전 케이블의 절연 검사를 실시한다. 충전기의 충전 케이블의 절연을 검사하고 있다는 의미로 TRUE로 변경된다. 정상적으로 변경되지 않으면 충전기의 불량을 의심한다.

② 인렛 잠금 상태/인렛 잠금 액추에이터 센싱 상태 : 급속의 경우 인렛이 잠기지 않으면 충전이 되지 않는다. Lock Req(요청) 이후 락킹 릴레이를 On하여 액추에이터가 작동되고, 이 값을 센싱하여 Lock/Unlock로 표시한다. 정상적으로 변경되지 않으면 인렛 잠금 액추에이터 또는 관련 회로를 점검한다.

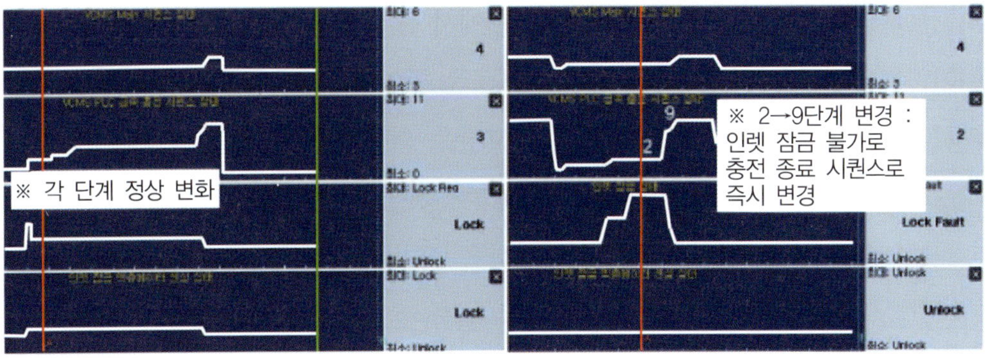

(a) 정상 시퀀스 변화　　(b) 인렛 잠금 불량 시 시퀀스 변화

그림 4-32 시퀀스 변화

[7] 급속 충전 시 VCMS 주요 센서 출력 변화 6단계 확인

[센서 출력 변화 6단계]

	센서 출력	5단계	6단계	고장예상 원인
급속 충전의 기준 데이터	VCMS MAIN 시퀀스	4	4	–
	VCMS PLC 급속 충전 시퀀스	3	4	
	VCMS 급충(PLC) Relay On 시퀀스 상태	SEQ INIT	SEQ INIT	
	VCMS 급충(PLC) Relay Off 시퀀스 상태	SEQ INIT	SEQ INIT	
단계별 점검	PCM 케이블 확인 상태	TRUE	FALSE	충전기
	충전기 내부 절연 상태	Invalid	Safe	충전기
	PCM 초충 상태	FALSE	TRUE	–
	참고) VCMS의 EVSE 지령 전압	0V	450V	–

- 6단계의 변화 핵심 : 충전기 내부 절연 확인
- VCMS PLC 급속 충전 시퀀스 3→4단계 변화 조건 : PCM 케이블 확인 상태가 TRUE→FALSE가 될 경우 : TRUE→FALSE는 충전 케이블 체크가 되었다는 의미로 정상 여부는 아님

6단계가 되면 VCMS PLC 급속 충전 시퀀스는 4가 된다. 6단계에서 변경되는 출력은 아래와 같다.

① PCM 케이블 확인 상태 : 5단계에서 충전 케이블 검사 후 문제가 없다면 다시 FALSE(고장을 의미/실제로는 확인 완료를 의미)로 변경한다. 만약 TRUE를 유지하면 충전기의 고장을 의심할 수 있다.

② 충전기 내부 절연 상태 : VCMS가 충전기로부터 PLC 통신으로 수신 받은 값으로 정상 시 Safe(안전함을 의미)로 변경된다. 만약 Invalid(고장을 의미)를 유지하면 충전기의 고장(절연)을 의심한다.

③ PCM 초충 상태 : 충전을 위해서 급속 충전 릴레이 On하기 전 충전기와 차량의 급격한 전류 흐름 방지 및 전압을 동일하게 맞추기 위해 충전기 내부의 커패시터를 초기 충전하고, 차량은 인버터 중성단 커패시터를 충전하여 두 커패시터의 전압을 동일하게 한다. 커패시터 초기 충전은 회로 보호를 위한 목적으로 실제 충전 전 진행된다. TRUE는 차량과 충전기 모두 초기 충전 모드에 진입했음을 의미한다.

④ VCMS의 EVSE 지령 전압 : VCMS가 충전기에 PLC 통신으로 송신하는 값으로 충전기와 차량 인버터 중성단 커패시터 초기 충전 전압 값을 의미한다. 충전기에 따라 차이가 있을 수 있기에 참고로 확인한다.

[8] 급속 충전 시 VCMS 주요 센서 출력 변화 7단계 확인

[센서 출력 변화 7단계]

	센서 출력	6단계	7단계	고장예상 원인
급속 충전의 기준 데이터	VCMS MAIN 시퀀스	4	4	–
	VCMS PLC 급속 충전 시퀀스	4	4	
	VCMS 급충(PLC) Relay On 시퀀스 상태	SEQ INIT	SEQ 01	
	VCMS 급충(PLC) Relay Off 시퀀스 상태	SEQ INIT	SEQ INIT	
단계별 점검	EVSE 출력 전압	14.8V	271.5V	충전기
	VCMS의 BMS MAIN RELAY ON 요청	Initial Value	On Request	VCMS
	인버터 중성단 CAP 전압	3.6V	3.6V	

- 7단계의 변화 핵심 : 충전기 내부 커패시터 충전 시작
- 급속 충전 릴레이 시퀀스 0→1단계 변환 조건 : VCMS의 BMS MAIN RELAY ON Request인 경우

7단계가 되면 VCMS 급충(PLC) Relay On 시퀀스 상태가 SEQ 01이 된다. 7단계에서 변경되는 출력은 아래와 같다.

① EVSE 출력 전압 : VCMS가 충전기로부터 PLC 통신으로 수신 받은 값으로 충전기 내부 커패시터 초기 충전 모드가 진행되며 충전기 출력 전압이 점차 증가하여 약 270V(점차 상승하는 값으로 측정 시간에 따라 상이)가 출력된다. 이 값이 정상적으로 변화되지 않으면 충전기 내부 불량을 의심한다.(현재 급속 충전 릴레이 +/– OFF 상태이며, 고전압 배터리 실제 충전 상태 아님)

※ 충전기 내부의 커패시터를 충전하는데 인버터 중선단 커패시터의 전압이 함께 상승되면 VCMS는 급속 충전(+/–)릴레이 융착 으로 판단할 수 있다. → 급속 충전 릴레이의 융착은 +와 –모두 융착 되어 있는 상태에서만 VCMS가 확인 가능하다.

② VCMS의 BMS MAIN RELAY ON 요청 : 인버터 및 인버터 중성단 커패시터 초기 충전을 위해 VCMS는 BMS에 메인 릴레이 작동을 요청한다. 변화가 없다면 VCMS 점검이 필요하다.

[9] 급속 충전 시 VCMS 주요 센서 출력 변화 8단계 확인

[센서 출력 변화 8단계]

	센서 출력	7단계	8단계	고장예상 원인
급속 충전의 기준 데이터	VCMS MAIN 시퀀스	4	4	–
	VCMS PLC 급속 충전 시퀀스	4	4	
	VCMS 급충(PLC) Relay On 시퀀스 상태	SEQ 01	SEQ 02	
	VCMS 급충(PLC) Relay Off 시퀀스 상태	SEQ INIT	SEQ INIT	
단계별 점검	EVSE 출력전압	271.5V	431V	충전기(PLC)
	고전압 배터리 메인 릴레이 ON/OFF	OFF	ON	G-CAN,

상태			고전압 배터리
VCMS의 MCU 400V RELAY ON/OFF 요청	Off Request	On Request	VCMS
[MCU]400V RELAY 상태	OFF	ON	G-CAN, MCU
VCMS의 인버터 초충 요청 신호	Off Request	On Request	VCMS
VCMS의 멀티 인버터 구동 요청 신호	Off Request	On Request	VCMS
MCU의 PWM ON/OFF 상태	OFF	OFF→ON	G-CAN, MCU
인버터 중성단 CAP 전압	3.6V	431V	인버터(중성단 CAP)

- 8단계의 변화 핵심 : 인버터 커패시터 충전 시작
- 급속 충전 릴레이 ON 시퀀스 1→2단계 변화 조건 : 고전압 배터리 메인 릴레이 ON인 경우

8단계가 되면 VCMS 급충(PLC) Relay On 시퀀스 상태가 SEQ 02가 된다. 8단계에서 변경되는 출력은 아래와 같다.

① EVSE 출력 전압 : 충전기 내부 커패시터가 충전되며 약 431V 출력되고 있고, 최종 450V 출력된다. 이 측정 전압은 측정 시간에 따라 상이할 수 있다.

② 고전압 배터리 메인 릴레이 ON/OFF 상태 : 인버터 중성단 커패시터 충전을 위해 VCMS는 BMS에게 메인 릴레이 ON 요청하고 BMS는 메인 릴레이를 ON 한다. 만약 값이 변하지 않으면 G-CAN 또는 BMS, PRA를 점검한다.

③ VCMS의 MCU 400V Relay ON/OFF 요청/[MCU]400V 릴레이 상태 : 인버터 중성단 커패시터 충전을 위해 VCMS는 MCU로 G-CAN을 통해 400V 릴레이 ON 요청하면 400V 릴레이 상태는 ON된다. 비정상적인 값이 출력되면 G-CAN 및 MCU를 점검해야 한다.

④ VCMS의 인버터 초충 요청 신호 : VCMS는 MCU로 인버터 중성단 커패

시터 초기 충전 요청 신호를 G-CAN으로 전송한다.

⑤ VCMS의 멀티 인버터 구동 요청 신호 : 인버터 중성단 커패시터 초기 충전을 위해 VCMS는 G-CAN으로 MCU에 멀티 인버터 구동 요청하여 고전압 배터리의 약 800V 전압을 커패시터 충전을 위해 450V로 감압한다.

⑥ MCU의 PWM ON/OFF 상태 : 인버터 중성단 커패시터 초기 충전을 MCU는 VCMS에게 G-CAN으로 멀티 인버터 구동 요청 신호를 받아 고전압 배터리의 800V를 450V로 감압하여 충전한다. ON으로 변경되지 않으면 G-CAN 또는 MCU를 점검한다.

⑦ 인버터 중성단 CAP 전압 : EVSE 출력 전압과 동일하게 상승하지 않으면 인버터 중성단 커패시터의 고장을 의심해야 한다.

[10] 급속 충전 시 VCMS 주요 센서 출력 변화 9단계 확인

[센서 출력 변화 9단계]

<table>
<tr><th></th><th>센서 출력</th><th>8단계</th><th>9단계</th><th>고장예상 원인</th></tr>
<tr><td rowspan="4">급속 충전의 기준 데이터</td><td>VCMS MAIN 시퀀스</td><td>4</td><td>4</td><td rowspan="4">-</td></tr>
<tr><td>VCMS PLC 급속 충전 시퀀스</td><td>4</td><td>4</td></tr>
<tr><td>VCMS 급충(PLC) Relay On 시퀀스 상태</td><td>SEQ 02</td><td>SEQ DONE</td></tr>
<tr><td>VCMS 급충(PLC) Relay Off 시퀀스 상태</td><td>SEQ INIT</td><td>SEQ INIT</td></tr>
<tr><td rowspan="4">단계별 점검</td><td>EVSE 출력전압</td><td>360.7V</td><td>450.7V</td><td>충전기 (PLC)</td></tr>
<tr><td>인버터 중성단 CAP 전압</td><td>431V</td><td>450.7V</td><td>인버터 (중성단 CAP)</td></tr>
<tr><td>VCMS의 BMS 급충 +릴레이 On/Off 요청</td><td>Off Request</td><td>On Request</td><td rowspan="2">VCMS</td></tr>
<tr><td>VCMS의 BMS 급충 −릴레이 On/Off 요청</td><td>Off Request</td><td>On Request</td></tr>
</table>

- 9단계의 변화 핵심 : 커패서터 추충 완료 및 급충 릴레이 ON
- 급속 충전 릴레이 ON 시퀀스 2→3→4(SEQ DONE)단계 변환 조건 : 급속 충전 +/−릴레이 ON

9단계가 되면 VCMS 급충(PLC) Relay On 시퀀스 상태가 SEQ DONE이 된다. 9단계에서 변경되는 출력은 아래와 같다.

① EVSE 출력 전압 : 충전기 내부의 커패시터 충전이 진행되어 VCMS의 EVSE 지령 전압인 450V까지 초기 충전이 완료된다. 비정상적인 값 출력 시 충전기 내부 고장을 의심한다.

② 인버터 중성단 CAP 전압 : 인버터 중성단 CAP 초기 충전이 시작되어 VCMS의 EVSE 지령 전압인 450V까지 초기 충전이 완료된다.(초고속 충전의 경우 약 800V 표시) 비정상적인 값 출력시 인버터 고장을 의심한다.

③ VCMS의 BMS 급충 +/−릴레이 ON/OFF요청 : 충전기와 차량의 커패시터 충전이 완료되었기에 충전기와 차량의 급속 충전 회로 연결 준비가 완료 되었다. 그래서 VCMS는 BMS로 G-CAN을 통해 급충 +/−릴레이 ON 요청을 한다. 비정상적인 값 출력 시 VCMS를 점검한다.

※ 릴레이 직동을 요청했지만 실제 ON이 되었는지 지금 단계에서 확인 불가하며, 실제 충전 시퀀스에서 충전기의 전력 미 인가 시 급속 충전 릴레이 작동 불량 관련 고장 판정

[11] 급속 충전 시 VCMS 주요 센서 출력 변화 10단계 확인

[센서 출력 변화 10단계]

	센서 출력	9단계	10단계	고장예상 원인
급속 충전의 기준 데이터	VCMS MAIN 시퀀스	4	4	−
	VCMS PLC 급속 충전 시퀀스	4	5	
	VCMS 급충(PLC) Relay On 시퀀스 상태	SEQ DONE	SEQ DONE	
	VCMS 급충(PLC) Relay Off 시퀀스 상태	SEQ INIT	SEQ INIT	
단계별 점검	충전 전력 공급 요청 단계 진입	FALSE	TRUE	VCMS
	참고) VCMS의 EVSE 지령전압	450V	500V	−

- 10단계의 변화 핵심 : 충전 전력 공급 요청
- VCMS PLC 급속 충전 시퀀스 4→5단계 변화 조건 : VCMS 급충 릴레이 ON 시퀀스가 SEQ DONE

10단계가 되면 VCMS PLC 급속 충전 시퀀스 상태가 5가 된다. 10단계에서 변경되는 출력은 아래와 같다.

① 충전 전력 공급 요청 단계 : 급속 충전 릴레이 +/−가 ON되면 VCMS는 충전기로 전력 공급을 요청한다. 이때 TURE를 출력하며 비정상적인 값 출력 시 VCMS를 점검해야 한다.

② VCMS의 EVSE 지령 전압 : VCMS는 충전기에 PLC 통신으로 충전 시 차량 측 최대 수용 가능 전압을 송신한다. 이때 약 550V가 출력된다. 이 전압 값은 배터리 상태에 따라 차이가 있을 수 있기 때문에 참고만 한다.

[12] 급속 충전 시 VCMS 주요 센서 출력 변화 11단계 확인

[센서 출력 변화 11단계]

<table>
<tr><th></th><th>센서 출력</th><th>10단계</th><th>11단계</th><th>고장예상 원인</th></tr>
<tr><td rowspan="4">급속 충전의 기준 데이터</td><td>VCMS MAIN 시퀀스</td><td>4</td><td>4</td><td rowspan="4">−</td></tr>
<tr><td>VCMS PLC 급속 충전 시퀀스</td><td>5</td><td>6</td></tr>
<tr><td>VCMS 급충(PLC) Relay On 시퀀스 상태</td><td>SEQ DONE</td><td>SEQ DONE</td></tr>
<tr><td>VCMS 급충(PLC) Relay Off 시퀀스 상태</td><td>SEQ INIT</td><td>SEQ INIT</td></tr>
<tr><td rowspan="3">'단계별 점검</td><td>EVSE 파워 전송 상태</td><td>FALSE</td><td>TRUE</td><td>충전기</td></tr>
<tr><td>참고) VCMS의 EVSE 지령 전류</td><td>1A</td><td>198A</td><td rowspan="2">G-CAN, BMS, 고전압 정션블록, QcP/N릴레이 회로</td></tr>
<tr><td>참고) EVSE 출력 전류</td><td>0</td><td>197.6A</td></tr>
</table>

- 11단계의 변화 핵심 : 충전 전력 실제 공급
- VCMS PLC 급속 충전 시퀀스 5→6(충전 중)단계 변화 조건 : EVSE 전송 상태가 TURE인 경우

11단계가 되면 VCMS PLC 급속 충전 시퀀스 상태가 6이 된다. 11단계에서 변경되는 출력은 아래와 같다.

① EVSE 파워 전송 상태 : 충전기는 전류 출력을 시작하고, VCMS는 충전기로 EVSE 파워 전송 상태를 확인하여 TURE를 표시한다. 비정상 값이 표출될 경우 충전기 고장이 의심된다.

② VCMS의 EVSE 지령 전류 : VCMS는 BMS, 멀티 인버터로부터 G-CAN 신호를 수신하여 VCMS 지령 전류를 결정하고, 그 값을 다시 PLC 통신으로 충전기에 전송한다. 고전압 배터리 SOC에 따라 전류 값은 조금 다를 수 있다.

③ EVSE 출력 전류 : VCMS는 충전기로부터 PLC 통신으로 충전기의 출력 전류 값을 수신하여 이 값을 표시한다. 일반적으로 EVSE 출력 전류는 VCMS의 EVSE 지령 전류만큼 상승하지만 일부 충전기의 경우 조금 낮게 출력될 수도 있으며, 정상 충전도 진행되기에 참고 값으로 확인한다.

※ 출력 전압은 9단계부터 출력

[13] 급속 충전 시 VCMS 주요 센서 출력 변화 12단계 확인

[센서 출력 변화 12단계]

	센서 출력	11단계	12단계	고장예상 원인
급속 충전의 기준 데이터	VCMS MAIN 시퀀스	4	4	-
	VCMS PLC 급속 충전 시퀀스	6	8	
	VCMS 급충(PLC) Relay On 시퀀스 상태	SEQ DONE	SEQ DONE	
	VCMS 급충(PLC) Relay Off 시퀀스 상태	SEQ INIT	SEQ INIT	
단계별 점검	EVSE 파워 전송 상태	TRUE	FALSE	충전기
	VCMS 충전 종료 지령	Not Finished	Finished	VCMS
	VCMS의 EVSE 지령 전류	198A	0	VCMS

- 12단계의 변화 핵심 : 충전 종료 시작
- VCMS PLC 급속 충전 시퀀스 6(충전 중)→7→8단계 변환 조건 : VCMS의 EVSE 지령 전류 0

12단계부터는 충전 종료 시작이다. 급속 충전이 안 되는 진단에서는 크게 무관하며 충전 시퀀스 이해에 대한 의미로 참고해야 한다. 이 장표의 예는 충전기의 종료 버튼을 눌러 충전을 중단하였다. 12단계에서 변경되는 출력은 아래와 같다.

① EVSE 파워 전송 상태 : 충전기의 충전 중지 버튼을 누르면 충전기는 PLC 통신으로 VCMS에 FALSE를 송신한다. 정상적으로 변경되지 않으면 충전기의 고장을 의심한다.

② VCMS 충전 종료 지령 : 충전기로 충전 종료 신호를 수신한 VCMS는 충전 관련 제어기(MCU, BMU 등)에게 충전 종료 지령을 G-CAN으로 송신한다. 정상적으로 변경되지 않으면 VCMS를 점검한다.

③ VCMS EVSE 지령 전류 : 충전이 종료되어 0A로 변경되며 정상적으로 변경되지 않으면 VCMS를 점검한다.

※ VCMS MAIN 시퀀스 7은 너무 빠르게 지나가서 확인 불가

[14] 급속 충전 시 VCMS 주요 센서 출력 변화 13단계 확인

[센서 출력 변화 13단계]

	센서 출력	12단계	13단계	고장예상 원인
급속 충전의 기준 데이터	VCMS MAIN 시퀀스	4	4	-
	VCMS PLC 급속 충전 시퀀스	8	8	
	VCMS 급충(PLC) Relay On 시퀀스 상태	SEQ DONE	SEQ DONE	
	VCMS 급충(PLC) Relay Off 시퀀스 상태	SEQ INIT	SEQ 01	
단계별 점검	CP 전압	6.1V	9.3V	
	VCMS의 BMS 급충 +릴레이 On/Off 요청	On Request	Off Request	VCMS G-CAN, BMS, 고전압 정션블록, QcP/N릴레이 회로
	VCMS의 BMS 급충 -릴레이 On/Off 요청	On Request	Off Request	

- 13단계의 변화 핵심 : 급충 릴레이 OFF

13단계는 VCMS 급충(PLC) Relay Off 시퀀스 상태가 SEQ 01로 변경된다. 13단계에서 변경되는 출력은 아래와 같다.

① CP 전압 : 9.3V의 충전 대기 상태로 변경되며 정상적으로 변경되지 않을 경우 VCMS를 점검해야 한다.

② VCMS의 BMS 급충 +/-릴레이 On/Off 요청 : VCMS는 BMS에게 G-CAN으로 급충 +/-릴레이 Off요청을 한다. 정상적으로 Off Request가 표시되지 않으면 VCMS를 점검해야 한다.

[15] 급속 충전 시 VCMS 주요 센서 출력 변화 14단계 확인

[센서 출력 변화 14단계]

	센서 출력	13단계	14단계	고장예상 원인
급속 충전의 기준 데이터	VCMS MAIN 시퀀스	4	4	–
	VCMS PLC 급속 충전 시퀀스	8	9	
	VCMS 급충(PLC) Relay On 시퀀스 상태	SEQ DONE	SEQ DONE	
	VCMS 급충(PLC) Relay Off 시퀀스 상태	SEQ 01	SEQ 01	
단계별 점검	융착 검출 단계 진입	FALSE	TRUE	VCMS
	EVSE 출력전압	451.6V	0.7V	급충 릴레이 +/-
	참고) 인버터 중성단 CAP 전압	450V	450V	–

- 14단계의 변화 핵심 : 급충 릴레이 융착 검사
- VCMS PLC 급속 충전 시퀀스 8→9단계 변환 조건 : 충전기(VCMS) S2 스위치 제어 상태 OFF인 경우

14단계는 VCMS PLC 급속충전 시퀀스 상태가 9로 변경된다. 14단계에서 변경되는 출력은 아래와 같다.

① 융착 검출 단계 진입 : 정션블록 내의 급충 릴레이 융착 검사 모드에 진입했다는 의미로 TRUE를 보여준다. 정상적으로 변경되지 않은 경우 VCMS를 점검한다.

② EVSE 출력 전압 : 충전기가 전력 공급을 중단했기 때문에 충전기 내부의 커패시터가 방전되어 0V에 가까운 값이 출력된다.

현재 급충 릴레이 +/-가 Off된 상태인데 릴레이 융착이 된 경우 차량의 인버터 중성단 CAP 전압이 충전기로 전달되어 EVSE 출력 전압이 떨어지지 않을 수 있다. 이때 VCMS는 급충 릴레이 융착을 감지하고 관련 고장 코드를 점등한다. 이때에도 충전 시퀀스는 다음 단계로 진입되고, 이후 급속 충전이 불가능 해진다. 참고로 급속 충전 + 또는 -릴레이 1개만 융착된 경우 제어기 입장에서는 융착을 인지하기가 어렵다는 점 참고하기 바란다.

[16] 급속 충전 시 VCMS 주요 센서 출력 변화 15단계 확인

[센서 출력 변화 15단계]

	센서 출력	14단계	15단계	고장예상 원인
급속 충전의 기준 데이터	VCMS MAIN 시퀀스	4	4	-
	VCMS PLC 급속 충전 시퀀스	9	9	
	VCMS 급충(PLC) Relay On 시퀀스 상태	SEQ DONE	SEQ DONE	
	VCMS 급충(PLC) Relay Off 시퀀스 상태	SEQ 01	SEQ 03	
단계별 점검	VCMS의 멀티 인버터 구동 요청 신호	On Request	Off Request	VCMS
	MCU의 PWM ON/OFF 상태	On	Off	MCU, G-CAN
	인버터 강제 방전 요청	Off	On	VCMS

- 15단계의 변화 핵심 : 멀티 인버터 구동 정지
- 급속 충전 릴레이 OFF 시퀀스 0→1→2→3단계 변환 조건 : 급속 충전 +/-릴레이 OFF

15단계는 VCMS 급충(PLC) Relay Off 시퀀스 상태가 SEQ3으로 변경된다. 15단계에서 변경되는 출력은 아래와 같다.

① VCMS의 멀티 인버터 구동 요청 신호 : VCMS는 MCU에게 G-CAN으

로 인버터 구동 중단 요청을 한다. 정상적으로 변경되지 않으면 VCMS를 점검한다.

② MCU의 PWM ON/OFF 상태 : VCMS의 요청을 받은 MCU는 인버터 제어를 중단하며 Off로 표시된다. 정상적으로 변경되지 않으면 G-CAN, MCU를 점검한다.

③ 인버터 강제 방전 요청 : VCMS는 인버터에 G-CAN을 통해 인버터 중성단 커패시터 강제 방전을 요청한다. 정상적으로 변경되지 않으면 VCMS를 점검한다.

[17] 급속 충전 시 VCMS 주요 센서 출력 변화 16단계 확인

[센서 출력 변화 16단계]

	센서 출력	15단계	16단계	고장예상 원인
급속 충전의 기준 데이터	VCMS MAIN 시퀀스	4	4	-
	VCMS PLC 급속 충전 시퀀스	9	9	
	VCMS 급충(PLC) Relay On 시퀀스 상태	SEQ DONE	SEQ DONE	
	VCMS 급충(PLC) Relay Off 시퀀스 상태	SEQ 03	SEQ 04	
단계별 점검	인버터 중성단 CAP 전압	355.2V	3.4V	G-CAN, MCU
	VCMS의 MCU 400V RELAY ON/OFF 요청	On Request	Off Request	VCMS
	VCMS의 BMS MAIN RELAY OFF 요청	Initial Value	Off Request	VCMS
	MCU의 PWM ON/OFF 상태	Off	On	MCU, G-CAN
	참고) 고전압 배터리 메인 릴레이 ON/OFF 상태	On	Off	-

- 16단계의 변화 핵심 : 인버터 커패시터 강제 방전
- 급속 충전 릴레이 OFF 시퀀스 3→4단계 변환 조건 : 인버터 중성단 CAP 50V 이하인 경우

16단계는 VCMS 급충(PLC) Relay Off 시퀀스 상태가 SEQ4로 변경된다. 16단계에서 변경되는 출력은 아래와 같다.

① 인버터 중성단 CAP 전압 : 15단계의 강제 방전 요청에 의해 CAP 전압은 인버터 내부 회로를 사용해 강제 방전하여 약 0V로 낮아진다. 정상적으로 변경되지 않으면 G-CAN 및 MCU를 점검한다.

② VCMS의 MCU 400V 릴레이 ON/OFF 요청 : 인버터 중성단 CAP이 방전되면 VCMS는 G-CAN을 통해 MCU에게 400V 릴레이(멀티 충전 릴레이) OFF 요청을 한다. 정상적으로 미 변경 시 VCMS를 점검한다.

③ VCMS의 BMS MAIN RELAY OFF 요청 : 인버터 중성단 CAP이 방전되면 VCMS는 G-CAN을 통해 BMS에게 메인 릴레이 OFF를 요청한다. 정상적으로 미 변경 시 VCMS를 점검한다.

※ 메인 릴레이는 보조 배터리 보충전 등의 이유로 OFF되지 않을 수 있다.

④ MCU의 PWM ON/OFF 상태 : MCU는 VCMS로부터 G-CAN을 통해 인버터 커패시터 강제 방전 요청을 받아 이 제어를 위해 인버터를 구동한다. 정상적으로 변경되지 않으면 G-CAN 및 MCU를 점검한다.

[18] 급속 충전 시 VCMS 주요 센서 출력 변화 17단계 확인

[센서 출력 변화 17단계]

	센서 출력	16단계	17단계	고장예상 원인
급속 충전의 기준 데이터	VCMS MAIN 시퀀스	4	4	-
	VCMS PLC 급속 충전 시퀀스	9	10	
	VCMS 급충(PLC) Relay On 시퀀스 상태	SEQ DONE	SEQ DONE	
	VCMS 급충(PLC) Relay Off 시퀀스 상태	SEQ 04	SEQ DONE	
단계별 점검	MCU의 PWM ON/OFF 상태	ON	OFF	G-CAN, MCU
	[MCU] 400V RULAY 상태	ON	OFF	G-CAN, MCU
	인렛 잠금 상태	LOCK	UNLOCK	VCMS, 언락회로

- 17단계의 변환 핵심 : 인렛 잠금 해제
- 급속 충전 릴레이 OFF 시퀀스 4→SEQ DONE 단계 변환 조건 : MCU의 400V 릴레이 OFF
- VCMS PLC 급속 충전 시퀀스 9→10단계 변환 조건 : 급충 릴레이 OFF 시퀀스 SEQ DONE인 경우

17단계는 VCMS 급충(PLC) Relay Off 시퀀스 상태가 SEQ DONE로 변경된다. 17단계에서 변경되는 출력은 아래와 같다.

① MCU의 PWM 제어 상태 : 인버터 커패시터 방전 완료로 MCU는 인버터 작동을 중지한다. 정상적으로 변경되지 않으면 G-CAN 및 MCU를 점검한다.

② MU 400V RELAY 상태 : 16단계에서 요청 받은 값에 근거하여 MCU는 400V 릴레이를 OFF 한다. 정상적으로 변경되지 않으면 G-CAN 및 MCU를 점검한다.

③ 인렛 잠금 상태 : 충전이 종료되어 인렛 잠금을 해제한다.

[19] 급속 충전 시 VCMS 주요 센서 출력 변화 18단계 확인

[센서 출력 변화 18단계]

	센서 출력	17단계	18단계	고장예상 원인
급속 충전의 기준 데이터	VCMS MAIN 시퀀스	4	5	-
	VCMS PLC 급속 충전 시퀀스	10	11	
	VCMS 급충(PLC) Relay On 시퀀스 상태	SEQ DONE	SEQ DONE	
	VCMS 급충(PLC) Relay Off 시퀀스 상태	SEQ DONE	SEQ DONE	
단계별 점검	PLC 통신 상태	TRUE	FALSE	-

- 18단계의 변화 핵심 : PLC 통신 종료
- VCMS MAIN 시퀀스 4→5단계 변환 조건 : PLC 통신 종료 상태 FALSE인 경우

18단계는 VCMS MAIN 시퀀스가 5로 변경되고, VCMS PLC 급속 충전 시퀀스는 11로 변경된다. 17단계에서 변경되는 출력은 아래와 같다.

① PLC 통신 상태 : PLC 통신이 종료되어 FALSE로 변경된다. 이때 충전기로 PLC 통신으로 수신 받은 EVSE 최대 전송 전력, EVSE 출력 전압 및 EVSE 최대 출력 전류는 0이 된다.

[20] 급속 충전 시 VCMS 주요 센서 출력 변화 19단계 확인

[센서 출력 변화 19단계]

	센서 출력	18단계	19단계	고장예상 원인
급속 충전의 기준 데이터	VCMS MAIN 시퀀스	5	6	-
	VCMS PLC 급속 충전 시퀀스	11	11	
	VCMS 급충(PLC) Relay On 시퀀스 상태	SEQ DONE	SEQ DONE	
	VCMS 급충(PLC) Relay Off 시퀀스 상태	SEQ 04	SEQ DONE	
단계별 점검	PD 전압	1.482V	4.443V	VCMS, PD회로
	CP 전압	9.3V	0.7V	CP 회로
	충전 커넥터 체결상태	ON	OFF	VCMS
	VCMS IG3릴레이 제어 요청	ON	OFF	VCMS

- 19단계의 변화 핵심 : 충전건 탈거
- VCMS MAIN 시퀀스 5→6단계 변화 조건 : 인렛 UNLOCK인 경우

19단계는 VCMS MAIN 시퀀스가 6으로 변경된다. 급속 충전의 마지막 시퀀스로 충전 케이블 탈거 시 데이터 변화와 동일하다.

3.5 완속 충전 절차

3.5.1. 완속 충전 시(ICCB 12A) VCMS 주요센서 출력 변화 확인

① 충전건 연결 시 PD 신호에 의해 IG3 릴레이 ON→충전 관련 제어기 ON

② VCMS는 충전기로 입력되는 CP 전압과 PWM 정보를 통해 충전기 연결 상태 및 최대 가능 전력 확인→20%는 3kW급 충전기를 의미/VCMS 내부의

충전 제어 스위치 2가 ON되며 9V→6V 변경

③ CP 전압, 주파수, 듀티 및 PD 전압 등의 문제가 없다면 메인 릴레이 ON, ICCU 내의 OBC 구동하며 충전

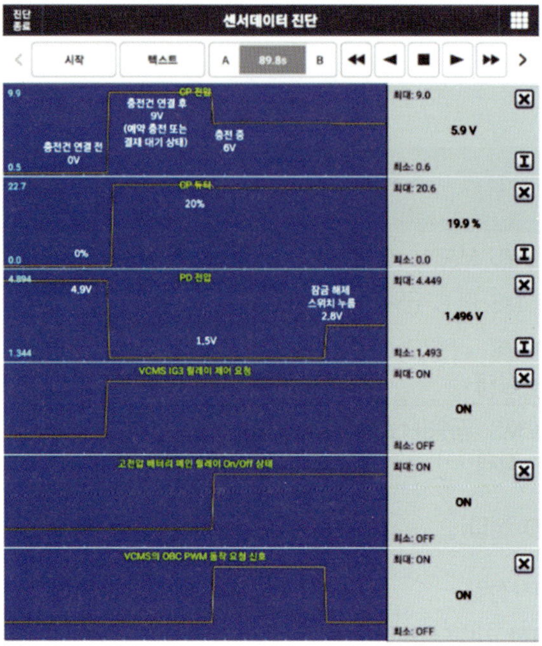

그림 4-33 완속 충전 시(ICCB 12A) VCMS 주요센서 출력 변화

3.5.2. 완속 충전 시(ICCB 12A) ICCU 주요 센서 출력 변화 확인

① VCMS가 판단한 CP/PD 신호의 문제가 없다면 충전 시작

② ICCU(OBC)로 입력된 AC 220V는 DC 고전압으로 승압되어 충전

- 충전 전압×전류=충전 전력(657V×3.42A=약 2.3kW)

③ 충전 중 잠금 해제 스위치 누르면 충전건 탈거를 예상하여 OBC DC 총 전류 0A 제어_미 충전 상태

④ 고전압 배터리 충전 시 보조 배터리 방전 방지를 위해 LDC를 통한 12V 보조 배터리도 충전

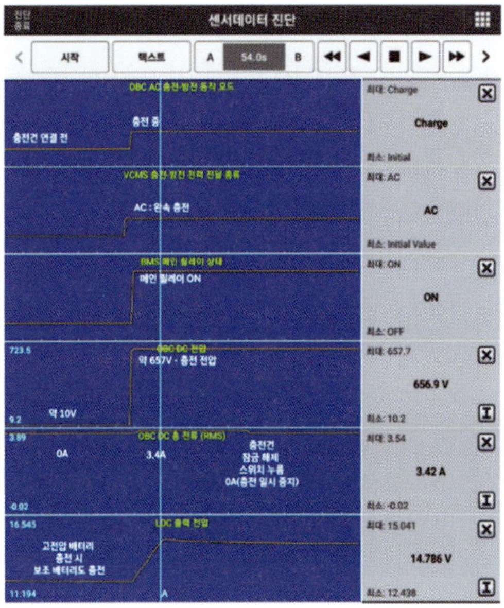

그림 4-34 완속 충전 시(ICCB 12A) ICCU 주요 센서 출력 변화

3.5.3. 완속 충전 시 ICCU와 VCMS 시퀀스

완속 충전의 경우 VCMS와 ICCU가 각각의 시퀀스를 가지며 VCMS는 5단계, ICCU는 7단계의 시퀀스(Sequence : 단계/차례)를 거치며 충전의 시작과 종료가 진행된다.

[1] ICCU

① VCMS를 통한 완속 충전 모드 확인

② VCMS의 메인 릴레이 ON 확인

③ VCMS의 ICCU(OBC) ON 요청을 받아 작동

④ 충전 시작

[2] VCMS

① 충전건 연결 확인-CP, PD

② 충전 관련 제어기 ON(IG3 릴레이 ON)요청 및 메인 릴레이 ON-인버터 커패시터 800V 충전

③ ICCU(OBC) ON 요청–VCMS+ICCU

④ 충전 시작 – 충전 종료 시 커패시터 강제 방전 및 충전 제어기, 메인 릴레이 OFF

3.5.4. 완속 충전 시(ICCB 12/8A) "ICCU 시퀀스" 및 주요 센서 출력 변화 확인

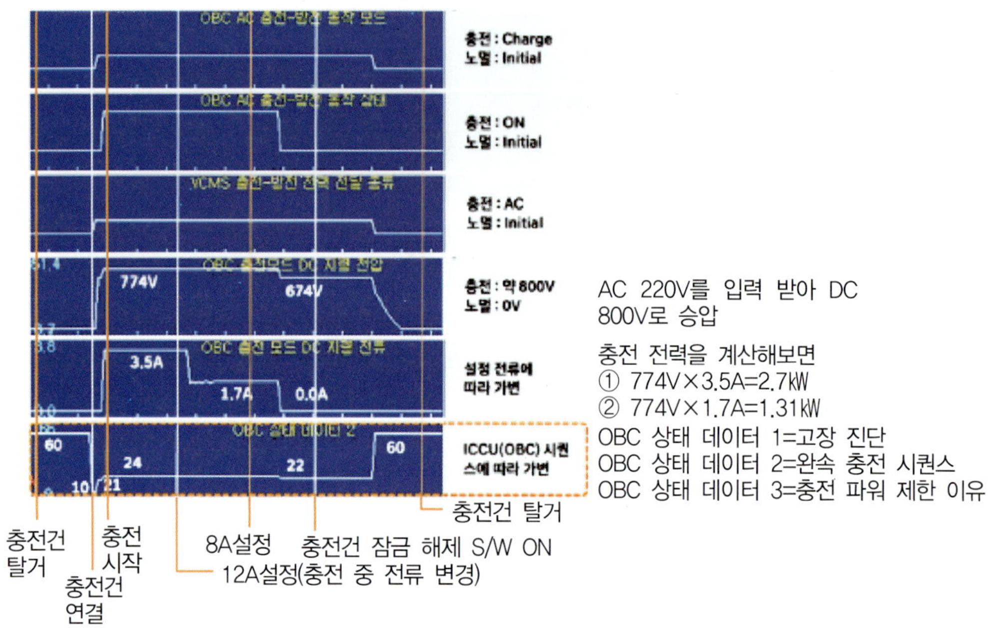

그림 4-35 완속 충전 시(ICCB 12/8A) "ICCU 시퀀스" 및 주요 센서 출력 변화

충전은 각 제어기가 일정한 단계를 거치며 진행된다. 이것을 충전 시퀀스라고 하며 이 시퀀스를 분석하면 어느 시점에서 충전이 중지되는지 확인하여 충전 불가 진단을 조금 더 수월하게 할 수 있다.

완속 충전은 급속 충전과 다르게 PLC 통신, 급속 충전 릴레이 작동 등의 복잡한 절차가 없어 충전 시퀀스가 간단하고, VCMS와 ICCU가 연계되어 작동한다. 먼저 상단의 ICCU(OBC) 센서 출력 제일 아래의 OBC 상태 데이터 2가 ICCU 내부 충전 시퀀스로 각 단계별로 설명은 아래와 같다.(총 7개의 시퀀스)

[7개의 시퀀스]

OBC 상태 데이터 2 (ICCU 완속 충전 시퀀스)		액션-각 단계 액션이 완료되어야 다음 단계 진입
10	동작 대기	충전건 연결 후 ICCU 작동 대기 상태로 VCMS가 AC 충/방전 모드 신호 확인
21	충전 확인	VCMS로 완속 충전 모드 정보를 CAN으로 입력 받으며 VCMS가 BMS로 메인 릴레이 ON 요청
22	충전 대기	VCMS로 ICCU 동작 요청 신호 확인 상태로, AC 입력 전압 확인되고 작동 대기 상태(충전건 잠금 해제 스위치를 누른 경우 포함)
23	충전 모드	ICCU 내부에서 역률 보상(PFC) 작동하여 1차 전압 상승(진단 장비 상으로 너무 빠르게 변경되어 22, 23 확인 불가)
24	충전 모드	실제 충전 상태-OBC PWM ON
50	일시 정지	고장 처리 수행 또는 임시 고장 판정 후 정상 동작과 고장 확정 대기로 충전 일시 중단 상태
60	충전 종료	AC 충/방전 종료 상태

3.5.5. 완속 충전 시 VCMS 시퀀스 총 5단계

[완속 충전 시 VCMS 시퀀스 총 5단계]

순서	완속 충전 시퀀스 5단계 절차	비고
1	PC, CP를 통한 충전기 확인 및 IG3 릴레이 ON 등	충전건 연결
2	VCMS, OBS 충전 준비 완료 및 메인 릴레이 ON	충전 준비 완료
3	실제 충전/OBC 전력 변환 및 승압	충전 중
4	목료 충전 SOC 도달 또는 충전 취소 선택	충전 중→충전 취소
5	충전건 탈거	-

급속 충전은 400V 또는 800V의 고전압으로 충전되며 급속 충전 릴레이, 인렛 잠금 및 PLC 통신 등 제어 조건이 많다. 하지만 완속 충전은 VCMS(충전건 연결 확인, 충전기 인식 및 연관 제어기 작동)와 ICCU(OBC/전력 변환 및 승압)가 연계하여 작동한다.

완속 충전은 VCMS 제어기 내부적으로 시작과 종료까지 총 5단계의 시퀀스를 거쳐 진행되며 충전 불가 시 각 단계별 센서 출력을 확인하면 차량의 어떤 부품이 문제인지 또는 충전기의 문제인지 어느 정도 구분할 수 있다.

※ 실차에서 완속 충전 중 측정한 완속 충전 중 VCMS MAIN 시퀀스 : 충전건 연결 및 충전 시작과 종료 까지 VCMS는 각 단계를 거치며 충전기 및 충전 관련 제어기에게 요청, 상태 확인 등을 통해 각 단계 변경하며

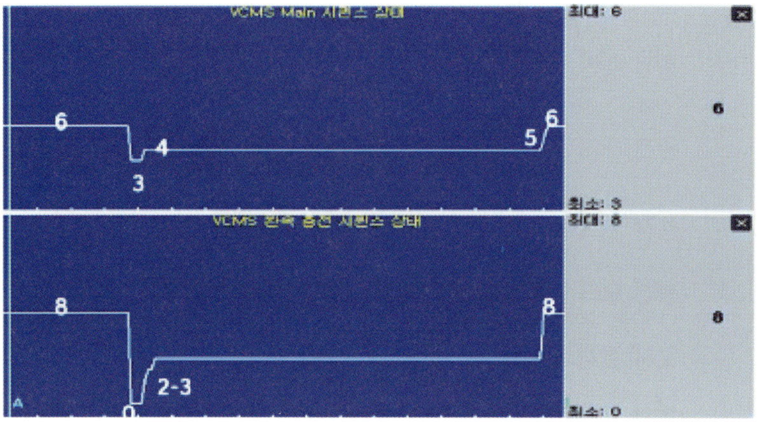

그림 4-36 VCMS Main 및 완속 충전 시퀀스 상태

[1] 1단계 충전건 연결

[1단계 충전건 연결]

	센서 출력	초기 값	1단계
VCMS 센서 출력	VCMS MAIN 시퀀스	1	3
	VCMS 완속 충전 시퀀스	0	0
VCMS 단계별 변화 항목	충전 커넥터 체결 상태	DISCONNECTED	CONNECTED
	PD 전압	4.443V	1.491F
	CP 전압	0.6V	9.3V
	CP 듀티	0	53.9%
	CP 주파수	0	1000Hz
	VCMS IG3 릴레이 제어 요청	OFF	ON
	차량 충전 전 커넥터 타입 정보	INITIAL VALUE	AC TYPE
	전력 변환 방식	INITIAL VALUE	AC
	EVSE/차량간 통신 방식	INITIAL VALUE	BASIC CHARGING(CP)
	충/방전 방식	INITIAL VALUE	BASIC(AC)
	완속 충전기 전류 용량	0	32A
	충전기(EVSE) 충전 준비 상태	NOT READY	READY

충전 시퀀스의 확인은 충전 시 VCMS 시퀀스 변화에 따라 변경되는 데이터 확인을 통해 충전 시퀀스를 이해할 수 있다. 또한 충전 불가 차량 점검 시 어느 단계에서 충전이 중단되는지 확인하고, 각 단계별 변화 항목을 점검하며 고장 부위를 찾는데 활용할 수 있다. 초기 값에서 1단계의 변화는 충전건 연결 시 아래와 같이 시퀀스가 변경된다.

① VCMS MAIN 시퀀스 1→3 변화 조건(VCMS 완속 충전 시퀀스 변화 없음)
  → 진단 장비 상으로 너무 빠르게 변경되어 VCMS MAIN 시퀀스 2단계 확인 불가
  → VCMS 충전 종료 시점에 IG ON일 경우 6으로 표시/충전건 연결 시 1로 시작
  → 교재의 센서 출력은 7kW급 완속 충전기에서 측정한 데이터
    ㉮ 1→2는 충전건 연결 시 : PD 전압으로 판단하며, 시퀀스 미 변경 시 PD회로 점검 필요
    ㉯ 2→3은 변속기 P단 확인 시 변경 : VCU에서 G-CAN으로 수신, 시퀀스 미 변경 시 P단 체결 유무, SCU, VCU 및 G-CAN회로 점검

② VCMS 단계별 주요 변화 항목을 보면 아래와 같다.
  ㉮ PD 전압 : 4.4V→1.5V-충전건 체결 확인
  ㉯ CP 전압 : 0.6→9.3V-충전기 연결 확인
  ㉰ CP 듀티 : 0→54%-충전기 출력 전류 확인 및 충전기 종류 확인(7kW급 완속 충전기)
  ㉱ IG3 릴레이 ON 요청 : PD 신호 입력 시 IG3 릴레이 ON하여 충전 관련 제어기 작동

[2] 2단계 충전 준비 완료

[2단계 충전 준비 완료]

	센서 출력	1단계	2단계
VCMS 센서 출력	VCMS MAIN 시퀀스	3	4
	VCMS 완속 충전 시퀀스	0	2
VCMS 단계별 변화 항목	CP 전압	9.3V	6F
	CP 듀티	53.9%	53.9%
	충전기 S2 스위치 제어 상태	OFF	ON
	OBC 충전 준비 상태	NOT READY	READY
	VCMS의 BMS Main Relay On 요청	INITIAL VALUE	ON REQUEST
	고전압 배터리 메인 릴레이 On/Off	OFF	ON
	OBC 작동 상태	INITIAL VALUE	CHARGING
	AC 충전 상태	NOT AC CHARGING	AC CHARGING

1단계에서 2단계의 변화는 충전 준비 완료로 아래와 같이 시퀀스가 변경된다.

① VCMS MAIN 시퀀스 3→4

② VCMS 완속 충전 시퀀스 0→2

㉮ 완속/급속 충전 종류 판단 시 : VCMS가 CP 듀티로 판단(3~7% 급속, 8~98%완속)

㉯ 충전 관련 제어기 ON 시 : 각 제어기들이 CAN으로 상태 송신

㉰ 예약 충전이 아닌 경우 : VCU에서 G-CAN으로 송신

③ VCMS 단계별 변화 항목을 보면 아래와 같다.

㉮ CP 전압 : 9.3V→6.0V_VCMS 내부 S2 스위치 ON시 변화

㉯ VCMS는 BMU에게 G-CAN으로 메인 릴레이 ON 요청 및 ICCU(OBC) 작동 요청

[3] 3단계 OBC 작동(실제 충전)

[3단계 OBC 작동(실제 충전)]

	센서 출력	2단계	3단계
VCMS 센서 출력	VCMS MAIN 시퀀스	4	4
	VCMS 완속 충전 시퀀스	2	3
VCMS 단계별 변화 항목	인렛 잠금 상태	INIT	LODK REQ→LOCK (완속무관)
	VCMS의 OBC PWM 동작 요청 신호	OFF	ON
	충전기 S2 스위치 제어 상태	ON	ON
	OBC의 PWM On/Off상태	OFF	ON

2단계에서 3단계의 변화는 인렛 잠금 및 ICCU(OBC) 동작 상태로 아래와 같이 시퀀스가 변경된다.

① VCMS 완속 충전 시퀀스 2→3(VCMS MAIN 시퀀스 변화 없음)

㉮ 시퀀스 변경 조건

- 고전압 배터리 메인 릴레이 ON인 경우
- BMS 지령 전압이 0V 이상인 경우

→ BMU가 판단하여 G-CAN으로 송신

② 추가적으로 VCMS 단계별 변화 항목을 보면 아래와 같다.

㉮ 인렛 잠금 상태 : 초기값에서 LOCK 제어-완속 충전은 인렛 잠금 여부와 무관하게 충전 가능

㉯ ICCU(OBC) 작동하여 충전 시작

[4] 4단계 충전 및 충전 종료(취소)

[4단계 충전 및 충전 종료(취소)]

VCMS 센서 출력	센서 출력	3단계	4단계 충전 중 충전기 취소 버튼 누름
	VCMS MAIN 시퀀스	4	4
	VCMS 완속 충전 시퀀스	3	4
VCMS 단계별 변화 항목	CP 전압	6V	9.3V
	CP 듀티	53.1%	0%
	CP 주파수	1000Hz	0
	충전기 S2 스위치 제어 상태	ON	OFF
	인렛 잠금 상태	LOCK	UNLOK REQ →UNLOCK
	완속 충전기 전류 용량	32.3A	0A
	충전기(EVSE) 충전 준비 상태	READY	NOT READY
	VCMS의 OBC PWM 동작 요청 신호	ON	OFF
	OBC의 PWM On/Off 상태	ON	OFF

3단계에서 4단계의 변화는 충전 중의 데이터와 충전 취소 또는 중지 상태로 아래와 같이 시퀀스가 변경된다.

① VCMS 완속 충전 시퀀스 3→4

㉮ 시퀀스 변경 조건

- OBC PWM ON인 경우
- VCMS가 OBC PWM 동작 요청 신호를 G-CAN으로 보내면 OBC는 PWM ON 상태를 G-CAN으로 송신→ 실제 충전 상태

② 추가적으로 VCMS 단계별 변화 항목을 보면 아래와 같다.

→ VCMS MAIN 시퀀스와 VCMS 완속 충전 시퀀스 4단계는 충전 및 충전 중 종료 버튼을 눌렀던 경우 또는 충전건의 잠금 해제 스위치 누른 경우(충전 중지)를 모두 포함. 즉, 4단계를 임의적으로 Part 1, Part 2로 나누어 생각해보면 4-1은 충전 진행 중의 데이터 이고, 4-2는 충전

종료 준비 및 중지(OBC를 통해 충전 종료 CAN 신호 입력 시)를 의미한다.

㉮ CP 전압 및 듀티 초기값으로 변경

㉯ ICCU(OBC) OFF하여 충전 완료

[5] 5단계 충전건 탈거

[5단계 충전건 탈거]

	센서 출력	4단계	5단계
VCMS 센서 출력	VCMS MAIN 시퀀스	4	5
	VCMS 완속 충전 시퀀스	4	8
VCMS 단계별 변화 항목	충전 커넥터 체결 상태	CONNECTED	DISCONNECTED
	PD 전압	1.491V	4.443V
	CP 전압	9.3V	3.1V
	전력변환 방식	AC	INITIAL VALUE
	EVSE/차량간 통신 방식	BASIC CHARGING(CP)	INITIAL VALUE
	충/방전 방식	BASIC(AC)	INITIAL VALUE
	BMS 충전 준비 상태	READY	NOT READY
	OBC 충전 준비 상태	READY	NOT READY
	VCM의 BMS MAIN Relay On 요청	ON REQUEST	INITIAL VALUE
	VCM의 BMS MAIN Relay Off 요청	INITIAL VALUE	OFF REQUEST
	고전압 배터리 메인 릴레이 On/Off 상태	ON	OFF
	OBC의 PWM On/Off 상태	OFF	OFF
	OBC 작동 상태	CHARGING	INITIAL VALUE
	AC 충전 상태	AC CHARGING	AC CHARGING
	인렛 차량 도어 Unlock 신호	DOOR UNLOCK	INITIAL VALUE
	VCMS 충전 종료 지령	NOT FINISHED	FINISHED

4단계에서 5단계의 변화는 충전건 탈거 상태로 아래와 같이 시퀀스가 변경된다.

① VCMS MAIN 시퀀스 4→5

② VCMS 완속 충전 시퀀스 4→8

㉮ 시퀀스 변경 조건

- VCMS에서 CP의 PWM이 없거나, 0V로 감지 시 충전기에서 종료를 누른 것으로 판단
- VCMS가 판단한 CP 신호가 이상한 경우 : CP 전압(4V 이상), 주파수(850~1150㎐) 및 듀티(3~98%)가 규정 범위를 벗어난 경우
- 충전 커넥터 탈거 시 : PD 전압으로 감지
- AC 전압 입력 중지 시 : ICCU가 AC전압, 전류, 주파수로 판단하여 VCMS로 송신
- 충전 연관 제어기 고장 시

③ 추가적으로 VCMS 단계별 변화 항목을 보면 아래와 같다.

- 커넥터 탈거 상태로 초기값과 동일

MEMO

Electric Vehicle Safety Training

구동 시스템

05

CHAPTER 05

구동 시스템

1 구동 시스템의 큰 변화

전기자동차 회사가 E-GMP와 같은 플랫폼 개념을 도입하면서 구동 시스템에 큰 변화가 발생하였다. 가장 큰 변화라고 생각되는 것은 엔진의 역할인 구동 모터가 뒤에 장착되어 있고, 후륜이 구동되는 RR(Rear engine Rear wheel drive) 타입이 적용되었다는 점이다.

지금까지 자동차 회사에서 생산한 전기차는 전륜구동 방식이었고 모터와 감속기가 별도 교체 가능하도록 구성되었지만 일반적인 승용차에서 보기 힘든 RR 타입이 적용 가능한 이유는 약 500kg의 무거운 고전압 배터리가 차량 중앙에 자리 잡고 있기에 전/후륜 무게 배분의 큰 문제가 없으며 그로 인해 주행 안정성이 확보되었고, 악셀 페달을 밟으면 차량 뒷부분이 눌리며 뒷바퀴 구동 방식으로 노면과의 그립력이 좋아져 구동 성능이 좋아진다.

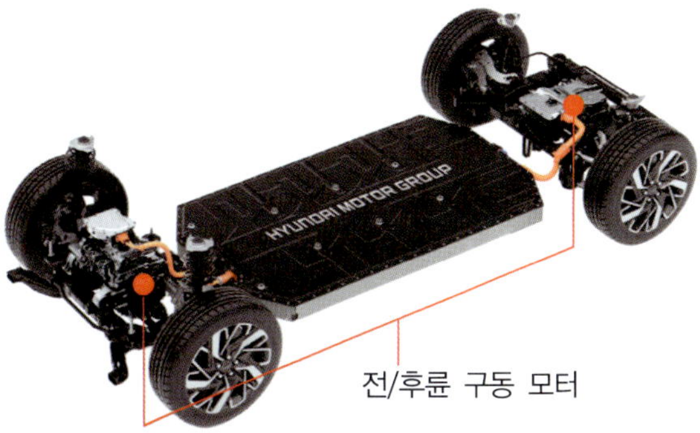

그림 5-1 E-GMP 구동 모터 위치

그리고 4WD 선택 시 프런트에도 구동 모터가 적용되며 보다 강력한 주행 성능 구현이 가능하다. 하지만 고속도로 정속주행 등 연비가 우선이 되는 주행 상황에는 2WD(후륜)로만 구동되며 이때 전륜의 모터와 차륜까지 모든 드라이브 라인이 연결되어 발생되는 기계적 회전 저항을 감소시키기 위해 디스커넥터 액추에이터 시스템(DAS)이 적용된다. E-GMP의 구동 모터와 감속기는 일체형 하우징으로 구성되었고, 또한 기존 구동 모터는 수냉(워터 자켓 :간접 냉각) 방식으로 냉각되었지만 모터 고속화 및 출력 증대 등으로 냉각 성능이 향상된 유냉각 방식(직접 냉각)으로 변경되었고, 오일 공급을 위해 12V로 제어되는 전동식 오일펌프(EOP : Electric Oil Pump)가 모터마다 각각 장착된다.

이처럼 하나의 부품으로 설계하는 것이 어려운 이유는 각 부품의 설계, 개발, 생산 기술을 모두 내재화해야 하기 때문이다.

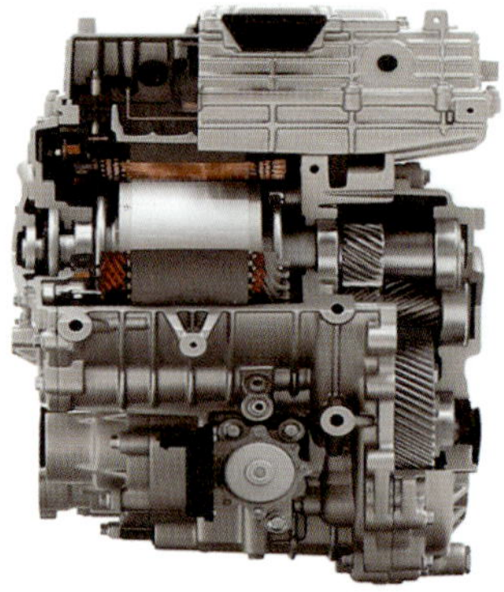

그림 5-2 E-GMP의 일체화된 PE 시스템

E-GMP는 후륜 쪽의 공간 활용성도 뛰어나다. 후륜 모터를 서브프레임 내부에 탑재하는 한편, 높이를 최소화해 배터리 장착 공간과 뒷좌석 실내 공간 등을 확보할 수 있었다.

기술적인 어려움이 있지만, 부품 일체화로 인한 장점은 확실하다. 우선, 부품의 크기가 줄어든다. 이로 인해 PE 시스템(Power Electric System)을 플랫폼 내부에 적용할 때 공간을 많이 차지하지 않도록 크기(높이, 전장)를 최적화할 수 있었다. 시스템 모듈화도 가능하다. 모듈화는 자동차의 각 구성 부품을 최소 단위로 구성하는 것에서 시작하는데, 기존보다 부피가 작아진 모터 구조 덕분에 구동계를 모듈화시킬 수 있었다. 그 결과, 차체 앞쪽의 적재 공간을 의미하는 프렁크를 만드는 동시에 뒷차축 상부 등에서 공간 활용성을 극대화할 수 있었고, 배터리 장착 공간도 넉넉하게 확보할 수 있었다.

모터와 인버터는 고전압 연결이 필요한 부품이다. 기존 내연기관 파생 전기차는 외부와 이어진 고전압 케이블을 통해 모터와 인버터를 연결했다. 그러나 모터와 인버터가 일체화된 E-GMP의 PE 시스템에서는 외부 케이블을 추가하는 대신 내부 연결이 가능한 구조로 변경했다. 그 결과, PE 시스템의 부품 크기를 축소하고 원가와 중량을 절감할 수 있었다. 뿐만 아니라 충돌에 상대적으로 취약한 외부 케이블을 추가할 필요가 없어 안전성도 향상시킬 수 있었다.

기존 내연기관 파생 플랫폼과 E-GMP의 구동 방식은 서로 다르기 때문에 단순한 크기 비교는 어렵다. E-GMP는 후륜구동 방식을 기본으로 적용하고, 트림에 따라 전륜 모터를 추가해 4WD 구동 방식을 선택할 수 있다. 모터 크기 축소로 인한 공간 활용성은 내연기관 파생 플랫폼 대비 높아졌다고 본다. 일단 후륜구동 방식의 E-GMP는 전륜에 모터가 위치하지 않기 때문에 이 공간을 프렁크로 활용할 수 있다. 그리고 최근 전기차는 2WD 방식의 RR 타입 뿐만 아니라 옵션으로 4WD가 많이 적용되고 있다. 내연기관의 4WD는 엔진에서 발생한 구동력을 전달하기 위해 프로펠라 샤프트, 차동 기어 등이 설치되며 차량의 구조도 복잡하고 무게 증가 및 실내 공간을 희생하는 단점이 있다.

그림 5-3 내연 기관의 4WD 시스템

반면 전기차는 전/후륜의 모터와 감속기만으로 간단하게 동력을 전달할 수 있고, 별도의 샤프트를 필요로 하지 않기에 실내 공간을 침해하지도 않는다. 네 바퀴를 모두 사용하는 성능형 4WD E-GMP의 경우에도 프렁크를 확보할 수 있다. 물론 전륜에 모터가 추가되기 때문에 후륜구동과 비교했을 때 프렁크 크기가 상대적으로 작아지지만, 비교적 소형(70㎾) 모터가 탑재된 덕분에 공간을 확보할 수 있다.

또한 전기차는 2개의 모터를 사용하는 동력을 더하는 의미를 갖기에 가속성능, 주행성능 및 조향성능까지 향상시킬 수 있다.

2 구동 모터

2.1 개요 및 작동원리

2.1.1. 개요

시스템의 발전을 통해 외부가 단순하게 변화한 것은 물론 효율에서도 변화가 이루어졌다. 2세대는 효율이 약 90%에서 92%로 개선되고 3세대는 약 94%까지 발전했다. 이는 모터의 최고 효율이 아니라 모터인버터 효율의 곱으로써 연비모드 운전점에서의 평균 효율을 의미한다.

불과 5~6년 사이에 출력밀도도 1.3kW/kg에서 지금은 3.0kW/kg으로 발전했다. 언뜻 1세대나 3세대나 그냥 외부가 조금 더 심플해진 것 외에는 기술적으로 어떻게 바뀌었는지 잘 구분되지 않을 수 있다. 하지만 3세대 PE시스템은 800V 고전압으로 충전 시간을 기존의 35분에서 18분으로 단축한 것이 특징이다. 기존의 전기차는 대부분 400V 시스템이기 때문에 별도의 승압기구 없이도 400V나 800V 충전기를 모두 사용할 수 있도록 만들어졌다.

또한 1세대가 출력 80kW, 최대속도 11,000rpm을 냈다면 3세대 PE시스템은 구동 모터를 기준으로 출력 160kW, 최대속도 19,000rpm의 성능을 낸다. 기아 EV6 GT 버전에 탑재될 모터는 출력 270kW, 최대속도 21,000rpm을 구현했다.

(a) 프런트 구동 시스템(옵션)

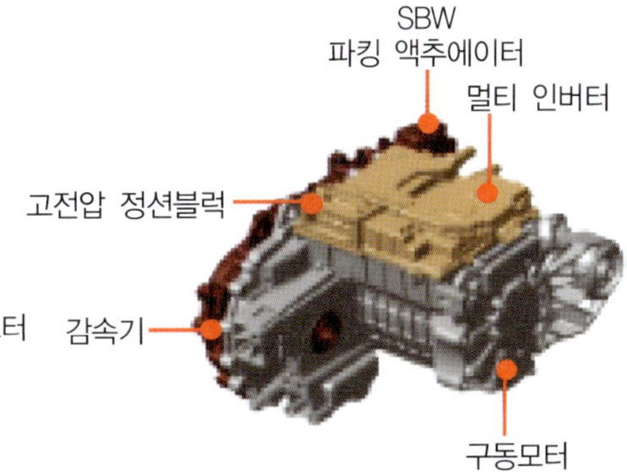

(b) 리어 구동 시스템(기본)

- 아이오닉 5(GV60 동일) 기준
- 전륜에 DAS, 후륜에 파킹기구 장착
- 모터/감속기 하우징 일체형

※ MCU 명칭 구분
① 프런트 : 인버터
② 리어 : 멀티 인버터

그림 5-4 아이오닉 5의 구동모터

E-GMP 기반의 구동 시스템은 일체형 하우징 내부에 구동 모터와 감속기가 위치하고, 그 상단에 인버터, 고전압 정션블럭이 장착되어 있다.

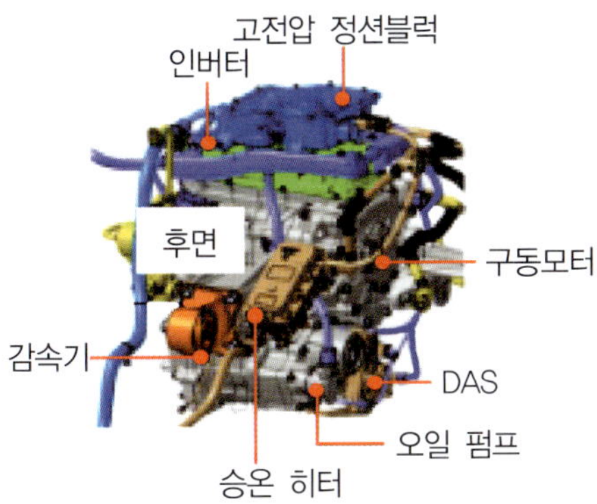

(a) 프론트 구동 시스템(옵션)

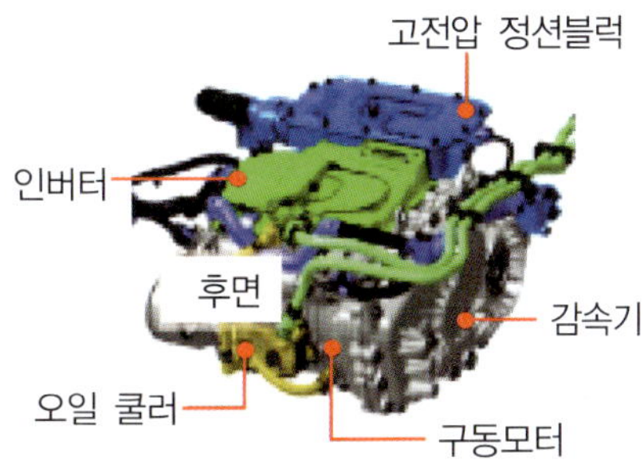

(b) 리어 구동 시스템(기본)

그림 5-5 코나 일렉트릭 구동모터

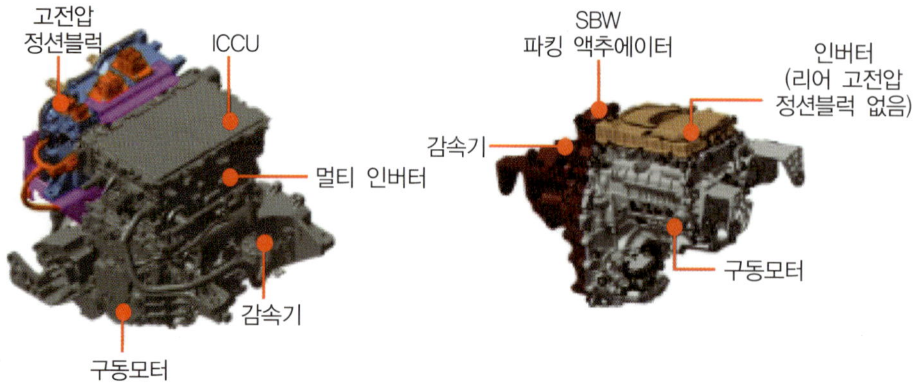

(a) 프런트 구동 시스템

(b) 리어 구동 시스템

- 4WD 기본 적용
- 전면 충전구 위치(전륜에 멀티 인버터 적용)
- 기본적인 주요 구성품은 동일 하지만 위치 상이

그림 5-6 E-GMP용 PE 시스템

내연 기관과 플랫폼을 공유하는 G80, GV70의 경우 E-GMP 기반의 PE 시스템(Power Electric System)이 유사하게 적용된다. G80, GV70과 E-GMP와의 큰 차이라고 생각되는 부분은 아래와 같다.

① 멀티 인버터 전방 장착 : E-GMP는 리어 모터 상단에 장착

② 충전구 전방 위치 : E-GMP는 리어 우측에 장착

③ ICCU 전방 모터룸에 장착 : E-GMP는 리어 시트 하단 장착

2.1.2. 작동원리

전기 자동차의 작동 원리는 충전식 배터리로 구동되는 전기 모터를 중심으로 이루어진다. 내연기관을 사용하는 기존 가솔린 자동차와 달리 전기 자동차는 전기로만 작동한다. 전기모터는 전기에너지를 기계에너지로 변환해 자동차를 앞으로 나아가게 하는 중요한 역할을 한다.

운전자가 가속 페달을 밟으면 컨트롤러에 신호가 보내지며 컨트롤러는 배터리 팩에서 전기 모터로의 전기 흐름을 조절한다. 그런 다음 전기 모터는 이 전기 에너지를 사용하여 자동차 바퀴를 구동하는 회전 운동을 생성하며, 이

과정을 전기기계적 변환이라고 한다.

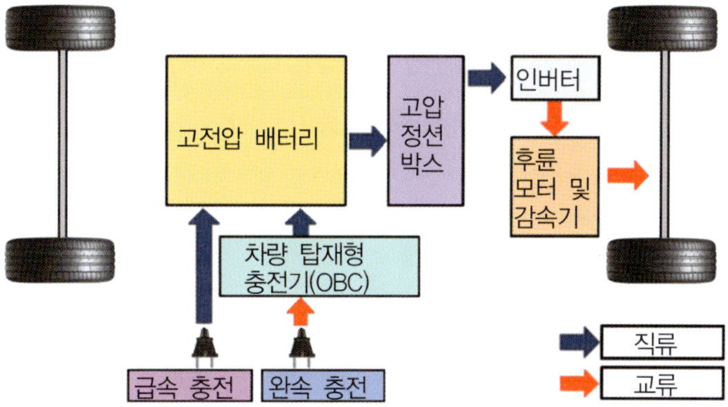

그림 5-7 2WD 작동원리

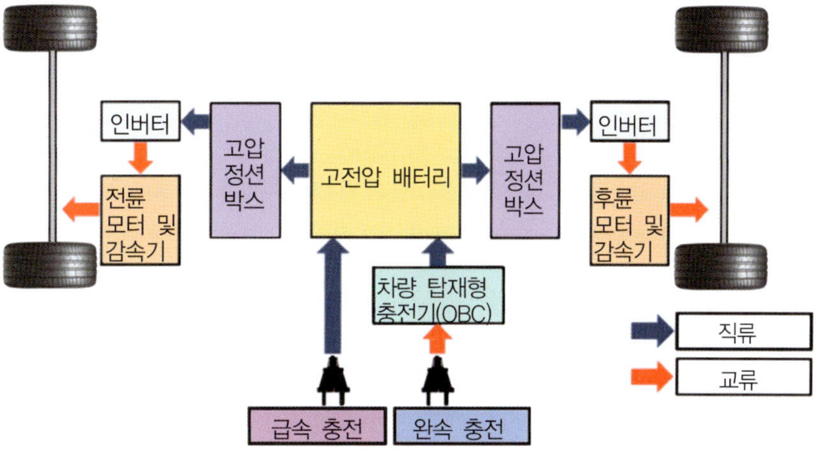

그림 5-8 4WD 작동원리

2.2 헤어핀 권선 기술

구동 모터 내부의 고정자에는 코일이 감겨 있고 이 코일은 MCU에 의해 U, V, W상의 제어되며 전자석이 된다. 기존 전기차의 구동 모터는 라운딩 코일 형태로 코일과 코일 사이의 공간이 많았지만, E-GMP의 구동 모터는 구동 모터 내부의 코일에 적용된 "헤어핀 권선 기술"의 역할이 크다. 일반적으로 구동 모터는 영구자석이 있는 회전자, 코일이 감겨있는 고정자로 구성된다. 그리고 구동 모터의 동력은 고정자에서 발생하는 전자기력과 회전자 영구자석의 상호 작용으로 발생하는 회전토크에 기반한다. 여기서 고정자에 코일을 촘촘하게 감을수록 효율이 증가한다.

그림 5-9 라운딩 코일과 헤어핀 권선 기술

헤어핀 권선 기술은 말 그대로 헤어핀의 형상을 닮은, 직사각형의 단면을 가진 코일을 활용한 구조를 뜻한다. 단면이 사각형인 코일은 기존의 원형(환선) 코일 대비 고정자에 코일을 더 촘촘하게 감을 수 있고, 이를 통해 권선 저항을 줄여 효율을 높일 수 있다. 원형의 코일 대비 높아진 점적률(일정 공간에서 유효한 부분의 면적이 차지하는 비율)은 기존보다 약 10%의 효율을 개선하는 효과가 있다.

E-GMP는 감속기의 냉각 및 윤활 기능을 담당하는 오일을 EOP(Electric Oil Pump)로 모터 내부의 코일에 안개처럼 직접 분사해 열을 보다 효과적으로 식힐 수 있다.

이 밖에도 차세대 PE 시스템은 새로운 냉각 방식을 더해 모터의 효율을 높였다. 내연기관 등 모든 동력원이 그러한 것처럼 전기 모터 역시 효율을 높이기 위해서는 모터에서 발생하는 열을 효과적으로 식혀야 한다. 과열이 될 경우 모터를 구성하는 부품에 변형이 생기고, 이는 곧 모터의 기능 저하로 이어질 수 있기 때문이다. 이 같은 현상을 막기 위해 기존 모터는 간접적으로 열을 식히는 수냉 방식을 썼다. 그러나 이 방식은 모터를 감싸는 하우징에만 냉각수가 흐르기 때문에 모터에서 가장 뜨거운 코일을 직접 냉각할 수 없다는 한계가 있다. 반면, E-GMP는 모터·감속기 일체형 구조의 장점을 살려 유냉 방식을 적용했다. 그 결과, 감속기의 냉각 및 윤활 기능을 담당하는 오일을 전동식 오일 펌프(EOP : Electric Oil Pump)로 모터 내부의 코일에 안개처럼 직접 분사해 열을 보다 효과적으로 식힐 수 있다.

또한, 모터와 감속기 하우징을 일체화 하여 기존 EV에서 발생한 소음 문제 해결, 사이즈 및 중량이 감소되었으며, 후륜 모터를 제어하는 인버터 파워 모듈의 전력반도체를 바꿔 주행거리를 5% 증가시켰다. 일반적으로 인버터 파워 모듈은 Si(실리콘) 기반의 전력반도체를 사용하지만, E-GMP는 내구성과 효율성이 더 뛰어난 SiC(실리콘 카바이드) 전력반도체를 탑재해 전기차의 효율을 극대화했다.

2.3 구동 모터의 성능

2.3.1. 구동모터 주요 제원

<table>
<tr><th colspan="2" rowspan="3">구분</th><th colspan="4">아이오닉 5</th><th>코나 일렉트릭</th></tr>
<tr><th colspan="2">기본형</th><th colspan="2">항속형</th><th>항속형</th></tr>
<tr><th>2WD (후륜)</th><th>4WD</th><th>2WD (후륜)</th><th>4WD</th><th>2WD(전륜)</th></tr>
<tr><td colspan="2">고전압 배터리 용량(kWh)</td><td colspan="2">58</td><td colspan="2">72.6</td><td>64</td></tr>
<tr><td colspan="2">구동모터 타입</td><td colspan="4">영구 자석형 동기 모터</td><td>←</td></tr>
<tr><td colspan="2">구동모터 최고속(rpm)</td><td colspan="4">15,000</td><td>11,200</td></tr>
<tr><td rowspan="2">구동모터 출력(kW/환산마력 PS)</td><td>전</td><td>-</td><td rowspan="2">173(235)</td><td>-</td><td rowspan="2">225(306)</td><td>150(204)</td></tr>
<tr><td>후</td><td>125(170)</td><td>160(218)</td><td>-</td></tr>
<tr><td colspan="2">제로-백(초)</td><td>8.0</td><td>6.0</td><td>7.2</td><td>5.2</td><td>7.8</td></tr>
<tr><td colspan="2">최고 속도(kph)</td><td colspan="4">전진 185/후진 50</td><td>170</td></tr>
<tr><td colspan="2">모터 냉각 방식</td><td colspan="4">유냉 : EOP/ATF SP4M-1</td><td>수냉 : EWP</td></tr>
<tr><td colspan="2">오일 교체 주기</td><td colspan="5">기본 무교환/가혹 시 12만㎞(오일 필터는 무교환)</td></tr>
</table>

기본형과 항속형에 적용되는 구동 모터는 전/후륜 모두 동일하며, 모터 출력의 차이는 고전압 배터리의 용량에 따라 다를 수 있다. 위 제원은 아이오닉 5 기준이며 GV60, G80, GV70 차량과는 제원의 차이가 있을 수 있다.
구동 모터의 출력(kW)을 내연 기관에서 사용하는 마력으로 환산해 보면 1kW는 1.36PS으로, 항속형 4WD 기준으로 225kW×1.36PS=306PS로 스마트 스트림 G 3.5의 최고 출력 보다 높아 충분한 구동 성능을 확보하고 있다.

2.3.2. 유도 모터와 동기 모터

모터 작동 원리 이해를 위해 간단하게 그 원리를 설명하면 유도 모터는 나침판의 바늘(회전자), 막대자석이 고정자 코일의 역할을 한다.(간단한 원리 이해를 위한 설명으로 실제와는 조금 상이)
막대자석(고정자/전자석)을 나침판을 따라 돌리면 바늘(회전자/바퀴)이 자석을 따라 회전하는 것처럼 작동되며, 무 부하 시(미 작동 시)에는 회전자(바늘)에 회전 저항이 낮아 별도의 구동력 차단 시스템(현대의 DAS)이 필요 없고, 영구 자석을 사용하지 않아 원가가 낮은 반면 자석과 바늘의 회전수가 일치하지 않아 제어의 어려움이 있다.

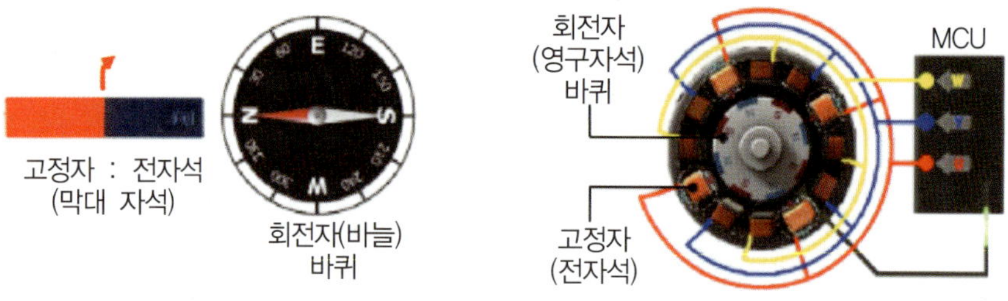

(a) 유도 모터 작동 원리 (b) 동기 모터 작동 원리

그림 5-10 모터 작동 원리

동기 모터는 회전자에 영구 자석이 매립되어 있고, MCU 제어에 의해 고정자의 코일이 U, V, W 3상으로 전자석이 되어 회전자를 회전하게 된다.(제어

속도와 회전자 속도 동일)

특징으로 유도 모터 대비 사이즈가 작고, 구동 모터 효율은 좋지만 무부하 시 회전자의 저항이 발생한다.(현대차 그룹은 이 회전자와 모터와 연결된 드라이브 라인의 저항을 제거하기 위해 DAS 적용) 또한 희토류를 사용한 영구 자석으로 인해 가격이 상대적으로 고가이다.

테슬라는 유도 모터 제어 기술을 자체적으로 개발하고, 희토류에 의한 모터 제조 원가 부담을 줄이기 위해 영구 자석형 동기 모터가 아닌 유도 모터를 사용하는 것이다.

그러면 영구 자석형 동기 모터는 왜 비쌀까? 희토류는 희귀한 흙의 종류라는 한자어로 원소 기호 57~71번을 통칭하며 스칸듐, 이트륨 등이 해당된다. 희토류는 영구 자석 성능에 매우 중요한 요소로 모터 뿐만 아니라 LCD 등에도 매우 널리 사용되며 세계적으로 그 수요가 많다. 그러나 전 세계의 희토류는 약 97% 정도가 중국에서 생산하고 있어 정치적인 목적으로의 사용, 고가의 가격 책정 및 수출 제한 등으로 그 수요를 모두 충족하기 어려운 문제가 있다.

참 고 구동 모터 회전자

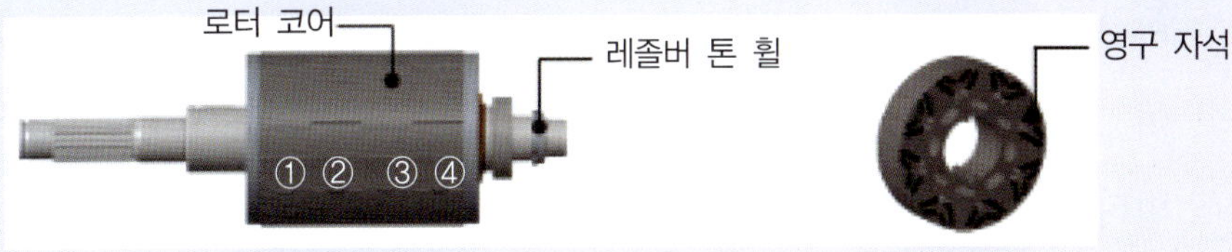

(a) 회전자 (b) 로터 코어 단품

그림 5-11 회전자

상단 이미지로 로터 코어부를 보면 총 4개의 코어가 조금씩 옵셋(어긋나게) 되어 장착된 것을 확인할 수 있다. 이는 회전자가 무부하 회전 시 고정자 코일의 자기장에 의해 영구 자석이 삽입된 코어의 회전에 걸림(뚝뚝 회전)에 의한 NVH 문제를 해결하기 위해 최적이 옵셋을 적용했다.

2.4 구동모터 제어

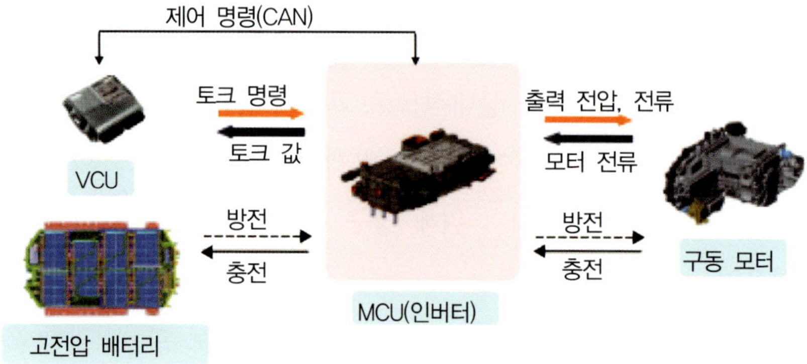

그림 5-12 구동모터 제어 프로세스

- 고전압 배터리의 DC 전력을 MCU가 3상 AC로 변환하여 구동 모터 작동
- HEV 및 모든 EV 동일
- 4WD 사양에서 리어 모터 고장 시 프런트 모터만 주행이 가능할까?

MCU(인버터)는 VCU와 통신하여 운전자의 주행 조건에 맞게 최적의 모터 제어를 수행한다. 기본적인 전력 변환 및 제어는 기존의 친환경 차량의 MCU와 동일하며 한 가지 특이한 점(아이오닉 5)은 후륜 인버터를 멀티 인버터라고 하여 기존의 급속 충전 인프라(400V)에서 충전시 800V로 승압하여 고전압 배터리 충전을 가능하게 한다. 참고로 G80, GV70 같은 경우는 멀티 인버터가 프런트에 위치하고 있다.

참 고

만약 4WD 사양에서 후륜 구동 모터의 고장(PRA가 끊어지지 않는 일반적인 고장)으로 구동이 불가하다면 전륜 모터만 으로 주행이 가능할까?
구동 모터의 심각한 고장으로 PRA가 OFF된다면 고전압 인가가 불가하여 주행 자체가 불가능하겠지만, 그렇지 않은 경우라면 전륜 구동 모터만으로 주행이 가능하도록 설계되어 있다.

2.5 구동 모터 점검

2.5.1. 절연 저항/선간 저항 측정

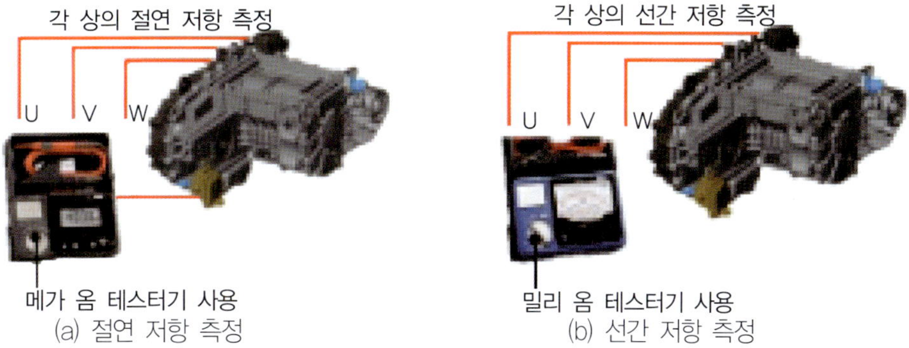

그림 5-13 구동 모터 점검

- 모든 구동 모터 점검 방법과 동일
- 절연 저항 : 1000MΩ 이상(DC 1100V인가 조건)
- 선간 저항 : 전륜 177mΩ ±5%/ 후륜 60mΩ ±5%(20℃기준)

구동 모터의 단품 검사는 기존과 동일하게 아래와 같이 점검한다.

① 메가 옴 테스터기를 활용한 절연 저항 측정

② 밀리 옴 테스터기를 활용한 선간 저항 측정

③ 일반 멀티 테스터기를 활용한 레졸버 및 온도 센서 저항 측정

그림 5-14 리어 일체형 하우징

2.5.2. 구동 모터(MCU)를 교환 시 레졸버 보정 진행

구동 모터 또는 MCU 교체 시 레졸버 보정 및 EWP 공기빼기 작업을 해야 하는 것은 기존과 동일하다. 하지만 옵션으로 4WD 선택 시 전륜에도 모터와 MCU가 적용되며 전륜 관련 부품 작업 시 전륜에서, 후륜 관련 부품 작업 시 후륜에서 각각의 레졸버 보정 및 EWP 공기 빼기 작업을 해야 한다.

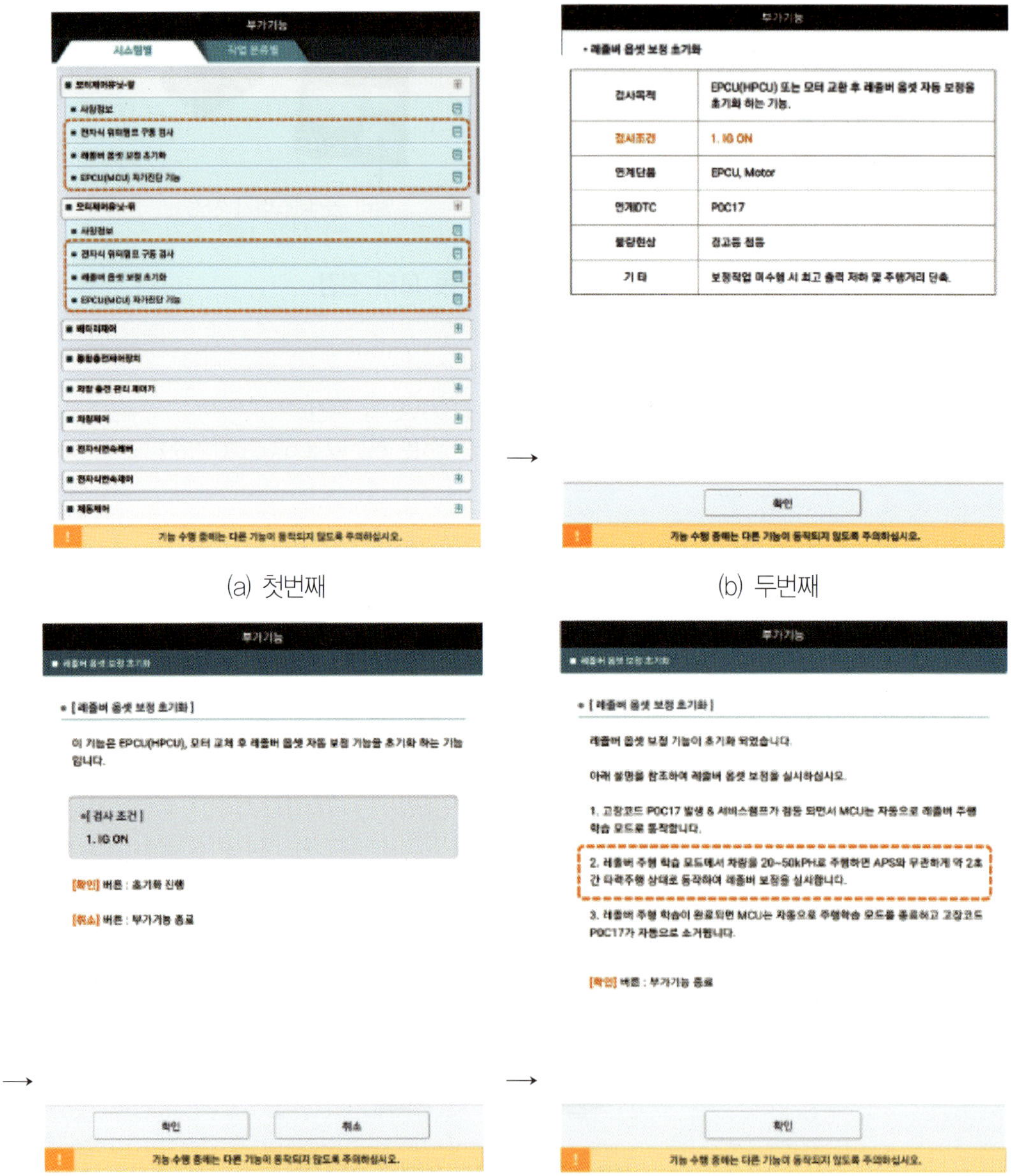

(a) 첫번째 (b) 두번째

(c) 세번째 (d) 네번째

그림 5-15 레졸버 보정 진행 순서(4WD 사양의 예)

3 감속기

3.1 변속기 대신 감속기

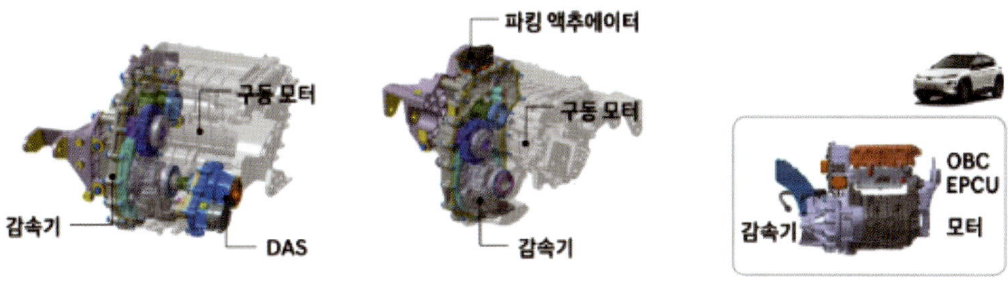

그림 5-16 감속기

- 감속기 : 구동 모터의 고회전, 저 토크 특성을 자동차 요구에 맞도록 감속 및 토크 증대
- 4WD 사양에서 2WD로 주행 시 연비 향상을 위한 DAS 적용(전륜 감속기 측면)
- 모터+감속기 일체형으로 Ass'y 교체 및 오일 냉각 방식

감속기는 최대 15,000rpm까지 고속으로 회전하는 구동 모터의 회전수를 원활한 주행을 위해 감속하고, 토크를 증대 시키는 역할을 한다. 기본적으로 차동, 파킹 및 냉각 기능을 포함하며 전/후륜 감속기의 주요 차이는 아래와 같다.

① 리어 감속기 : 파킹 액추에이터 장착(파킹 기구 포함)

② 프런트 감속기 : 옵션으로 적용되며 DAS 기구 장착

4WD의 경우 전륜 측에도 구동 모터와 감속기가 적용되며, 연비 주행을 위해 2WD(후륜)로 구동 시 전륜의 드라이브 라인이 모두 연결되어 있으며 주행 중 구동 모터와 연결된 기계 부품들(차동기어, 드라이브 샤프트 및 허브 베어링 등)이 저항이 되어 연비의 손실을 가져오기 때문에 2WD 상황일 때는 전륜 드라이브 라인의 연결을 차단하는 디스 커넥터 액추에이터 시스템(DAS)가 적용되었다.

3.2 전기차는 변속기가 없는 이유

(a) 내연기관의 변속기 (b) 전기 자동차

그림 5-17 변속기의 최대 토크 발생 지점

- 내연 기관 : 최대 토크 발생 지점이 일정 회전수 이상(낮은 RPM에서 변속기가 그 역할 수행)
- 전기차 : 모터의 효율이 좋아 시작부터 최대 토크 발생

차량이 보통 높은 가속력을 필요로 할 때는 저속 구간 특히 정차 후 출발할 때인데, 내연기관은 낮은 회전수에서 제대로 힘을 내지 못하기 때문에 변속기를 적용하여 엔진 토크를 높이는 역할을 한다.

전기차의 경우 구동 모터 특성 상 정지 상태부터 최대 토크 발생이 가능하기 때문에, 즉 구동 모터의 효율이 좋아 대부분의 전기차는 변속기가 없다. 하지만 전기차에도 변속기가 적용되면 가속력을 높여 더 빠르고, 효율을 높게 하여 주행 가능 거리가 더 길어질 수 있다.

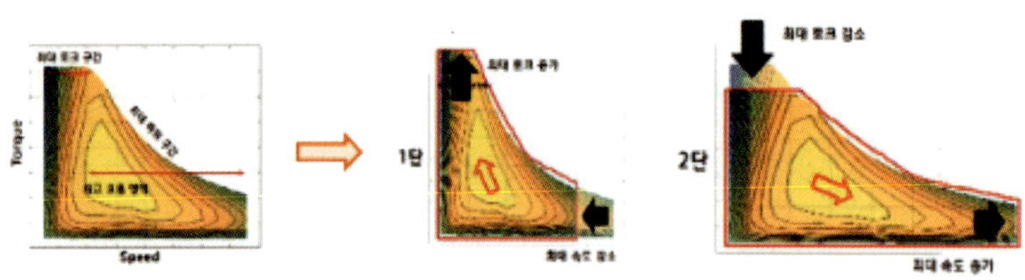

(a) 1단 감속기 (b) 2단 감속기 적용 시

그림 5-18 1단, 2단 감속기 적용시

3.3 감속기의 주요 제원

구분	아이오닉 5		코나 일렉트릭
	전륜 감속기	후륜 감속기	전륜 감속기
플랫폼	E-GMP		파생차
모터 최대속(rpm)	15,000		11,200
기어비	10.65		7.981
오일	ATF SP4M-1		TGO-9
	3.2리터	3.4리터	1.1리터
	기본 무 교환/가혹 시 12만km(오일 필터 무교환)		←
DAS	○	×	×
파킹 기구	×	○	전륜 감속기

코나 일렉트릭 대비 구동 모터의 회전수가 향상 되었으며 감속기의 기어비 증대 및 휠 토크 또한 증가되었다. 그리고 감속기는 구동 모터와 일체형 케이스 내에 적용되어 동일한 냉각 구성을 갖고 있다.

기존 EV의 감속기 냉각은 TGO-9이라는 DCT 오일(수동 변속기)를 사용했지만 E-GMP의 감속기/모터는 ATF 사양으로 변경되었는데 그 이유는 모터와 감속기 일체로 냉각되는 구조상 모터 코일의 절연 문제 해결 및 냉각 효율이 향상되었기 때문이다. 일반적으로 감속기/모터의 오일은 무 교환이며, 가혹 조건 시 12만km마다 교환한다. 그리고 감속기 내부의 오일 필터가 있지만 별도 교환하지 않는다.

3.4 감속기 내부 구조

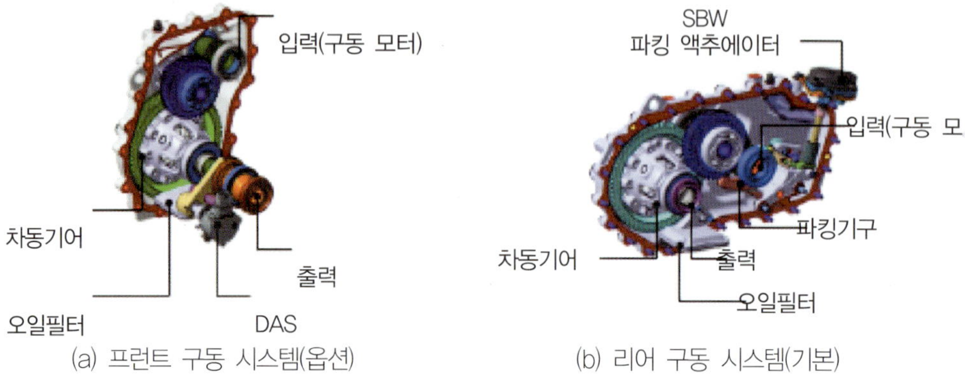

그림 5-19 감속기 내부 구조

- 후륜 감속기 : 파킹 기구, SBW 액추에이터
- 전륜 감속기 : DAS
- 모두 1단형 변속기

프런트와 리어 구동 모터 측면에 장착되는 감속기는 내부에 차동 기어와 오일필터(무 교환)가 공통적으로 있으며 전륜에는 DAS가, 후륜에는 SBW 파킹 액추에이터 및 파킹 기구가 별도로 장착되어 있다.

감속기/구동 모터 냉각 오일은 감속기 측면 하단의 드레인 플러그를 통해 배출하고, 주입은 상단의 주입 플러그를 사용하여 적정 오일 레벨까지 주입한다. 오일량은 프런트 3.2±0.1리터, 리어 3.4±0.1리터를 주입하면 된다.

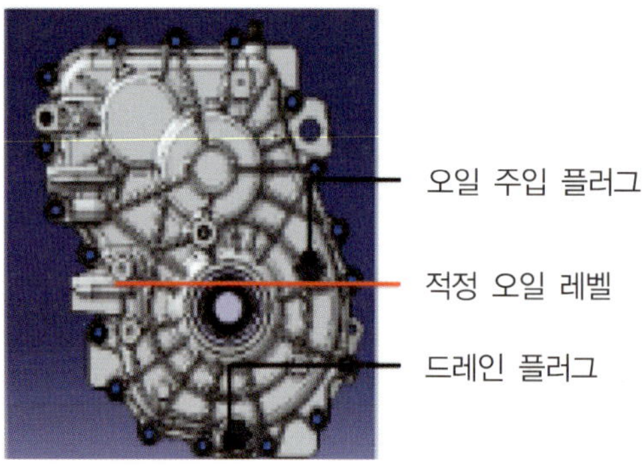

그림 5-20 오일 주입

3.5 디스 커넥터 액추에이터 시스템(DAS)

디스 커넥터 액추에이터 시스템(DAS： ：Disconnector Actuator System)은 불필요한 동력 손실을 줄여서 약 6%~ 8% 의 동력 효율 전비 효율을 향상시킬 수 있어 그만큼 차량 주행거리도 늘어난다. 예를 들어 한번 충전으로 400㎞를 갈 수 있는 차량이 있다면, 디스 커넥트 액추에이터 시스템을 탑재함으로써 같은 배터리로 약 430㎞를 갈 수 있게 된다. 또한 만약 배터리의 용량을 줄인다면, 그만큼의 배터리 공간에 여유가 생겨서 차량 내부 공간을 확대시킬 수도 있다.

전기차에서의 AWD시스템은 주구동륜과 보조구동륜으로 구성된다. 이번에 개발한 현대트랜시스의 디스 커넥터 액추에이터 시스템은 현대차의 아이오닉에 최초로 탑재되었다. 후륜 기반의 아이오닉에서는 후륜이 주구동륜이고, 전륜이 보조구동륜이다. 이때 디스커넥터 액추에이터 시스템은 보조구동륜인 전륜에 부착돼 모터와 바퀴 사이의 동력을 끊어주는 역할을 한다. 기존의 내연기관에서는 없었던 "디프 차동 소음" 과 "울컥거림(절환 충격)" 등도 해결되었다.

그림 5-21 디스 커넥터 액추에이터

- DAS 작동 : VCU(주행 조건)→액추에이터→포크→슬리브 이동→드라이브 라인 연결(4WD)
- 2WD(후륜) 주행 시 : 드라이브 라인(샤프트) 차단→차동 기어 내부 차동 사이드 기어 공전(링기어 정지)

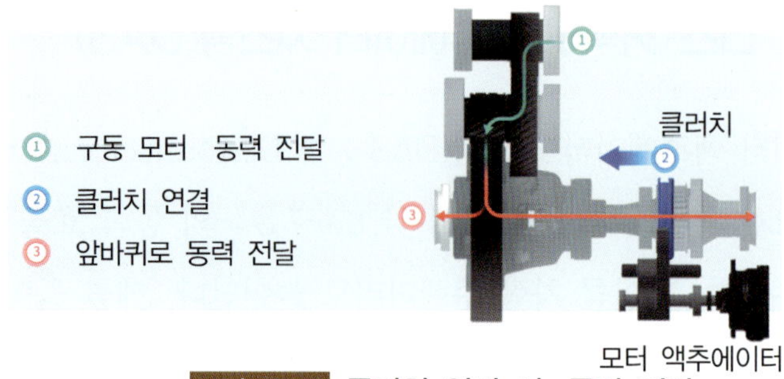

그림 5-22 **클러치 연결 시, 동력 전달**

그림 5-23 **클러치 해제 시, 드래스 부하 차단**

DAS는 VCU가 입력 받은 주행 조건(차속, 드라이브 모드 및 가속 의지 등)에 따라 액추에이터를 작동한다. 세부적인 작동 순서는 아래와 같다.

① 차속, 운전자의 요구 조건 및 드라이브 모드 등 확인(4WD 작동 필요조건 확인)

② IEB(제동)로부터 전륜 휠 스피드 센서 신호를 입력 받아 좌/우 속도 차이를 확인

③ 전륜 좌/우 휠 속도 동기화를 위해 전륜 구동 모터 작동

④ 전륜 좌/우 회전수 동기화 후 DAS 액추에이터 작동 및 전륜 구동 모터 작동하여 4WD 주행

- 주행 상황에 따른 전/후륜 구동력 배분은 VCU가 전륜 MCU를 통해 전륜 구동 모터 구동 제어

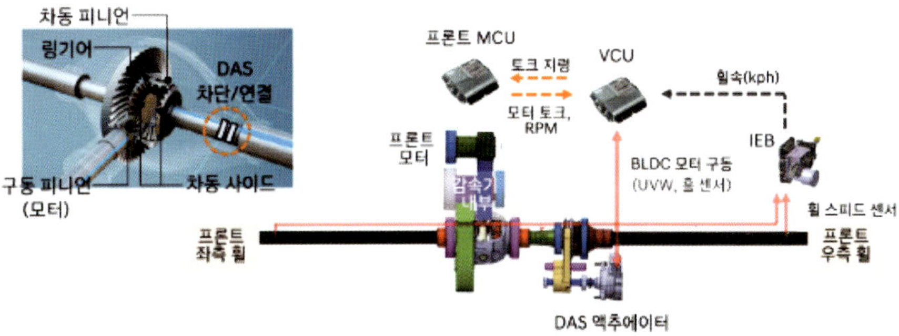

그림 5-24 DAS 액추에이터 제어 계통

① AWD : 도로 조건 반영 등 보다 나은 주행 안정성을 위해 전/후륜 모두 구동

② 2WD : 일반 노면 상태에서 최적의 연비를 구현하기 위한 후륜 구동

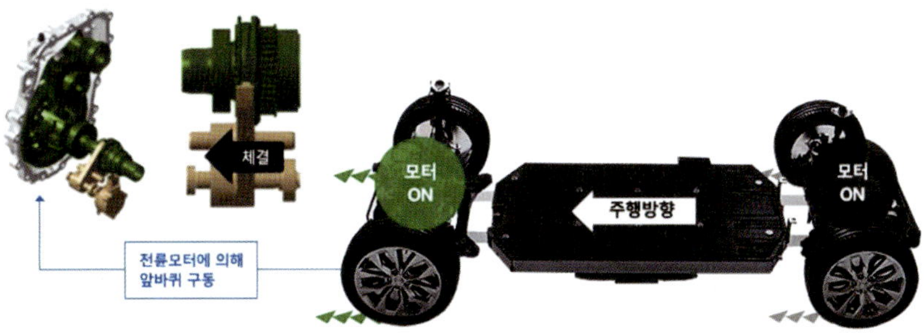

그림 5-25 AWD

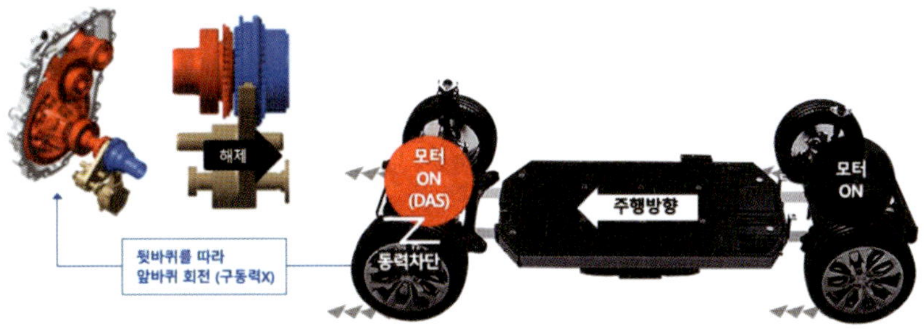

그림 5-26 2WD

4 VCU(Vehicle Control Unit)

(a) VCU

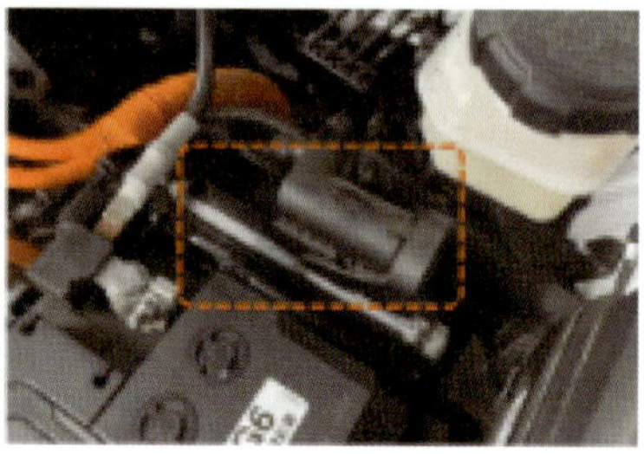

(b) 장착위치

그림 5-27 VCU 및 장착위치

- 코나 일렉트릭의 경우 데쳐 내부에 있었지만 아이오닉 5 이후 별도 장착
- DAS 제어 뿐만 아니라 구동모터, 회생 제동, 예약 충전 및 DTE 연산 등 EV 총괄 제어
- 교환 후 "부가기능–차대 번호 쓰기" 작업 필요

4.1 개요

VCU는 운전자의 요구, 배터리 정보 및 차량 정보를 바탕으로 전기차의 전체적인 제어를 담당하고 있는 EV System 관리 핵심 부품이다.

기존 EV의 경우 EPCU 내부에 LDC, MCU(인버터)와 함께 하나의 패키지로 장착되었지만 아이오닉 5 이후는 모터룸에 별도로 장착되고 있다.

VCU는 주행모드에 따른 최적 Motor 토크제어, Battery 상태 및 주행성을 고려한 EV Energy 관리, 타 EV 부품들과 협조제어 수행, LDC 동작 여부 결정, 클러스터 경고등 제어, 공조 부하 제어 등을 담당하고 있다.

고장 등의 이유로 VCU를 교체한 경우 진단장비 VCU 시스템에서 부가기능–차대번호 쓰기 작업을 진행해야 한다. 이외에도 SBW 컴퓨터(SCU)를 통한 파킹 체결 검사와 DTE 학습값 소거 작업 등이 가능하다.

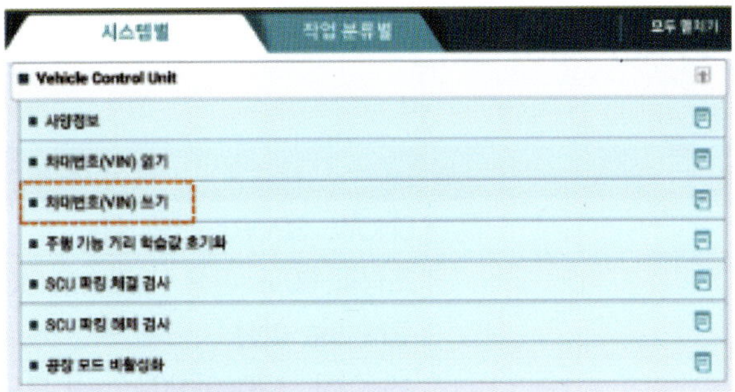

그림 5-28 차대번호 쓰기 작업

4.2 특징

① Powertrain System 제어

㉮ Pedal map 기반 최적 Motor 토크 제어

㉯ Cruise 기능 및 최대속도 제한 포함 속도 제어 기능

② 구동 및 회생제동 토크 제어

③ DC/AC 충전 협조제어(DC 급속 충전기능 통합 가능)

④ EV System Sequence 제어(예 : 시동, 주행, 충전)

⑤ Component/System 진단 및 진단 후속 조치

4.3 작동원리

VCU는 차량에 장착된 각종 센서/스위치 입력과 CAN 통신을 통하여 운전자의 의도를 포함한 차량 상태에 대한 다양한 정보를 입력 받는다.

이러한 정보를 기반으로 각 운전 모드 및 상황(구동, 회생제동, ECO mode 등)에 맞는 최적의 목표 토크를 연산하여 모터에 전달합니다. 또한 배터리 잔여 용량(SOC)을 고려하여 차량의 에너지 관리도 수행한다. 차량 안전 확보 측면에서, VCU는 차량 고장진단 및 안전모드 수행 기능을 실행한다.

4.4 DAS 제어 조건

항목	2WD → 4WD 전환 : 드라이브 라인 연결
드라이브 모드	SNOW, SPORT 선택 시
급격한 조향 시	조향각 60도 이상, 각가속도 40도/sec
구배로 주행	구배 8% 이상
차속(kph)	15 이하, 120 이상(Normal 모드 한정)
운전자의 가속 의지	운전자 요구 토크가 후륜 최대 토크보다 클 경우
회생 제동 작동시(원-페달, i-페달 사용 포함) : 회생 제동 효과 극대화	
전자제어 제동 장치 작동	TCS, ESC 작동시

- DAS 작동을 어떻게 확인할 까?
  → 계기판이 가장 쉽다! 더 확실한 것은 진단 장비!
- 시동 OFF시 4WD로 제어! 견인 시 주의 필요!

위의 표와 같이 VCU는 다양한 조건에서 DAS 액추에이터를 작동하여 드라이브 라인의 연결과 차단 제어를 하며 작동 유무는 계기판을 통해 확인하는 방법이 가장 쉽다.

그림 5-29 4WD 작동시 계기판 표시

참고로 액추에이터 구동은 VCU가 AC 3상(U, V, W)으로 제어하며, 홀 센서를 통해 액추에이터의 위치를 확인한다.
만약 4WD 작동 조건에서 전륜으로 구동력 전달이 계기판에 표현 되지 않으면 센서 출력을 통해 DAS의 작동을 확인해야 한다. 드라이브 라인이 차단되면 약 7㎜의 값이, 연결되면 약 11㎜의 값이 정상적으로 변경되지 않으면 액추에이터 작동을 점검해야 한다.

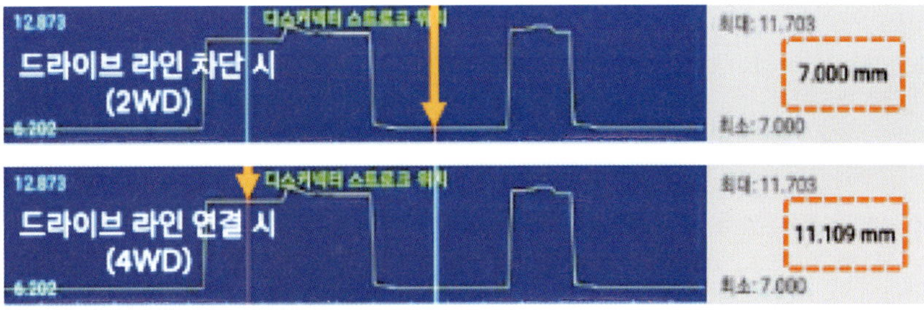

그림 5-30 VCU의 DAS 센서 출력

DAS는 시동 OFF시 4WD(드라이브 라인 연결)로 제어되며, 그 이유는 시동 후 저속(15kph 이하) 주행 시 구동력 확보 제어를 위해 미리 4WD로 준비해 두는 의미를 갖고 있다. 이러한 이유로 고장 등의 이유로 차량 견인 시 4륜 모두 상차 견인을 하지 않으면 모터에서 발생하는 역 기전력에 의한 인버터 등의 구동 시스템 손상을 가져올 수 있기에 주의해야 한다.

VCU가 제어하는 DAS는 관련된 정비 후 0점 설정 등의 별도 작업은 불필요하고 강제 구동 기능 및 센서 출력을 통해 DAS의 작동음, 작동 상태를 확인하면 된다.

열 관리 시스템

06

CHAPTER 06

열 관리 시스템

1 개요 및 PE 열 관리 시스템

전기차의 단점으로 지목되는 겨울철 주행거리 감소를 해결하기 위해 현대자동차는 히트펌프 시스템을 적극적으로 활용했다. 히트펌프는 많은 제조사들이 전기차의 겨울철 주행거리 확보를 위해 사용하고 있지만, 대부분 냉매를 이용한 외부 공기 열원만을 활용하고 있다. 현대자동차는 여기에서 그치지 않고, 전기모터, OBC, PE 모듈, 배터리 등에서 발생하는 폐열을 회수해 실내 난방에 활용하고 있다. 이처럼 버려지는 열 에너지를 다시 활용하는 재생에너지 기술을 접목해 낭비하는 에너지를 최소화 해 효율을 높이고, 친환경 자동차의 의미를 더욱 강조하고 있는 것이 폐열 회수 방식 히트펌프 시스템이다.

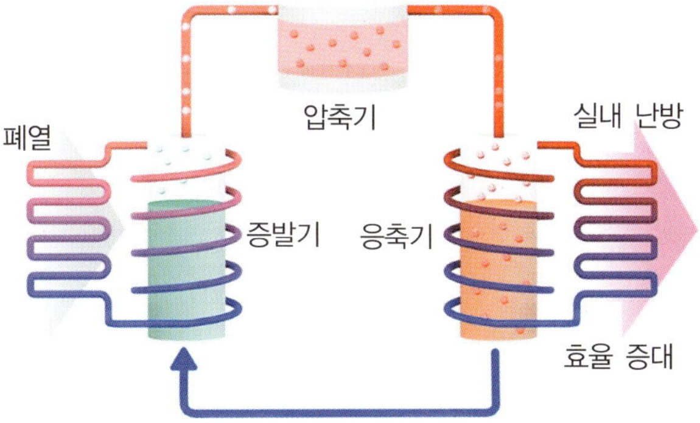

그림 6-1 폐열 회수 방식의 히트펌프 시스템

1.1 전기차에 적용된 열관리 시스템

구분	PE 전력변환 열관리	고전압 배터리 열관리	실내 공도
열관리 대상	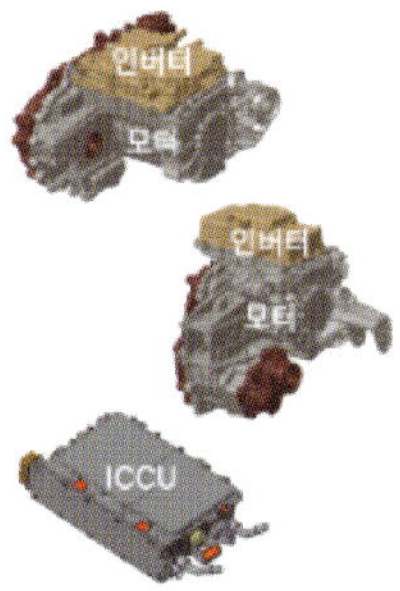	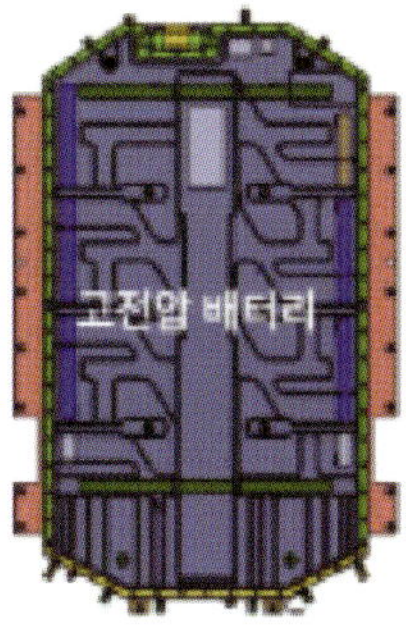	
열관리 목적	전력변환 및 모터의 효율 증대를 위한 적정 온도 유지	고전압 배터리 효율 증대를 위한 적정 온도 유지	실내 쾌적한 환경을 위한 적정 온도 유지
목표 온도	약 65℃	약 25℃	사용자 설정 온도

전기차 열관리 시스템은 PE 전력변환 부품 냉각 제어, 고전압 배터리 온도 제어, 실내공조 제어의 목적으로 3가지 회로로 구성되어 있다.

1.1.1. PE 부품 열관리 시스템

전기차의 각종 전력변환 장치 및 모터의 냉각을 담당

① 열교환 매개체 : PE 냉각수

② 열교환 방법

㉮ 냉각 : 전력변환 장치에서 발생한 열을 PE 냉각수가 흡수하여 외부로 방열

1.1.2. 고전압 배터리 열관리 시스템

고전압 배터리의 적정온도를 유지하기 위해 승온 및 냉각을 담당

① 열교환 매개체 : 배터리 냉각수

② 열교환 방법

㉮ 승온 : 고전압 배터리 냉각수가 승온히터의 열을 흡수하여 고전압 배터리로 전달

㉯ 냉각

㉠ 고전압 배터리에서 발생한 열을 냉각수가 흡수하여 외부로 방열

㉡ 고전압 배터리에서 발생한 열을 배터리 칠러가 흡수하여 냉매로 방열

1.1.3. 실내 공조 시스템

사용자가 원하는 온도에 맞춰 실내 난방 및 냉방

① 냉방 : 냉매의 상태 변환(액체→기체)에 의한 열 흡수

② 난방 : PTC 히터의 작동에 의한 열 방출 + 냉매의 상태 변환(기체→액체)에 의한 열 방출

1.2 열관리 회로의 특징

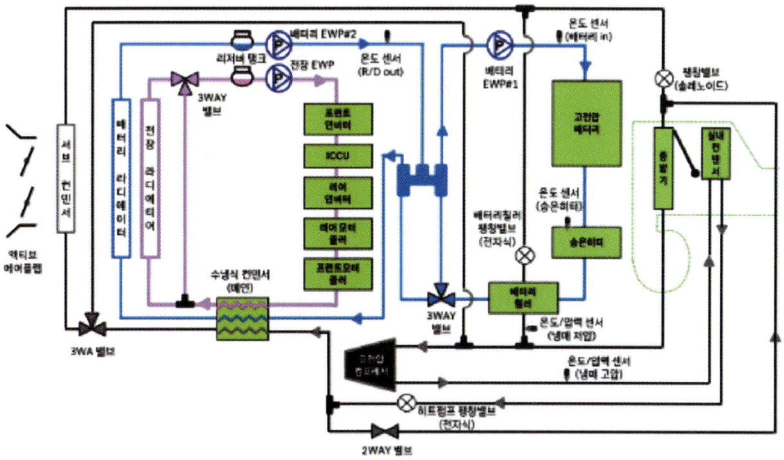

그림 6-2 열관리 회로 구성

아이오닉 5 이전 세대의 전기차는 전력변환 장치(PE) 냉각과 고전압 배터리의 냉각 회로를 공용으로 사용하였다. 그러나 전력변환 장치에 비해 고전압 배터리 정상 운전 온도 구간이 더 낮기 때문에 아이오닉 5 차량부터는 PE 부품 냉각회로와 고전압 배터리 냉각회로를 분리시켜 효율적으로 열관리를 할 수 있다. 최근에 나온 차량은 냉각수 리저버 탱크에 격벽을 설치한 통합 리저버 탱크를 사용하고 있다.

냉매 회로는 두 개의 컨덴서가 장착되어 있으며 에어컨 작동시에는 수냉식 컨덴서와 공랭식 컨덴서 모두 열교환을 하여 냉매가 방열 하게 되며, 히트펌프 작동시에는 수냉식 컨덴서가 증발기 역할을 하게 된다.

1.3 냉각수 흐름

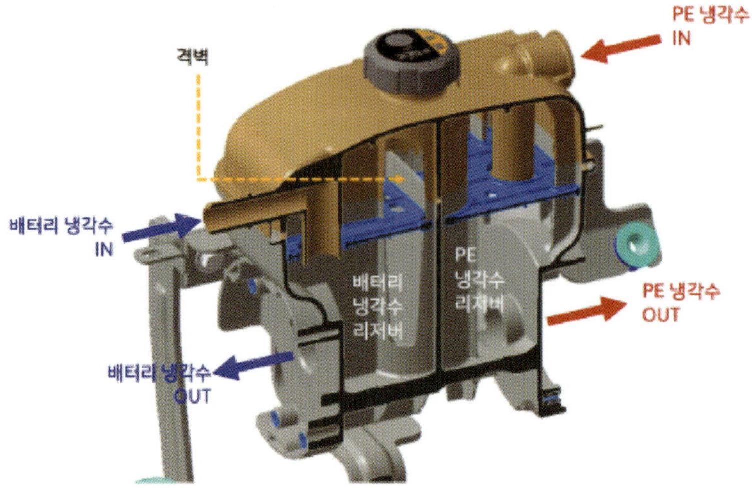

그림 6-3 리저버 탱크

통합 리저버 탱크는 배터리 냉각수와 PE 냉각수를 같이 사용하지만 내부 격벽으로 냉각수가 순환하더라도 서로 열교환은 이루어지지 않고 별도의 냉각 회로를 구성할 수 있다.

그림 6-4 냉각수 흐름

1.4 열관리 시스템 제어

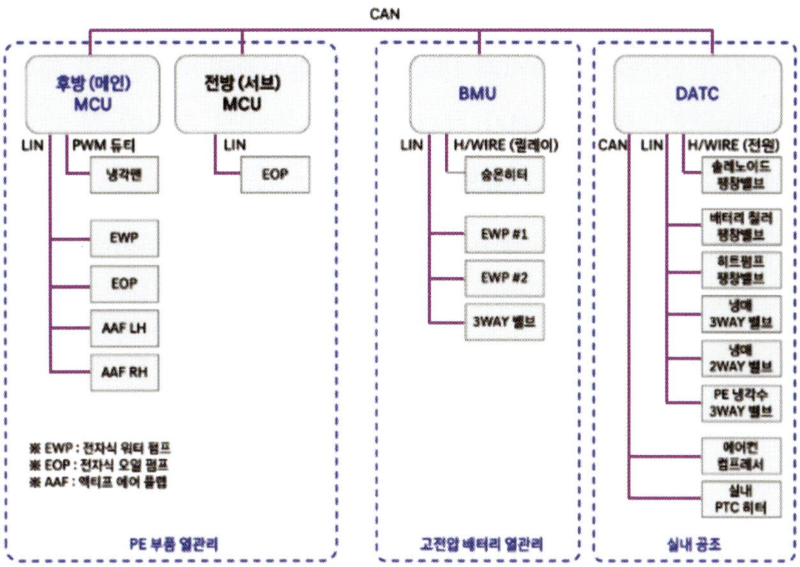

그림 6-5 열관리 시스템 제어

1.5 PE 열관리 시스템 특징

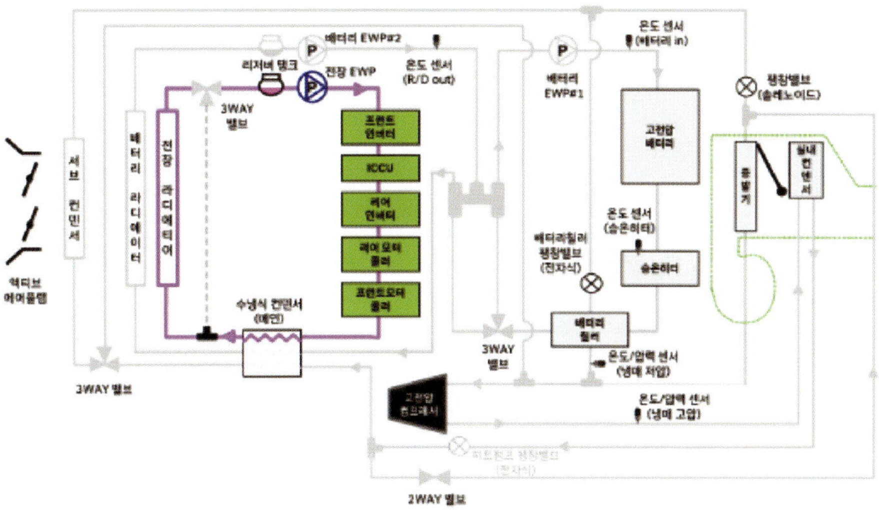

※ 냉각수 : 기존 엔진 냉각수 동일(녹색, 분홍색)

그림 6-6 PE 열관리 시스템회로 구성

PE 열관리 시스템은 ICCU(OBC, LDC), 전륜 인버터, 후륜 인버터를 냉각수를 통해 직접 냉각하고 전륜 모터, 후륜 모터는 감속기 오일에 의해 직접 냉각되며 EOP에 의해 오일 순환이 되어 쿨러에 도달하게 된다. 리어 MCU는 전장 EWP를 구동시켜 냉각수를 순환시키며 각 열관리 대상 부품들을 순환하며 흡수한 열을 전장 라디에이터에서 외부 공기와 열 교환을 하여 방열한다. 이때 쿨링 팬이 작동하고, 액티브 에어 플랩이 오픈되어 외부 공기와 라디에이터에 있는 냉각수의 열교환이 원활하게 이루어질 수 있도록 해준다. 리저버 전단에 위치한 3WAY 밸브는 DATC제어로 작동된다. 각 제어기들의 온도값을 통신을 통해 받기 때문에 별도의 냉각수온 센서는 없다.

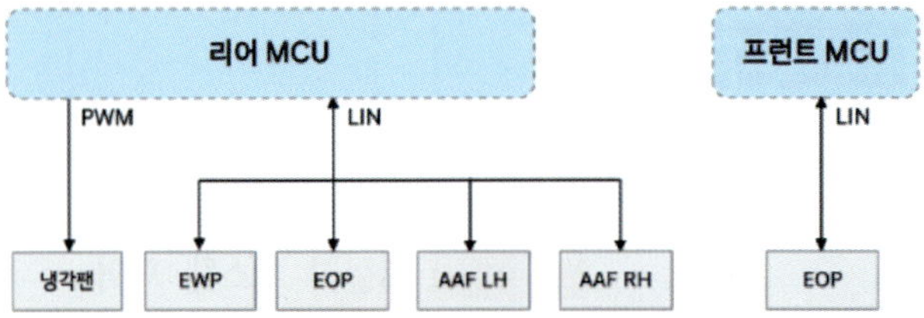

그림 6-7 냉각수 제어

1.6 PE 전력변환 냉각 회로 구성품

1.6.1. 냉각팬

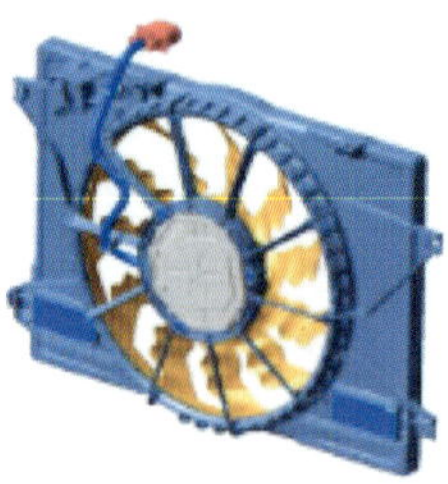

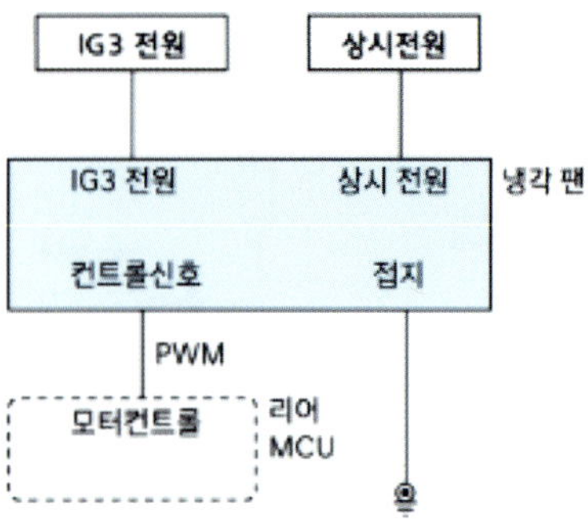

그림 6-8 쿨링팬 및 회로도

라이데이터 쿨링모듈 뒤에 설치되어 풍량을 조절하여 PE 전력변환 라디에이터(냉각수), 고전압 배터리 라디에이터(냉각수), 공랭식 컨덴서(냉매)의 열교환을 원활하게 해준다. PE 전력변환 부품들 및 BMS, DATC의 요청에 의해 리어 MCU가 PWM 듀티값으로 풍량을 제어한다.

팬이 미구동 되고 있는 상태에서는 PWM 듀티값이 약 10%정도 유지하다가 리어 MCU에서 라디에이터 팬 강제 구동을 실시하면 PWM 듀티값이 약 72% 수준으로 변하면서 팬이 동작한다.

그림 6-9 강제 구동 항목

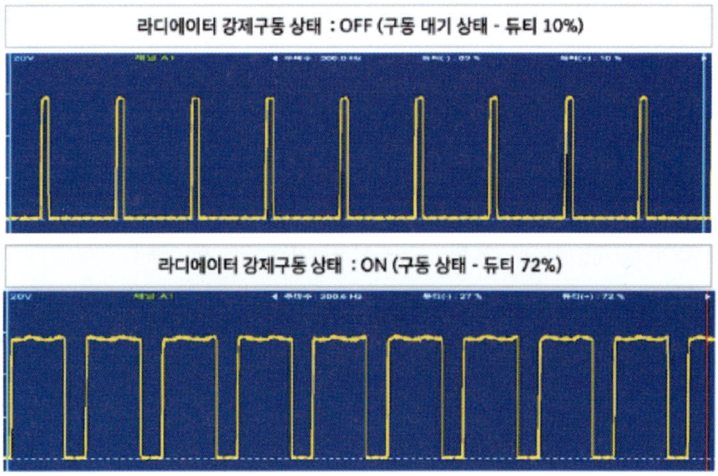

그림 6-10 강제 구동 시 PWM 파형

1.6.2. 액티브 에어 플랩

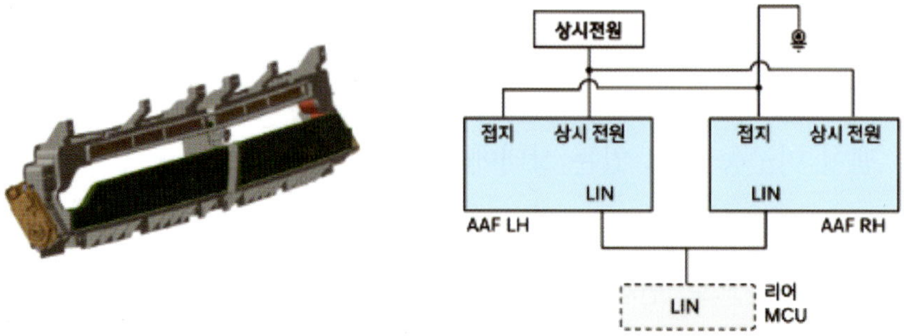

그림 6-11 액티브 에어 플랩(AAF) 및 회로도

차량 라디에이터 그릴에 설치되어 외부 공기의 유입량을 조절하는 장치이다. 플랩을 열면 외부공기가 라디에이터로 유입되어 냉각수의 온도를 낮추고 플랩을 닫으면 공기저항을 감소시켜 전비를 향상시킬 수 있다. PE 전력변환 부품들의 온도 상태 및 BMS, DATC의 요청에 의해 리어 MCU가 LIN통신으로 제어한다. RR MCU에서 LIN 통신으로 목표 위치(열림, 닫힘 상태)를 요청하면, AAF는 명령을 수행하고 현재상태를 피드백 해준다. 그 외 회로 및 동작 관련 고장 정보들도 같이 피드백 해준다.

AAF 관련 강제 구동은 열림, 닫힘, 자동 3가지 항목이 있어 진단장비로 작동여부를 확인할 수 있으며, 이 중 자동 모드를 실행하면 주기적으로 열림과 닫힘을 반복하게 된다.

그림 6-12 강제 구동 항목

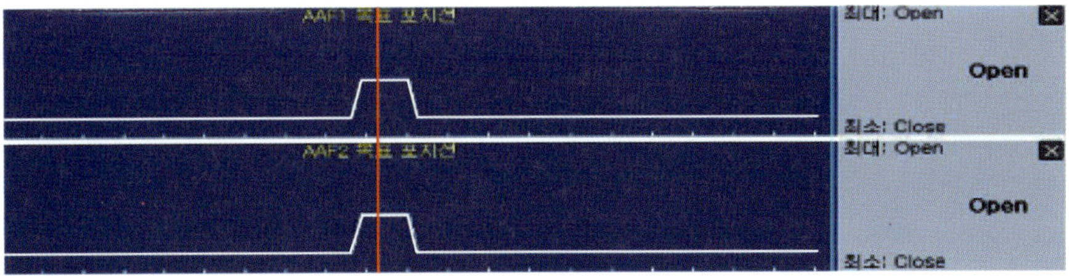

그림 6-13 관련 센서 데이터

센서 데이터상 표기되는 AAF1은 AAF LH를 의미하며, AAF2는 AAF RH를 의미한다. 아이오닉 5 기준으로 AAF3은 사용하지 않는다.

1.6.3. PE(Power Electric) EWP(Electric Water Pump)

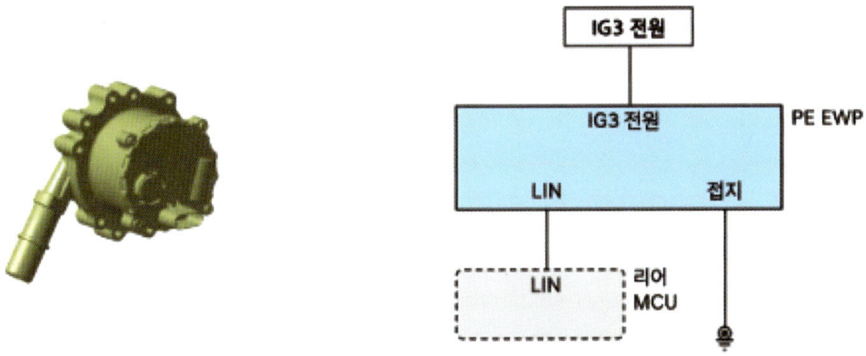

그림 6-14 PE EWP 및 회로도

PE 냉각수를 순환시키는 역할을 한다. 조건에 따라 RPM을 제어하여 유량을 조절한다. RR MCU에서 LIN 통신으로 목표 RPM을 요청하면, EWP는 명령을 수행하고 현재 RPM을 피드백 해준다. 그 외 피드백 항목에는 구동전압, 구동전류 및 고장 정보들이 담겨 있다. 이런 정보들을 기반으로 냉각수 부족에 대한 진단을 수행하기도 한다.

부가기능을 통해 EWP를 강제 구동 시켜 작동 여부를 확인할 수 있다. 만약 냉각수 교환 작업을 했다면 냉각 라인의 공기 빼기 작업을 위해 반드시 이 기능을 수행해 주어야 한다.

RR MCU에서 보내는 지령 회전수(RPM)와 EWP가 피드백하는 현재 회전수(RPM)를 비교하면 현재 정상 작동 여부를 확인할 수 있다.

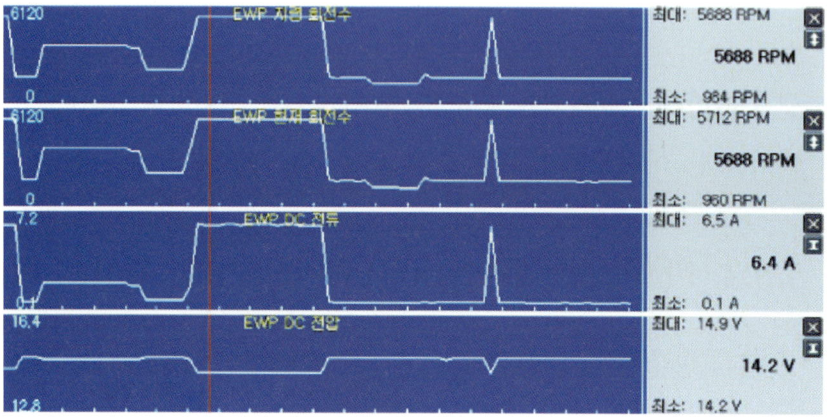

그림 6-15 센서 데이터

1.6.4. EOP(리어/프런트 모터)

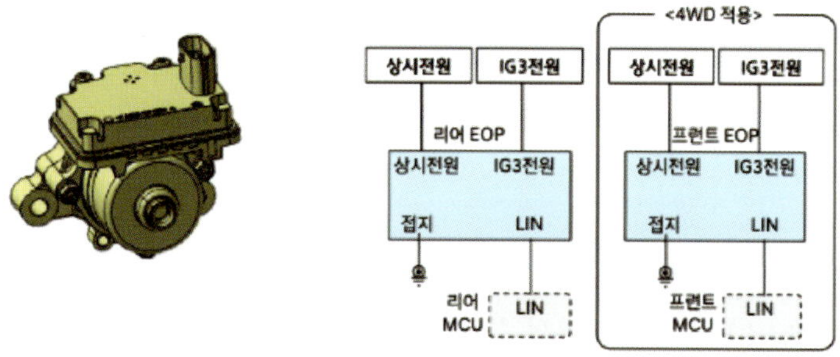

그림 6-16 EOP와 회로도

EOP(Electric Oil Pump)는 모터에 장착되어 감속기 오일을 순환시키는 역할을 한다. 감속기 오일은 모터를 직접 냉각시킨 후 순환하여 모터 오일 쿨러에서 PE냉각수와 열교환을 한다. RR MCU에서 LIN 통신으로 목표 RPM을 요청하면, EOP는 명령을 수행하고 현재 RPM을 피드백 해준다. 그 외 피드백 항목에는 구동전류, 토크 및 고장 정보들이 담겨있다.

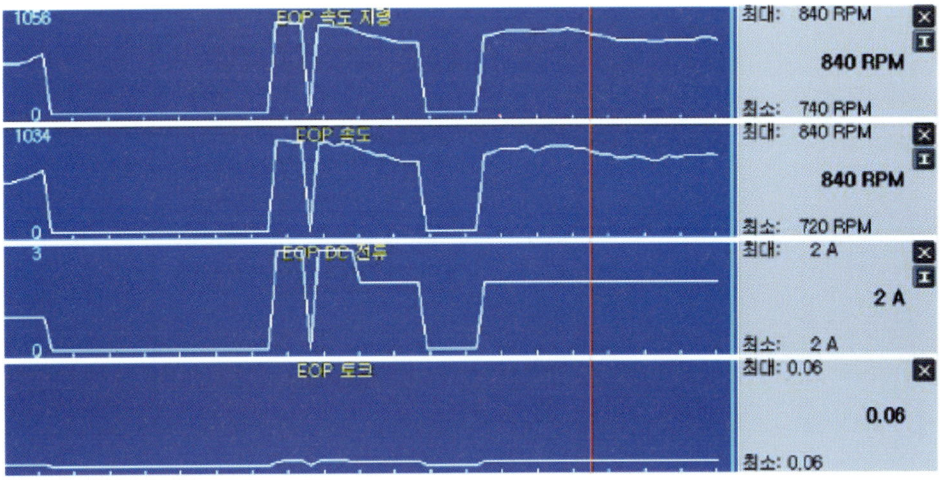

EPO 강제구동은 지원하지 않는다.

그림 6-17 센서 데이터

1.6.5. PE 냉각수 공기 빼기 작업(냉각수 교환 후)

① MCU 부가기능 중 [전자식 워터펌프 구동 검사] 진입

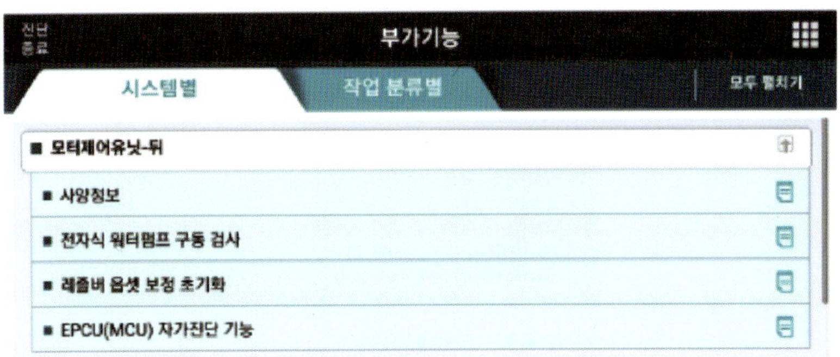

그림 6-18 [전자식 워터펌프 구동 검사] 진입

② 검사 조건 확인 후[확인]

• 전자식 워터펌프 구동 검사

검사목적	하이브리드 차량 또는 전기 차량의 EPCU/고전압배터리/냉각부품(EWP, 3way Valve 등) 정비 후 냉각수 보충시 공기빼기 및 냉각수 순환을 위해 EWP를 구동하는 기능.
검사조건	1. IG ON 2. 시동 전 3. NO DTC(EWP 관련 코드 : P0C73) 4. NO DTC(BMS 수냉각 시스템 정상)
연계단품	하이브리드 차량: Motor Control Unit(MCU), Electric Water Pump(EWP) 전기 차량: Motor Control Unit(MCU), Battery Management System(BMS), Electric Water Pump(BEWP), 배터리용 3way valve, 배터리용 승온히터(옵션), 히트펌프용 3way valve(옵션)
연계DTC	-
불량현상	-
기 타	-

확인

그림 6-19 검사 조건 확인 후[확인]

③ 한번 더 조건 확인 후[확인]

• [전자식 워터펌프 구동 검사]

이 기능은 전기 차량의 구동모터/EPCU/고전압 배터리/냉각부품

(EWP, 3way valve 등) 관련 정비 후, 냉각수 보충시 공기빼기 및

냉각수 순환을 위해 전자식 워터 펌프를 구동하는데 사용됩니다.

• [검사 조건]

1. IG ON
2. 시동 전
3. NO DTC (EWP 관련코드 : P0C73)
4. NO DTC (BMS 수냉각 시스템 정상)

냉각수 보충 후, [확인] 버튼을 누르세요.

확인 취소

그림 6-20 조건 확인 후[확인]

④ EWP 구동 및 냉각수 순환 시작(PE 리저버 탱크 하단 EWP 작동 여부 확인)

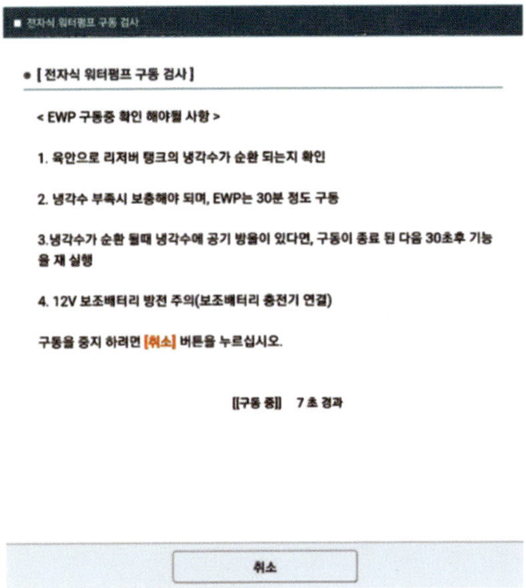
■ 전자식 워터펌프 구동 검사

● [전자식 워터펌프 구동 검사]

< EWP 구동중 확인 해야될 사항 >

1. 육안으로 리저버 탱크의 냉각수가 순환 되는지 확인

2. 냉각수 부족시 보충해야 되며, EWP는 30분 정도 구동

3.냉각수가 순환 될때 냉각수에 공기 방울이 있다면, 구동이 종료 된 다음 30초후 기능을 재 실행

4. 12V 보조배터리 방전 주의(보조배터리 충전기 연결)

구동을 중지 하려면 [취소] 버튼을 누르십시오.

[[구동 중]] 7 초 경과

취소

그림 6-21 EWP 구동

⑤ 리저버 탱크에 냉각수 부족 시 냉각수 보충 후 작업 재 실시

1.7 코일 일렉트릭 vs 아이오닉 5 모터 냉각 시스템 비교

항목	모터 수냉(간접 냉각)	모터 유닛(직접 냉방)
구조		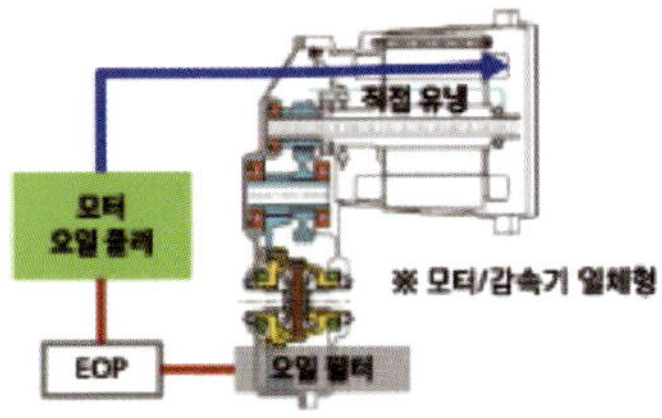
냉각 회로	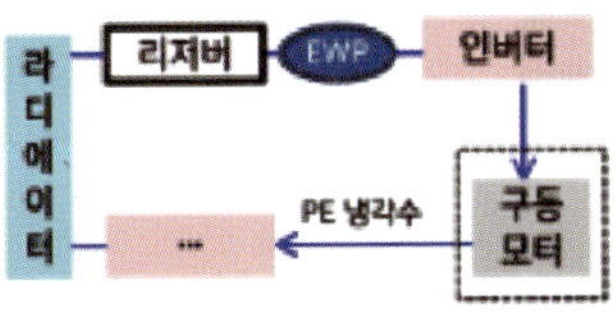	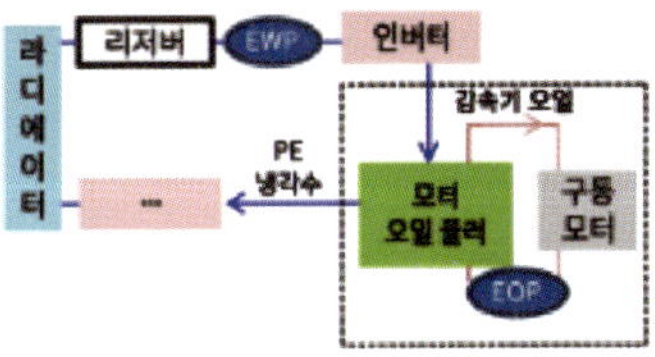

아이오닉 5 차량부터 전기차의 높은 성능의 고 RPM 모터를 대응하기 위해 모터 냉각 방식이 변경되었다. 모터 내의 워터 자켓을 순환하는 간접 냉각 방식에서 감속기 오일을 이용한 직접 냉각 방식으로 변경되면서 냉각 효율이 증대되었고 이 과정에서 오일 쿨러와 오일 순환을 위한 EOP가 추가되었다.

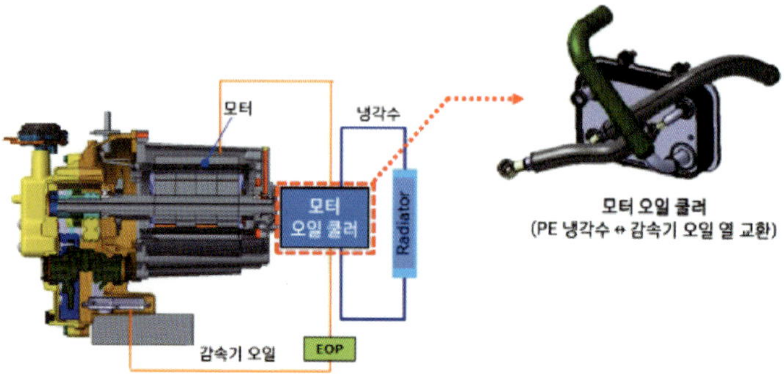

그림 6-22 직접 냉각 방식

2 고전압 배터리 열 관리 시스템

2.1 고전압 배터리 열관리 시스템의 특징

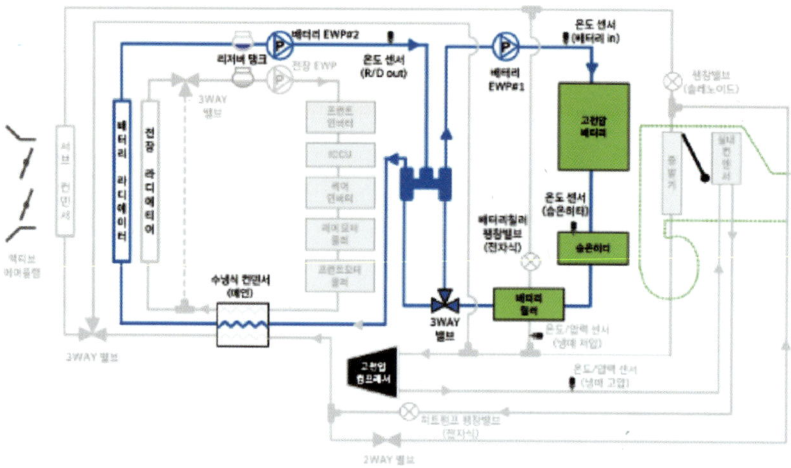

※ 냉각수 : 차종마다 상이

그림 6-23 고전압 배터리 열관리 시스템

고전압 배터리 열관리 시스템은 배터리의 충전 및 방전 효율증대를 위해 최적온도로 유지시킨다. 라디에이터측, 배터리 입구측, 승온 히터(배터리 출구)측의 온도를 측정하여 저 부하 냉각시에는 배터리의 열을 고전압 배터리 라디에이터로 순환시켜 열을 방출하며, 고 부하 냉각시에는 DATC로 배터리 칠러 팽창밸브를 구동 요청하게 되고 배터리 칠러에서 배터리열을 냉매로 방출한다. 고전압 배터리 온도가 낮을 때는 승온히터를 구동 시켜 고전압 배터리 온도를 정상온도까지 상승시켜 충전 및 방전이 원활하게 해준다. 배터리 냉각 회로는 온도 및 냉각수 온도를 감지하여 조건에 따라 냉각 회로를 통합 및 분리 운영한다.

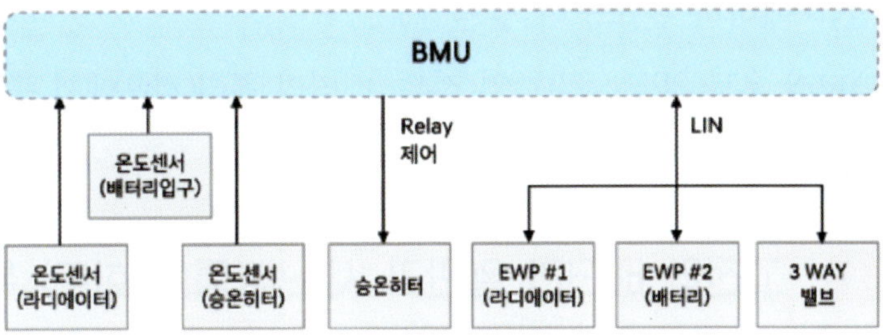

그림 6-24 고전압 배터리 열관리 시스템 제어

2.2 고전압 배터리 열관리 시스템(분리 회로) 특징

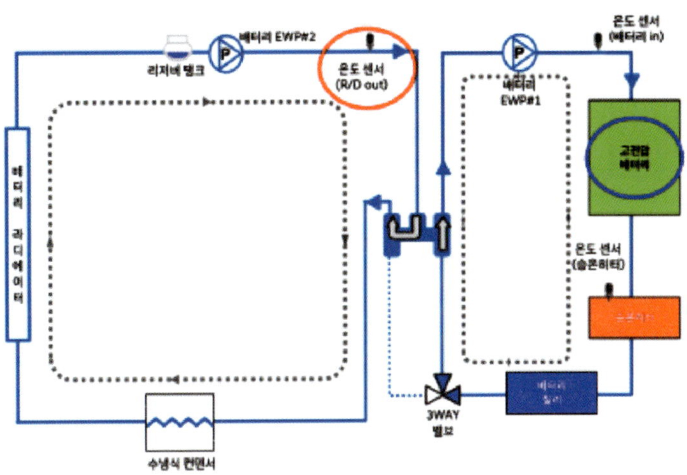

그림 6-25 고전압 배터리 열관리 시스템(분리 회로)

BMU는 배터리 온도 및 냉각수 온도 조건을 확인하여, 3WAY 밸브 및 EWP를 제어하여 분리 모드로 냉각수를 순환시킨다. 분리 모드 동작 시 3WAY 밸브는 배터리 EWP #1으로 작동시키며 EWP #1은 냉각수 순환을 하기 위해 BMU의 명령에 따라 RPM을 조절한다. 분리 모드 동작 시 EWP #2는 수랭식 컨덴서 열교환을 위해 DATC의 요청에 맞춰 RPM을 제어하게 된다.

분리 모드 조건은 아래와 같다.

① 배터리 온도 32℃ 미만

② 배터리 온도 32℃~36℃일 경우, 라디에이터 출구 측 냉각수 온도가 고전압 배터리 온도보다 높을 때

③ 배터리 온도 32℃~36℃일 경우, 배터리 칠러(컴프레서 구동 시작) 동작 시

2.3 고전압 배터리 열관리 시스템(통합 회로) 특징

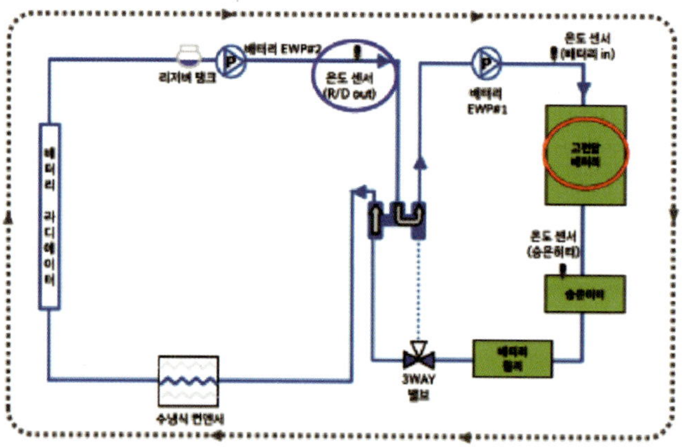

그림 6-26 고전압 배터리 열관리 시스템(통합 회로)

- 배터리 온도(Max 기준) : 약 32~36℃
- 라디에이터 출구 측(R/D out) 냉각수 온도가 고전압 배터리 온도보다 낮을 때

BMU는 배터리 온도 및 냉각수 온도 조건을 확인하여, 외기를 이용해 고전압 배터리의 냉각이 가능하다고 판단하는 경우 통합 모드로 동작하게 된다.

통합 모드 동작 시 3WAY 밸브는 라디에이터 방향으로 작동시키며 EWP #1과 EWP #2는 통합 냉각수 순환을 하기 위해 BMU의 명령에 따라 RPM을 조절한다. 냉각수는 고전압 배터리의 열을 흡수 하여 수랭식 컨덴서 및 배터리 라디에이터로 방열한다.

통합 모드 조건은 아래와 같다.

① 배터리 온도 32℃~36℃일 경우, 라디에이터 출구측 냉각수 온도가 고전압 배터리 온도보다 낮을 때

2.4 고전압 배터리 열관리 시스템 관련 부품

2.4.1. EWP #1(배터리), #2(라디에이터)

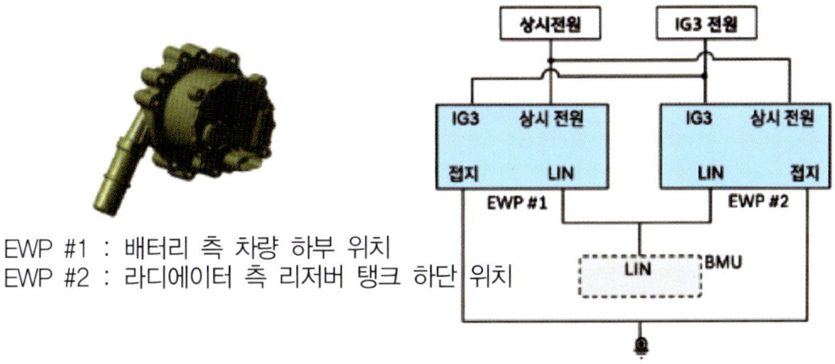

그림 6-27 EWP와 회로도

BMU가 각각의 EWP에게 목표 RPM 명령 값을 LIN 통신을 통해 전송하면 EWP는 현재 RPM 정보 및 각종 고장 진단 내용들을 피드백한다.

[1] 구동 특성

① 분리 모드 동작 시 : EWP #1은 배터리 온도 조건, 배터리 칠러 및 승온 히터 구동 조건에 맞춰 BMU가 RPM을 조절한다. 이때 EWP #2는 공조 조건에 맞춰 DATC가 BMU에 요청한 기준으로 구동된다.

② 통합 모드 동작 시 : 배터리 온도 및 공조 조건에 맞춰 EWP #1, EWP #2 RPM이 결정되어 같이 동작한다. 이때 RPM 속도는 최적의 냉각을 위한 차량 셋팅에 따라 상이할 수 있다.

[2] 관련 센서 데이터

BMU 항목에서 EWP #1, #2 모두 구동 명령 RPM 및 현재 RPM을 제공하기 때문에 두 개의 값을 비교하면 정상 작동 여부를 확인할 수 있다.

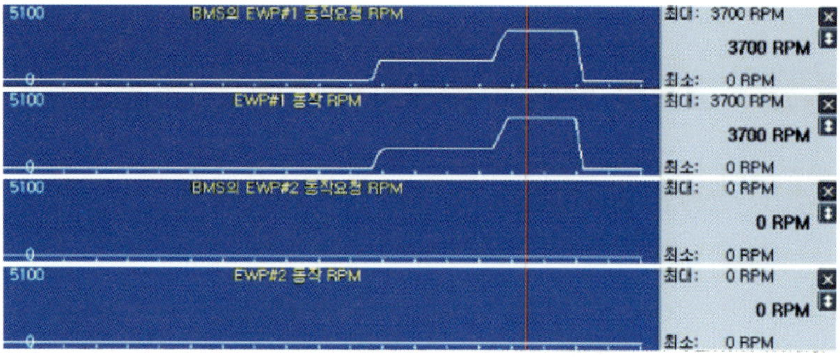

그림 6-28 센서 데이터

2.4.2. 3WAY 밸브

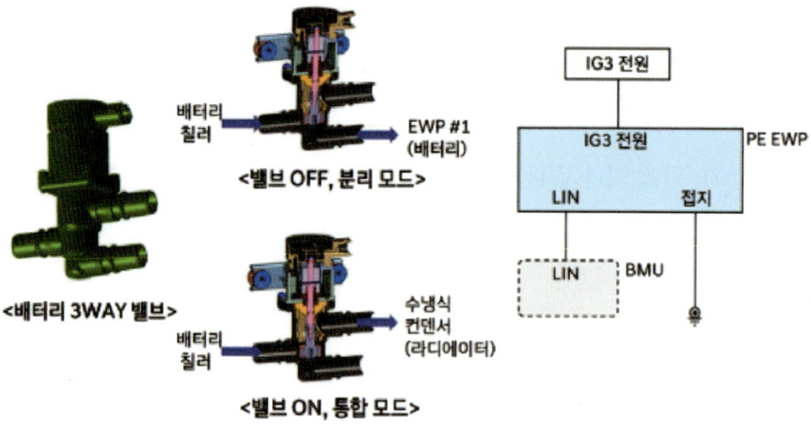

그림 6-29 3WAY 밸브 및 회로도

[1] 구동 특성

3WAY 밸브를 동작시켜 유로를 변경해 분리모드, 통합모드로 배터리 냉각회로를 변경한다.

① 분리 모드 동작 시 : 3WAY 밸브는 OFF 상태(디폴트)가 되며, OFF상태에서는 냉각수는 배터리 칠러→3WAY밸브→EWP #1→고전압 배터리의 순으로 흐르게 된다.

② 통합 모드 동작 시 : BMU는 LIN 통신을 통해 3WAY밸브에 동작 명령을 주게 되고, 3WAY 밸브가 ON 상태가 되면, 냉각수는 배터리 칠러→수냉식 컨덴서→라디에이터의 순서로 흐르게 된다.

[2] 관련 센서 데이터

3WAY 밸브를 구동하게 되면 BMU의 센서데이터 [배터리 수냉용 밸브 제어 모드]가 YES로 바뀌면서 통합 모드로 변경된다. 이때 수냉식 컨덴서에서 배터리 냉각수의 열을 회수 가능하기 때문에 [배터리 폐열 회수 금지상태]는 반대로 NO로 나타나게 된다.

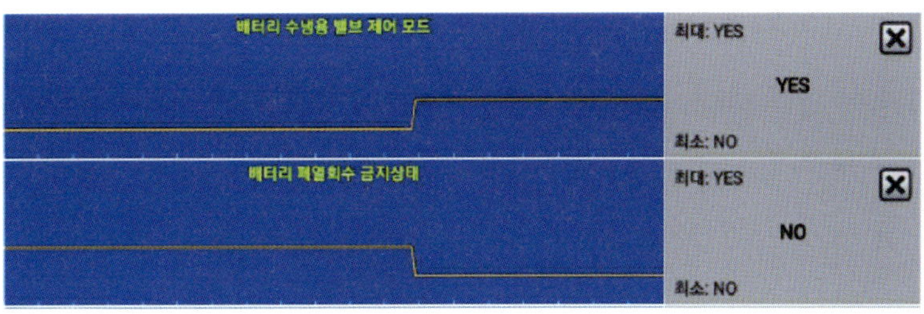

그림 6-30 센서 데이터

2.4.3. 승온 히터

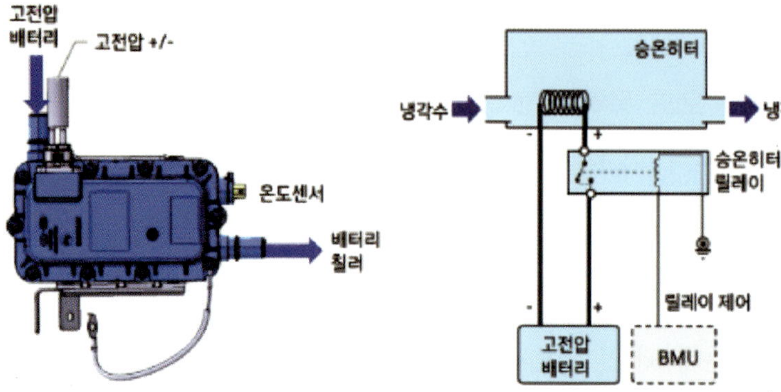

그림 6-31 승온 히터 및 회로도

[1] 특성

승온히터 릴레이는 저온 시 배터리 냉각수를 가열하여 배터리의 온도를 올려주는 장치이다. BMU에서 릴레이 제어를 통해 고전압 전원을 인가하기 때문에 단계별 제어는 불가능하다. 히터의 출력은 약 4~4.5kW 수준(차종마다 상이)으로 큰 전력이 소모되기 때문에 충전 시 배터리 SOC, 온도, 충전 전력 등을 고려하여 가장 높은 속도로 충전할 수 있도록 작동 여부를 결정한다. 그래서 승온히터 동작 후 승온히터 내 장착되어 있는 온도센서의 변화값을 모니터링하여 간접적으로 정상 작동 여부를 판단한다. 또한 내부에 온도 퓨즈가 장착되어 있어 약 132℃에 도달하면 회로가 차단된다.

[2] 센서 데이터

BMU가 승온히터 릴레이 제어를 하게 되면 [배터리 히터 릴레이 상태]가 NO→YES로 바뀌게 되며 [히터 1 온도] 값이 점차 상승하게 된다. 주행 중 승온 히터 사용 여부를 USM에서 체크하면 [윈터모드 활성화 상태]는 ON으로 고정된다.

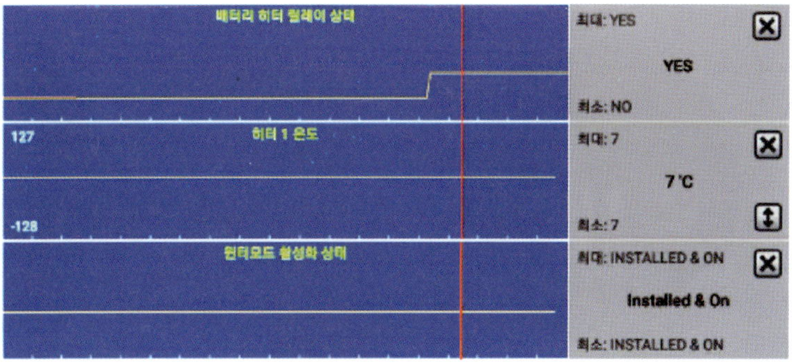

그림 6-32 센서 데이터

2.4.4. 고전압 배터리 냉각수

아이오닉(AE) EV의 경우 고전압 배터리의 용량이 작아 공기 냉각 방식을 제어하였지만, 코나 일렉트릭 및 아이오닉(AE) 상품성 개선 차량부터 고전압 배터리의 용량이 매우 커지며 수랭식 냉각 방식을 채택하였다.

차종별로 고전압 배터리 냉각수를 확인해보면 내연기관용 초록색(분홍색) 또는 전기차 전용 냉각수 파랑색이 적용된다. 이렇게 차이가 있는 이유는 고전압 배터리의 냉각 구조에 의한 차이로 사고 등의 냉각수 유출 문제 등과 연계하여 각각 적용되었다.

PE 냉각수는 내연기관 냉각수와 마찬가지로 부동액 원액에 물과 함께 사용하지만, 전기차 전용 냉각수는 절대 물과 혼용하면 안 되고, 교환 주기도 아래와 같이 차이가 있다.

① 내연기관용 냉각수 : 최초 10년에 20만km, 이후 2년에 4만km

② 전기차용 냉각수 : 3년에 6만km

전용 냉각수 취급 및 관리 등의 문제로 리저버 캡의 열림 방향도 내연기관용 냉각수 캡과 차이가 있다.

전기차 전용 냉각수 리저버 캡
→ 서비스 요원만 취급/관리

내연 기관용 냉각수 리저버 캡
→ 뜨거울 때 조심

그림 6-33 리저버 캡

2.4.5. BMS 강제구동(배터리 냉각수 공기 빼기 작업)

① BMS 강제 구동 항목 중 [배터리 EWP 구동(냉각유로 공기제거/냉각수 순환용)] 진입

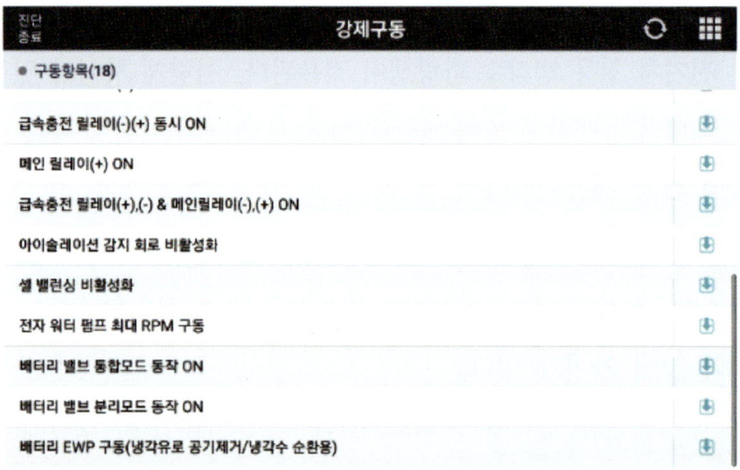

그림 6-34 [배터리 EWP 구동(냉각유로 공기제거/냉각수 순환용)] 진입

② 강제 구동 조건 확인 후 시작

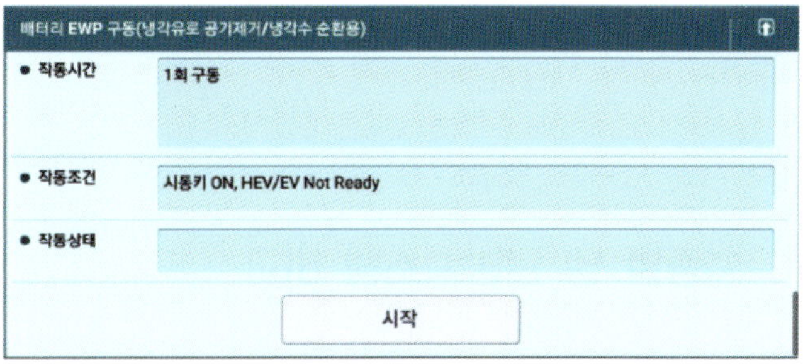

그림 6-35 강제 구동 조건 확인 후 시작

③ EWP #1, #2 작동 및 냉각수 순환 시작

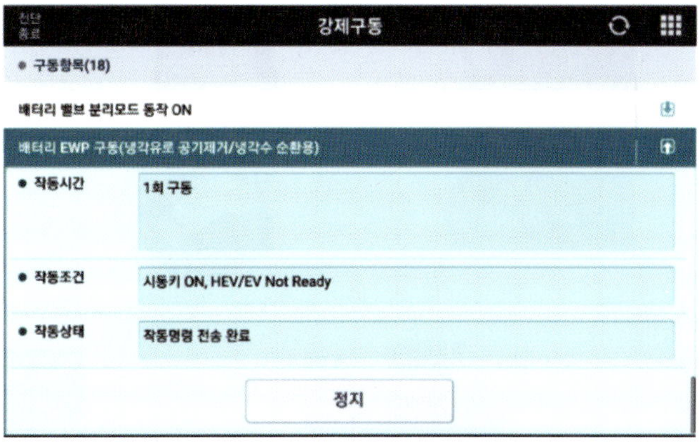

그림 6-36 냉각수 순환 시작

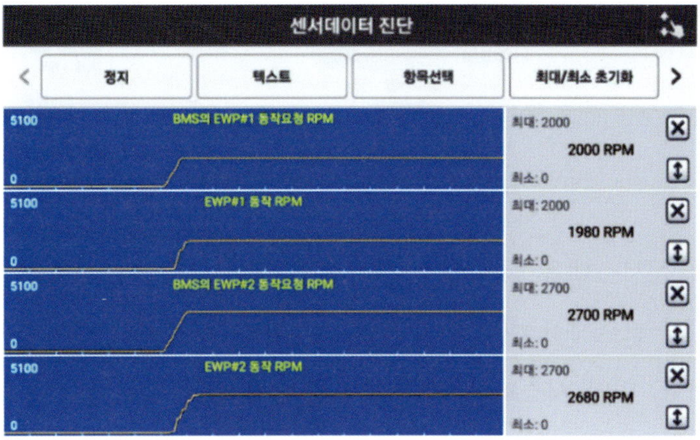

그림 6-37 센서 데이터 진단

④ 리저버 탱크에 냉각수 부족 시 냉각수 보충 후 작업 재 실시

3 실내 공조(냉매 회로)

3.1 차종별 냉 난방시스템 비교

[차종별 냉 난방시스템 비교]

구분	HEV, PHEV	전기차	수소전기차
난방	·엔진 폐열 (냉각수) 	·실내 고전압 PTC 히터  ·히트 펌프(냉매 활용) 	·실내 고전압 PTC 히터  ·연료전지 폐열 (냉각수) 
냉방	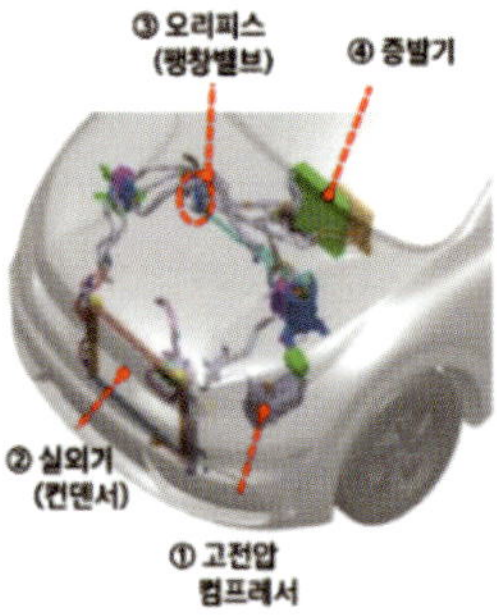	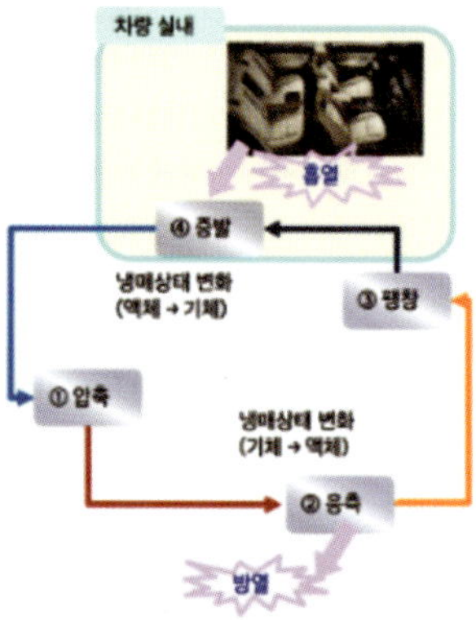	

고전압 시스템을 이용하는 친환경 차량은 냉방 시 엔진의 동력을 이용하는 에어컨 컴프레서 대신에 고전압을 사용하는 전동식 에어컨 컴프레서가 적용되었고, 난방 시스템은 친환경차 종류에 따라 다르게 구성되어 있다. HEV, PHEV 차량의 경우 엔진 폐열을 이용하여 냉각수로 실내로 열원을 공급하고, 수소전기차는 고전압 실내 PTC히터와 연료전지 폐열을 이용한 냉각수로 실내에 열원을 공급한다. 전기차는 고전압을 실내 PTC 히터와 히트펌프의 조합으로 난방을 진행한다. 전기차에 적용된 냉/난방 모두 냉매의 상태 변화

를 통한 열 흡수(에어컨) 및 열 방출(히트펌프)을 이용한 공조 시스템이기 때문에 다른 차종들과 비교하면 냉매 회로를 구성하는 회로 및 구성품이 다소 복잡하다.

3.2 난방 시 PTC 히터 VS 히트펌프 효율 비교

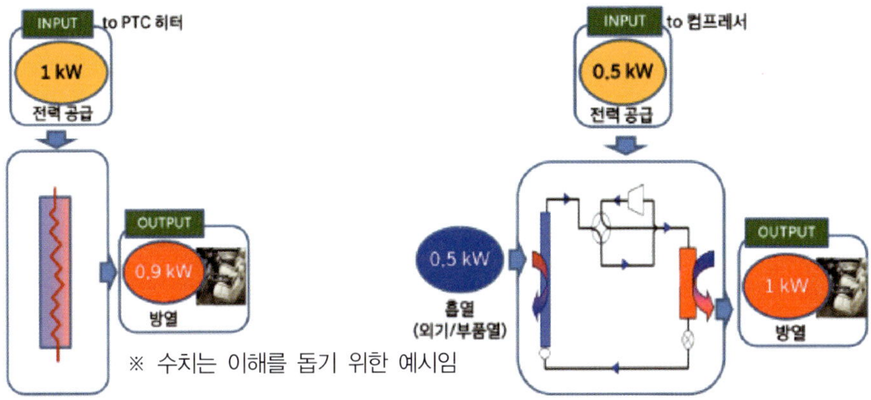

(a) PTC 히터　　　　(b) 히트펌프

그림 6-38 PTC 히터와 히트펌프

① PTC 히터 : 공급된 에너지만큼 실내 방열

※ PTC효율 100% 가정

② 히트 펌프 : 공급된 에너지+추가로 공급받은 에너지 만큼 실내 방영

※ 컴프레서 효율 100% 가정

㉮ 고전압 배터리 온도가 높을 경우 열원 : 전력 공급(컴프레서)+흡열(외기+모터 열+고전압 배터리 열)

㉯ 고전압 배터리 온도가 낮을 경우 열원 : 전력 공급(컴프레서)+흡열(외기+모터 열)

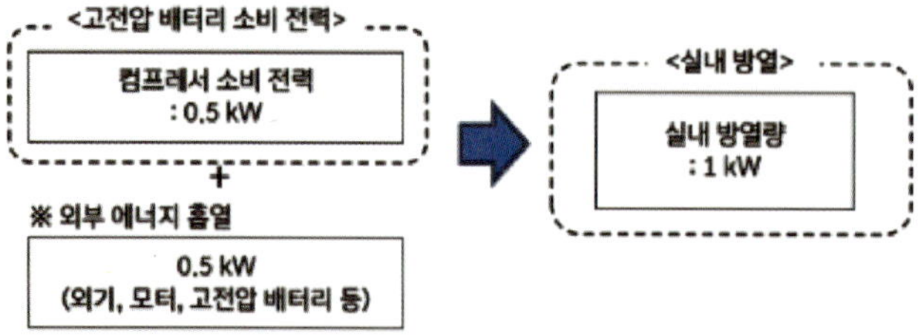

3.3 냉매의 특성

3.3.1. 상태 변화를 통해 열 교환

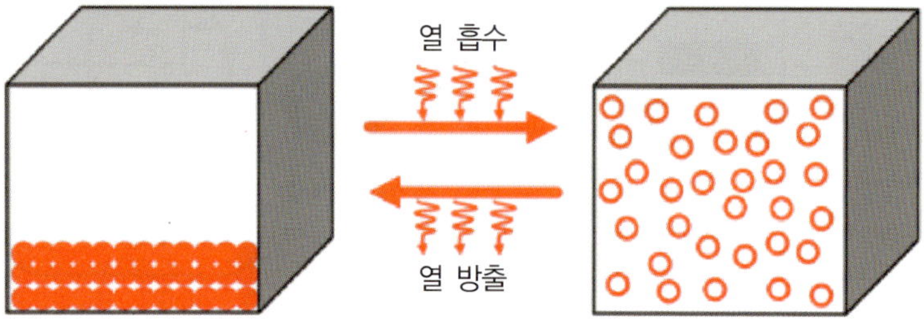

그림 6-39 **열 교환**

① 동일 온도 및 질량을 가진 냉매는 기체상태가 액체상태보다 더 많은 에너지를 가진다.

② 액체→기체로 상태 변환시 외부로부터 열을 흡수한다.

③ 기체→액체로 상태 변환시 외부로 열을 방출한다.

모든 물질은 동일 압력 온도 조건이라면 기체 상태가 액체 상태보다 더 많은 에너지를 가지고 있다. 물을 예를 들면 0℃ 물을 100℃까지 온도를 상승시키는 것보다 100℃물을 100℃의 수증기 상태로 변환 하는게 더 많은 에너지가 필요로 한다.

예

그림 6-40 상태 변환

냉매 역시 이런 상태 변환 시 방출 혹은 흡수 되는 에너지를 이용하여 냉/난방을 활용한다. 냉매 회로에는 상태변환을 하기 위한 적절한 냉매의 온도와 압력을 만들기 위해 압축기와 팽창밸브가 구성되고, 상태변환시 필요한 열교환을 하기 위해 증발기 및 응축기와 같은 열교환기가 구성된다.

3.3.2. 열 교환을 하는 위치

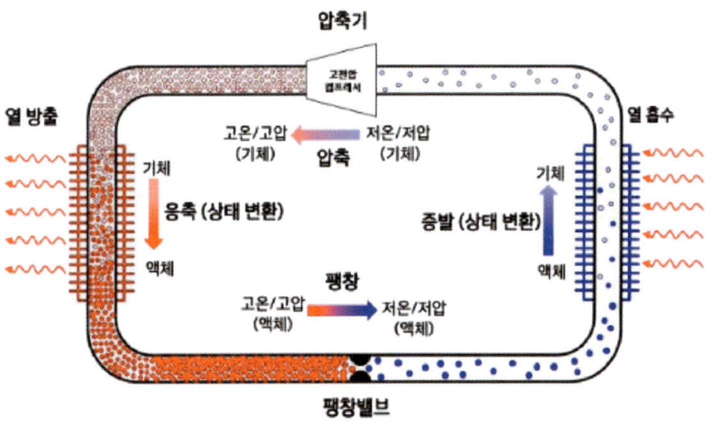

그림 6-41 열 교환

목적에 따라 냉매 상태 변환 시 열교환 위치는 아래와 같이 상이하지만, 정상적인 냉매 회로를 구성하기 위해서는 반드시 위와 같은 압축 → 응축 → 팽창 → 증발 → 압축의 사이클을 거쳐야 한다. 하나의 압축기로 냉매 압축이 이루어지며, 응축/팽창/증발은 목적에 맞게 구성되어 있다.

목적	열 방출	열 흡수
에어컨 (실내 냉방)	– 수냉식 컨덴서 : 냉각수로 열 방출 – 공랭식 컨덴서 : 외기로 열 방출	– 증발기 : 실내 열 흡수
히트 펌프 (실내 난방)	– 실내 컨덴서 : 실내로 열 방출	– 수냉식 컨덴서 : 냉각수 열 흡수
배터리 칠러 (배터리 냉각)	– 수냉식 컨덴서 : 냉각수로 열 방출 – 공랭색 컨덴서 : 외기로 열 방출	– 배터리 칠러 : 배터리 냉각수 열 흡수

※ 이때 이용되는 냉매는 대기 방출 시 지구 온난화에 영향이 없는 R1234y가 사용된다.

3.3.3. 냉매 회로

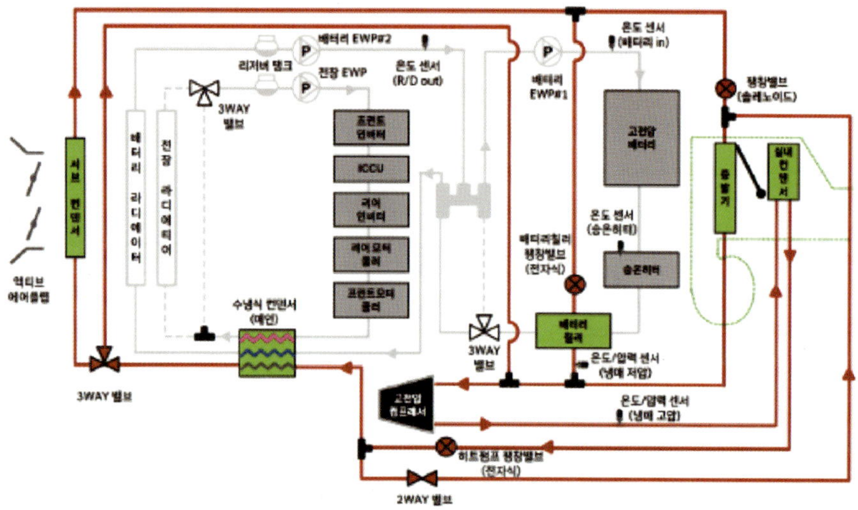

그림 6-42 냉매 회로

냉매 회로는 크게 배터리 칠러, 에어컨(실내 냉방), 실내 난방(히트 펌프), 실내 난방+제습 모드로 나눠서 구성되어 있다. 각각이 모드에 맞춰 열교환기, 유료 변경용 밸브, 팽창밸브 들로 구성이 되어 있으며 DATC가 구성품들을 제어한다.

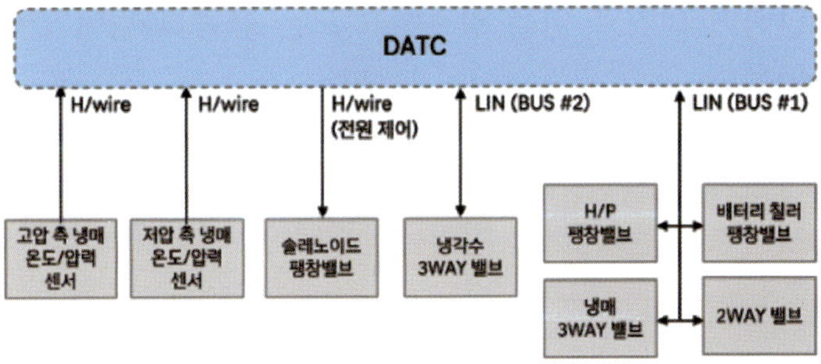

그림 6-43 냉매 회로 제어

3.4 냉매의 흐름

3.4.1. 배터리 칠러가 동작하는 경우

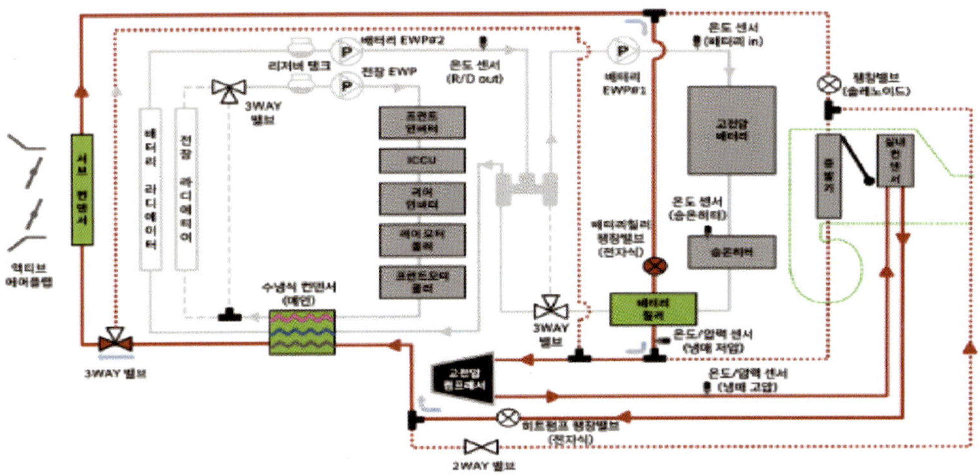

그림 6-44 배터리 칠러가 동작하는 경우

① 압축 : 고전압 컴프레서에서 냉매가 압축되어 실내 컨덴서로 흐르지만 열교환을 하지 않기 때문에 고온 고압 상태로 수냉식 컨덴서에 도달하게 된다.

② 1차 응축(열 방출) : 수냉식 컨덴서에서(라디에이터 측) 고전압 배터리 냉각수 및 PE 냉각수로 열을 방출하고, 1차로 기체→액체로 상태변화가 이루어진다. 1차 응축이 끝난 기체와 액체가 혼합된 냉매는 서브컨덴서에

도달하여 외기로 열을 방출하고 모든 응축 과정이 끝이 난다.

③ 팽창 : 1, 2차 응축과정으로 액체상태의 냉매는 배터리 칠러 팽창밸브 작농으로 저온/저압의 액체 상태의 냉매가 된다.

④ 증방 : 냉매는 배터리 칠러에서 고전압 배터리 냉각수의 열을 흡수하여 액체→기체로 상태 변화가 이루어진다.

3.4.2. 배터리 칠러 동작과 실내 냉방을 할 경우

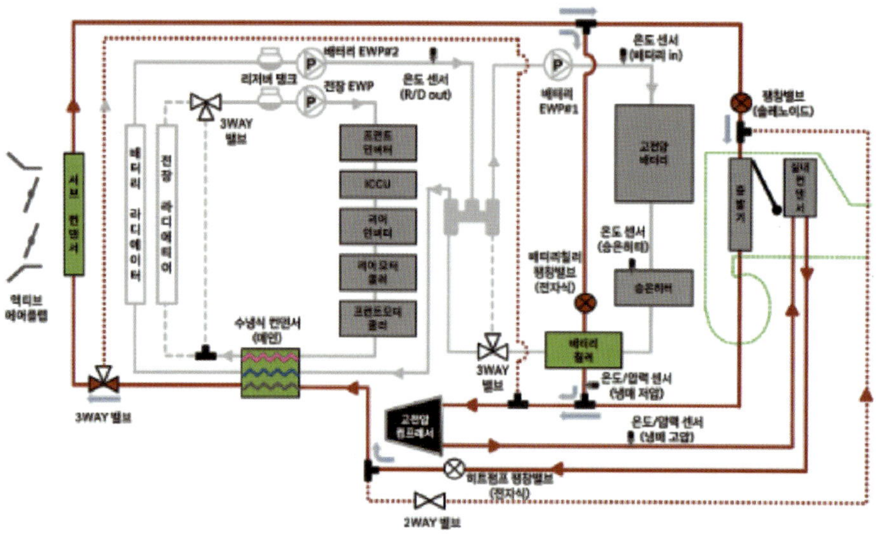

그림 6-45 배터리 칠러 동작과 실내 냉방을 할 경우

① 압축 : 고전압 컴프레서에서 냉매가 압축되어 실내 컨덴서로 흐르지만 열교환을 하지 않기 때문에 고온 고압 상태로 수냉식 컨덴서에 도달하게 된다.

② 응축(열 방출) : 수냉식 컨덴서에서(라디에이터 측) 고전압 배터리 냉각수 및 PE 냉각수로 열을 방출하고, 1차로 기체→액체로 상태 변화가 이루어진다. 1차 응축이 끝난 기체와 액체가 혼합된 냉매는 서브컨덴서에 도달하여 외기로 열을 방출하고 모든 응축 과정이 끝이 난다.

③ 팽창 : 1, 2차 응축과정으로 액체상태의 냉매는 배터리 칠러 팽창밸브

및 솔레노이드 팽창밸브 작동으로 저온/저압의 액체 상태의 냉매가 된다.

④ 증발(열 흡수) : 냉매는 배터리 칠러에서 고전압 배터리 냉각수의 열을 흡수하고 증발기에서 실내 공기의 열을 흡수하여 액체→기체로 상태변화가 이루어진다.

3.4.3. 실내 난방을 할 경우

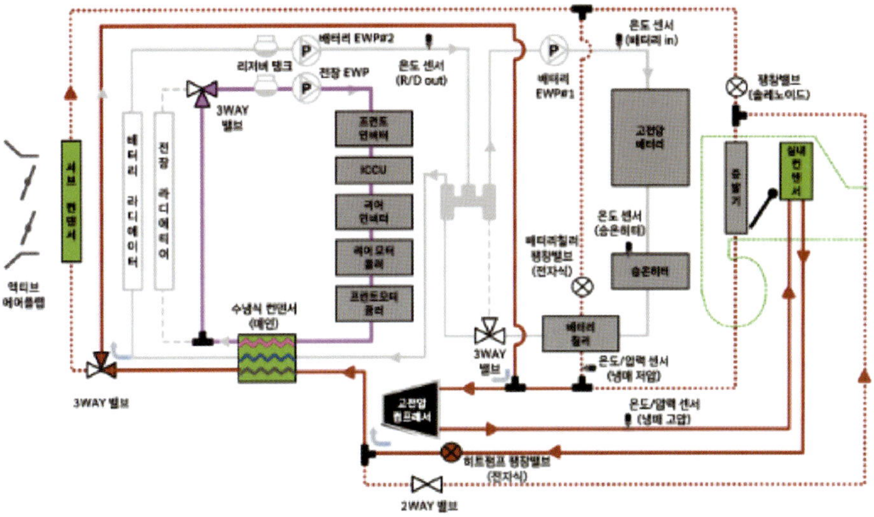

그림 6-46 실내 난방을 할 경우

① 압축 : 실내 컨덴서에서 냉매의 열을 방출하여 실내 온도를 높임

② 응축(열 방출) : 실내 컨덴서에서 차량 실내로 열을 방출하고, 기체→액체로 상태변화가 이루어진다.

③ 팽창 : 실내 컨덴서에서 상태 변화가 이루어진 액체상태의 냉매는 히트펌프 팽창밸브 작동으로 저온/저압의 액체 상태의 냉매가 된다.

④ 증발(열 흡수) : 냉매는 액체상태의 냉매는 수냉식 컨덴서에서 냉각수(PE 냉각수+라디에이터 측 배터리 냉각수)로부터 열을 흡수하여 액체→기체로 상태변화가 이루어진다.

※ PE 냉각수라인의 3WAY 밸브를 바이패스시켜 열손실을 방지한다.

3.4.4. 실내 난방과 제습을 동시에 할 경우

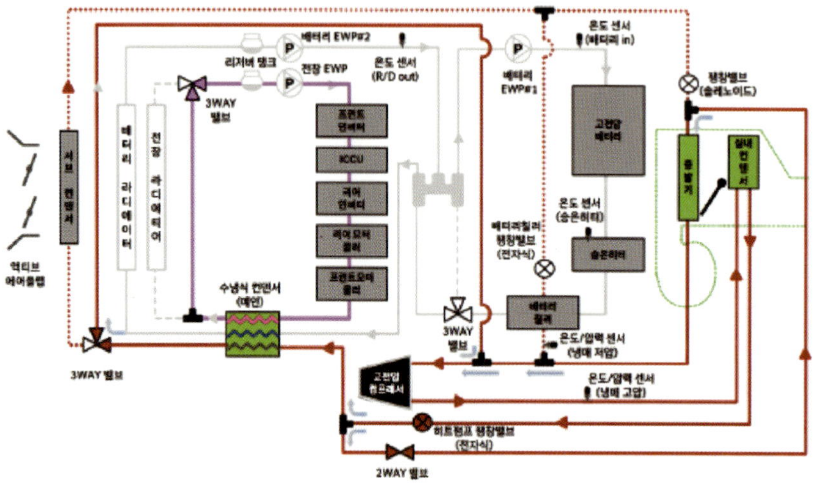

그림 6-47 실내 난방과 제습을 동시에 할 경우

① 압축 : 고전압 컴프레서에서 냉매가 압축되어 실내 컨덴서로 도달한다.

② 응축(열 방출) : 실내 컨덴서에서 차량 실내로 열을 방출하고, 기체→액체로 상태변화가 이루어진다.

③ 팽창 : 실내 컨덴서에서 상태 변화가 이루어진 액체상태의 냉매는 히트펌프 팽창밸브 작동으로 저온/저압의 액체 상태의 냉매가 된다.

④ 증방(열 흡수) : 냉매는 액체상태의 냉매는 수냉식 컨덴서에서 냉각수(PE 냉각수+라디에이터 측 배터리 냉각수) 및 증발기에서 유입되는 공기로부터 열을 흡수하여 액체→기체로 상태 변화가 이루어진다.

※ PE 냉각수라인의 3WAY 밸브를 바이패스시켜 열손실을 방지한다.

3.5 냉 난방 시스템 관련 부품

3.5.1. 수냉식 컨덴서

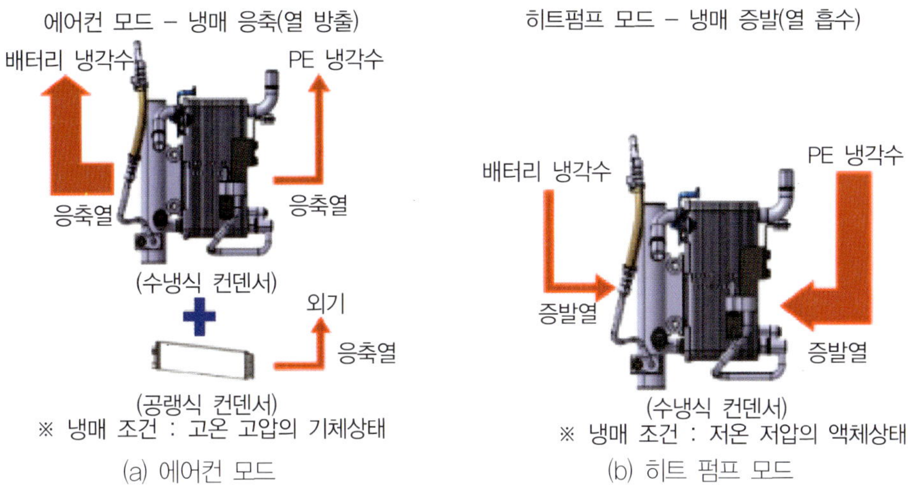

그림 6-48 수냉식 컨덴서

수냉식 컨덴서는 냉각수(PE 냉각수, 고전압배터리 냉각수)와의 열교환을 통해 냉매의 상태변화를 만들어 주는 장치이다. 에어컨/배터리 칠러 동작시에는 냉매의 열을 냉각수로 방출하여 기체 상태의 냉매를 액체 상태로 만들어 주는 응축기의 역할을 수행하며, 히트펌프 동작시에는 냉각수(PE 부품 폐열)의 열을 흡수하여 액체 상태의 냉매를 기체상태로 만들어주는 증발기의 역할도 수행하기도 한다.

응축기 역할을 할 경우에는 압축기에서 나온 냉매가 고온 고압의 기체상태로 유지된 상태로 수냉식 컨덴서에 도달해야 되고, 증발기 역할을 할 경우에는 수랭식 컨덴서 전단의 팽창밸브를 작동시켜 저온 저압의 액체상태로 냉매를 만들어 줘야 한다.

3.5.2. 고전압 컴프레서

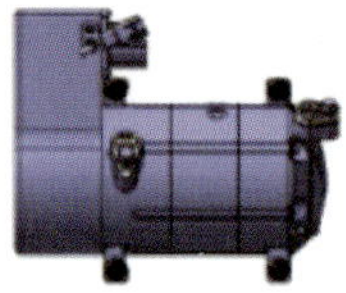

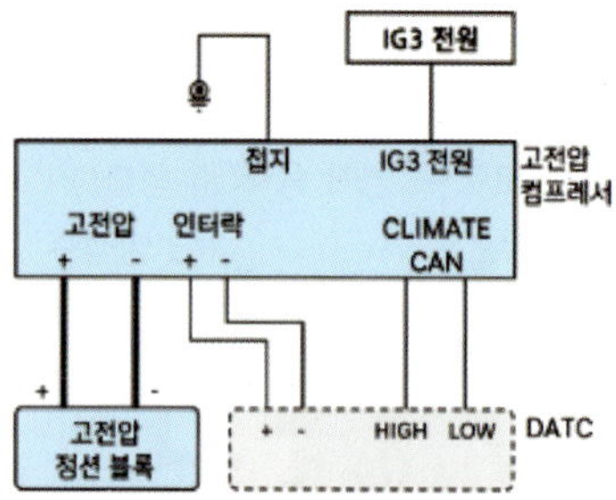

차종	용량(cc/rev)	정격 출력(kW))	최대 토크(Nm)
코나 일레트릭	33	4.5	7.0
아이오닉 5	45	8.0	9.0

그림 6-49 고전압 컴프레서 및 회로도

[1] 구동 특성

BLDC 모터(Brushless Direct Current motor)를 회전하여 냉매를 고온/고압 상태로 만들어 주고 냉매 회로를 순환시키는 역할을 한다. 에어컨(배터리 칠러 포함) 및 히트펌프 작동 시 DATC(Dual Automatic Temperature Control)가 CLIMATE CAN을 통해 컴프레서 RPM을 제어하여 구동한다. DATC는 목표 RPM 및 작동 여부를 송신하고, 고전압 컴프레서로부터 현재 RPM, 인버터 온도 등을 수신한다. 기존 OS EV 대비 배터리 용량이나 실내 공간이 넓어지면서 출력 및 용량 모두 증대 되어 냉/난방 능력이 향상 되었다.

[2] 센서 데이터

DATC가 센서 데이터 항목에는 [컴프레서 작동상태]만 확인 가능하다. 하지만 BMS 센서 데이터 항목에 DATC로부터 수신받은 [에어컨 컴프레서 동작 RPM]을 추가로 확인할 수 있다.

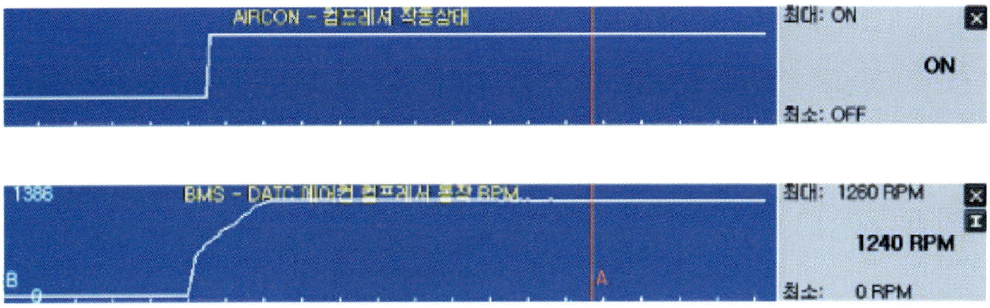

그림 6-50 DATC 센서 데이터

고전압 컴프레서는 고전압을 사용하는 부품이기 때문에 차체와는 아래와 같은 절연 상태가 유지되어야 한다.

① 냉매 無 : 100MΩ 이상

② 냉매 有 : 5MΩ 이상

[3] 고전압 컴프레서 파셜화

<table>
<tr><td>컴프레서 바디 A/S KIT</td><td>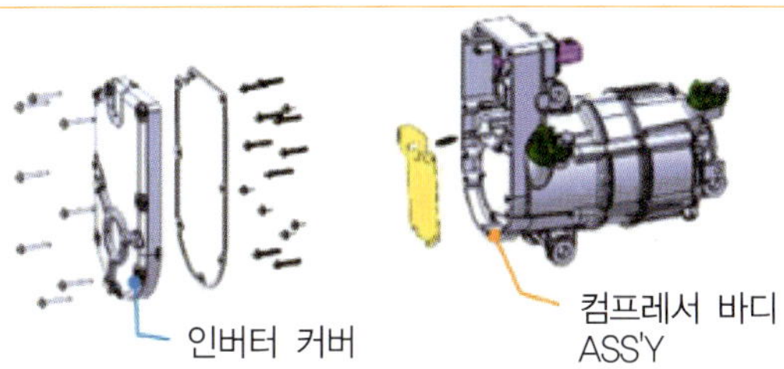
</td></tr>
<tr><td>인버터 A/S KIT</td><td>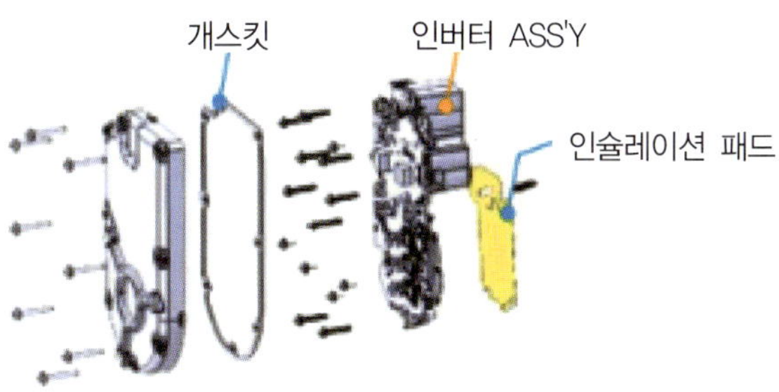
</td></tr>
</table>

코나 일렉트릭과 동일하게 컴프레서는 바디부와 인버터부로 파셜화되어 있다. 정비지침서의 흐름도 및 진단 가이드를 참고하여 해당 부품을 교환한다.

[고장 진단 흐름도]

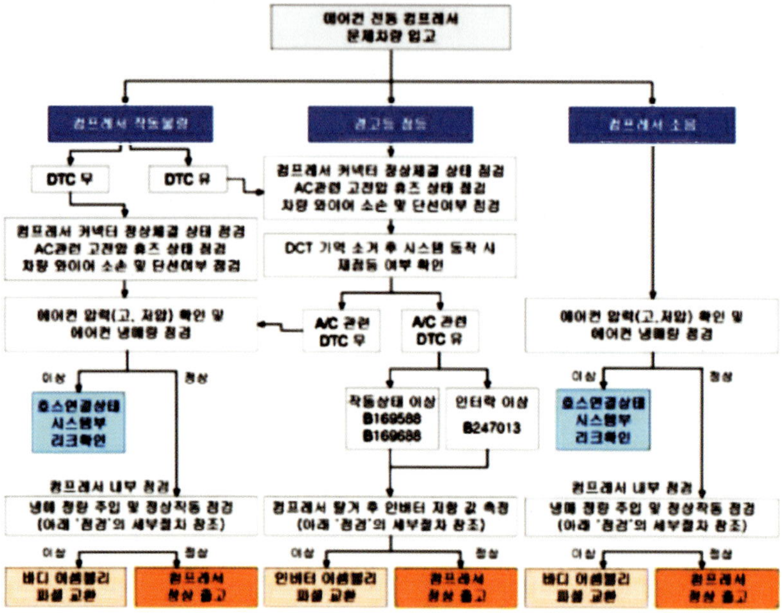

3.5.3. 온도/압력 센서(고압 컴프레서 출구측, 저압 컴프레서 입구측)

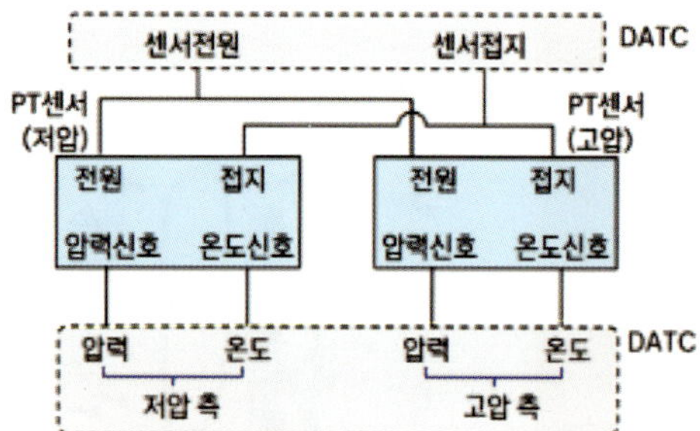

그림 6-51 온도/압력 센서 회로도

[온도센서 저항 특성]

온도(℃)	저항(KΩ)	온도(℃)	저항(KΩ)
-40	336	30	8.06
-20	177	40	5.33
-10	97.0	50	3.61
0	55.3	60	2.49
10	32.6	70	1.76
20	12.5	80	1.26

※ 저압 및 고압 측 온도센서 NTC저항 특성 동일

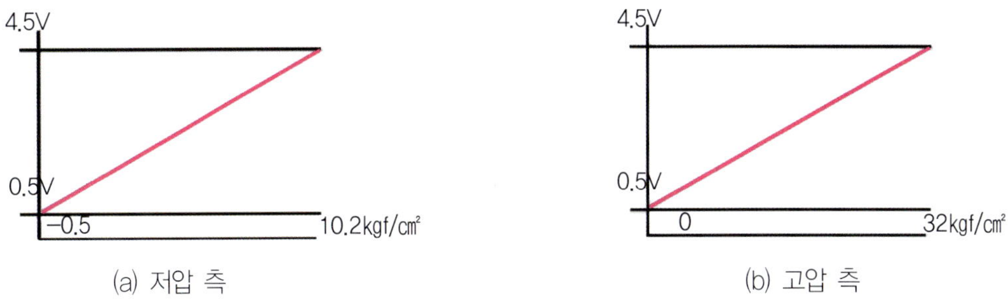

그림 6-52 **압력 센서 특성**

[1] 구동 특성

냉매의 온도와 압력은 냉매가 액체↔기체 상태로 변환시키기 위한 중요한 변수로 활용된다. 그렇기 때문에 DATC는 냉매회로에 위치한 냉매의 온도와 압력을 모니터링하고 있다. 기존 OS EV는 온도센서, 압력센서가 분리되었지만, 아이오닉 5 이후 차량부터는 온도/압력 센서가 통합된 PT센서를 사용한다. 고압측 PT센서는 컴프레서 후단에 위치해 있고, 저압측 PT센서는 컴프레서 전단에 위치하여 컴프레서 입/출구 냉매 압력 및 온도를 보여준다. 압축→응축→팽창→증발로 이어지는 냉매 사이클이 정상적으로 진행된다면, 고압 측 온도 및 압력은 목표치까지 점점 상승되고, 저압측 온도 및 압력은 목표치까지 점점 하강하는 모습을 보여 준다.

[2] 센서 회로 단선 시

① 저압측 센서 단선 시 : 압력은 최대 측정값인 10.2kgf/㎠ 값이 나오고 온도는 10℃(페일 세이프)로 고정된다.

② 고압측 센서 단선 시 : 압력은 최대 측정값인 32kgf/㎠ 값이 나오고 온도는 80℃(페일 세이프)로 고정된다.

3.5.4. 실내 PTC 히터

차종	정적 출력(kW)
OS EV	5.5
NE	6.3

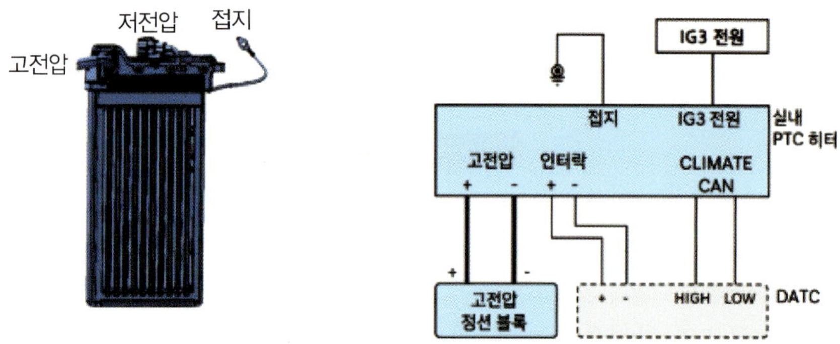

그림 6-53 실내 PTC 히터 및 회로도

[1] 구동 특성

히트펌프와 더불어 실내 공기 온도를 상승시켜 주는 장치이다. 히트펌프를 사용하기 위한 컴프레서 작동 온도 범위는 -20℃ 이상이지만 PTC히터는 -40℃ 이상부터 사용가능하기 때문에 더 극저온 지역에서도 난방이 가능하다. 실내 난방 시 DATC가 CLIMATE CAN을 통해 PTC 듀티를 제어하여 구동한다. 최소출력 50W부터 제어 가능하며 듀티 값에 따라 가변된다. PTC히터 코어는 온도가 올라갈수록 저항이 커지게 되는데, 만약 블로워 모터 고장으로 실내 열교환이 이루어지지 않아 230Ω 이상 저항이 올라가면 과열 보호기능으로 PTC 히터는 작동 중지된다.

[2] 센서 데이터

하나의 PTC 히터에 운전석 영역과 동승석 영역으로 구분 되어 있으며, 각각 최고 3.15kW 출력을 낼 수 있다.

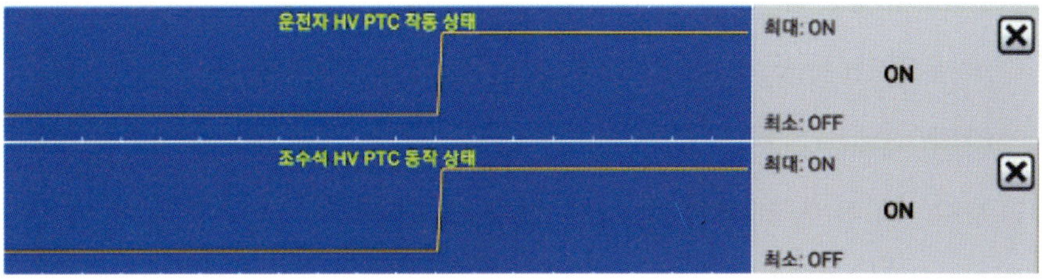

그림 6-54 센서 데이터

3.5.5. 히트펌프 팽창밸브

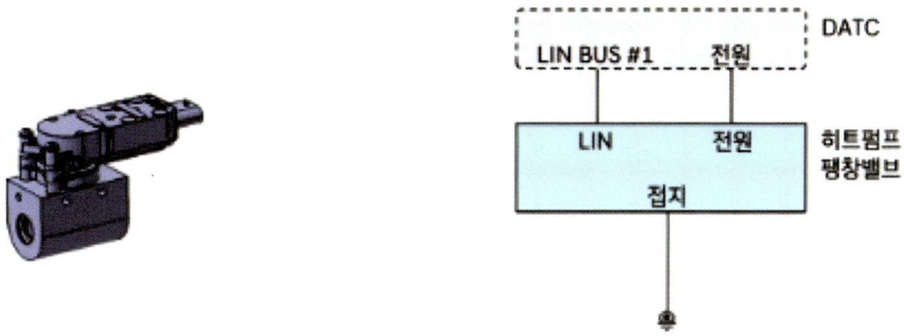

그림 6-55 히트펌프 팽창밸브 및 회로도

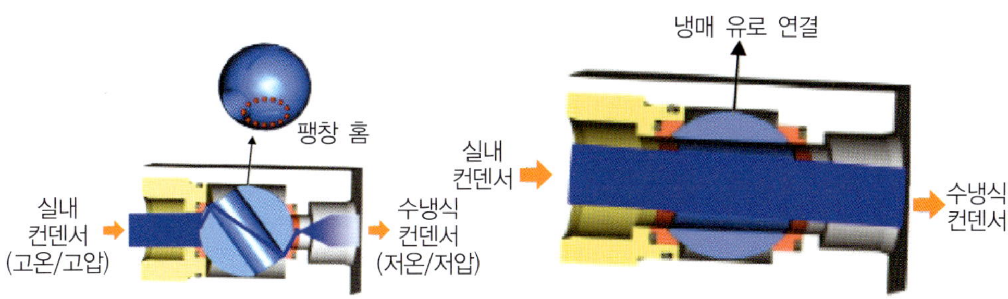

(a) 히트펌프 작동시 (b) 에어컨 및 배터리칠러 작동 시

그림 6-56 히트펌프 팽창밸브 작동

[1] 구동 특성

히트펌프 팽창밸브는 실내 컨덴서 후단에 위치해 있으며, 에어컨 및 배터리 칠러 작동시에는 고온 고압의 기체 냉매를 그대로 통과시켜 수냉식 컨덴서에서 응축(기체→액체)을 할 수 있도록 유로를 연결해주고 겨울철 실내 난방 시(히트펌프 동작 시)에는 고온 고압 기체 냉매를 팽창하여 수냉식 컨덴서에서 증발(액체→기체)하게 해준다. 내부 구조는 배터리 칠러와 동일하지만 팽창 모드 시 유로 직경은 차이가 있다. DATC가 LIN통신을 통해 목표 스텝(위치)을 전송하면 팽창밸브는 해당되는 위치까지 움직이고 현재 위치 및 상태 피드백 해준다.

[2] 관련 센서 데이터

히트펌프 팽창밸브는 닫힘 제어가 없기 때문에 상시 OFF로 표현된다.

그림 6-57 센서 데이터

3.5.6. 배터리 칠러 팽창밸브

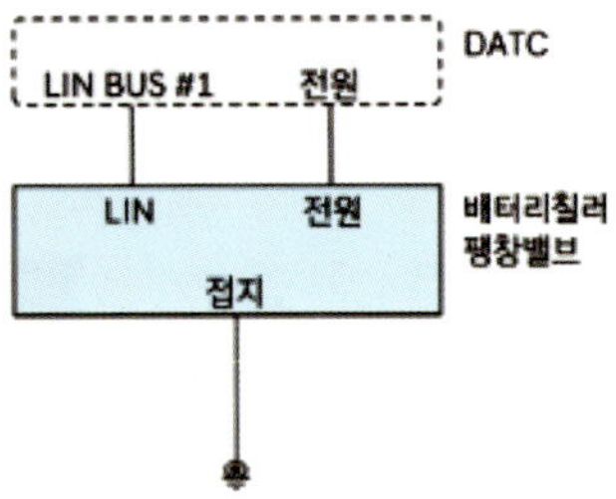

그림 6-58 배터리 칠러 팽창밸브 회로도

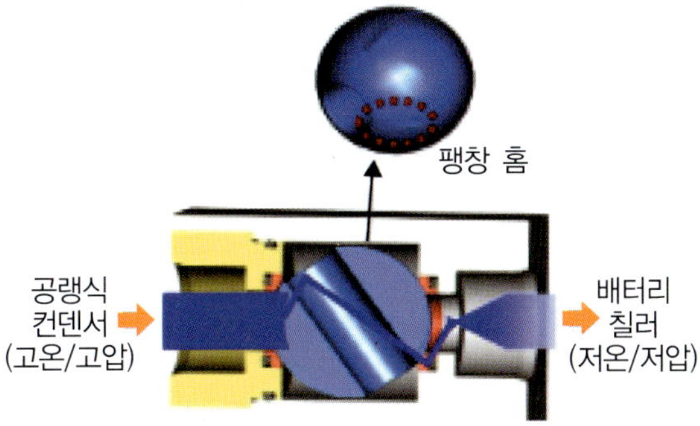

(a) 배터리 칠러 ON(에어컨 모드)

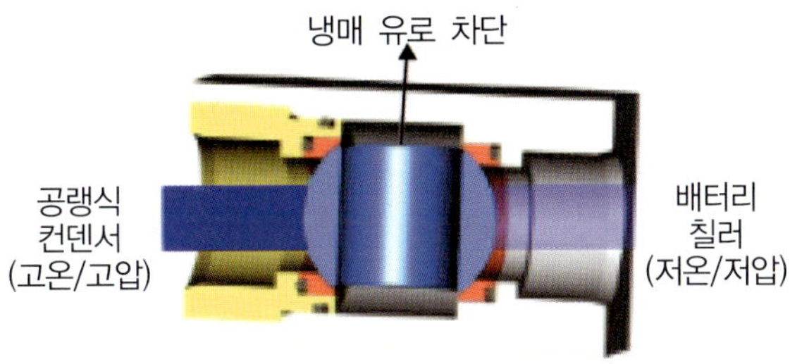

(b) 배터리 칠러 OFF(에어컨 모드)

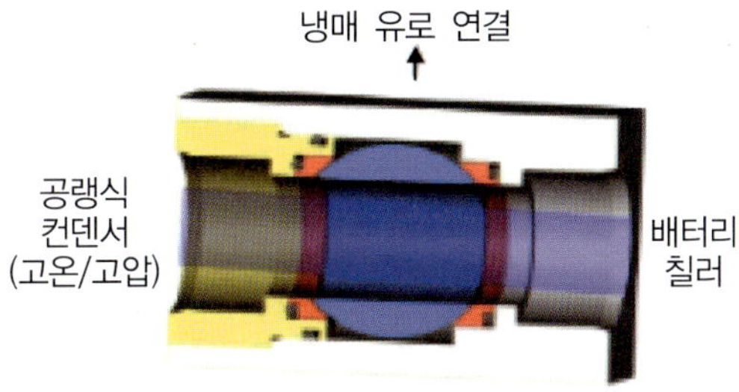

(c) 히트펌프 모드 시

그림 6-59 배터리 칠러 팽창밸브 작동

[1] 구동 특성

배터리 칠러 팽창밸브는 배터리 칠러 냉매 입구 측에 위치해 있으며, 평상시는 닫혀 있어 유로를 차단하다가 배터리의 냉각수의 온도가 올라가게 되면 배터리 칠러 팽창밸브가 작동해 고온 고압의 액체 냉매의 압력을 낮춰 배터리 칠러에서 배터리 냉각수의 열을 흡수(증발)할 수 있게 해준다. 내부 구조는 팽창 홈이 있는 볼 밸브 타입으로 되어 있어, DATC가 LIN통신을 통해 목표 스텝

(위치)을 전송하면 팽창밸브는 해당되는 위치까지 움직이고 현재 위치 및 상태를 피드백 해준다.

[2] 관련 센서 데이터

① 에어컨 모드에서 밸브를 닫아주면 ON으로 표시한다.

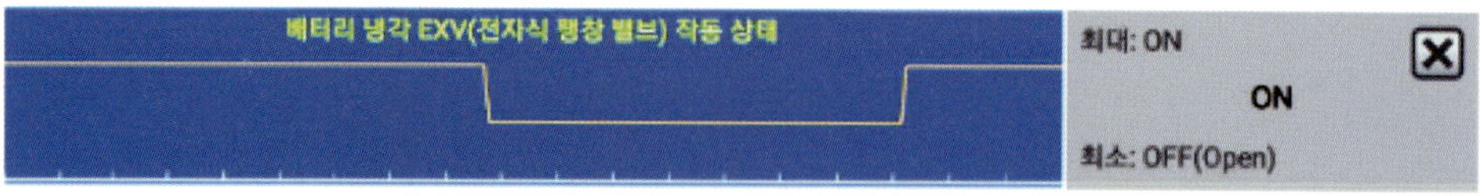

그림 6-60 에어컨 모드에서 밸브를 닫았을 때

② 배터리 칠러 팽창밸브 모드이거나 히트펌프 동작시 유로를 FULL로 열어주면 OFF된다.

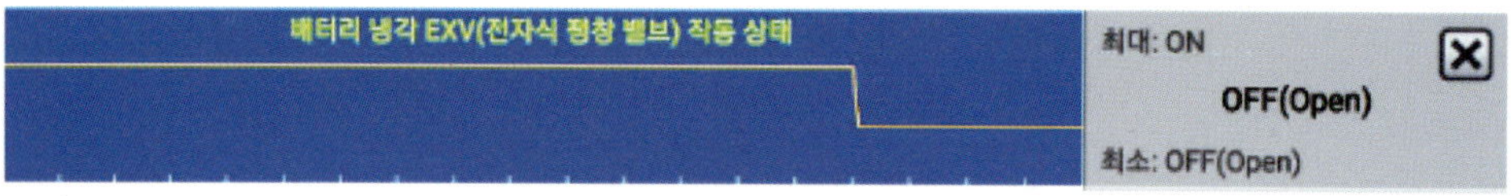

그림 6-61 배터리 칠러 팽창밸브 모드이거나 히트펌프 동작시 유로를 FULL로 열었을 때

3.5.7. 솔레노이드 팽창밸브

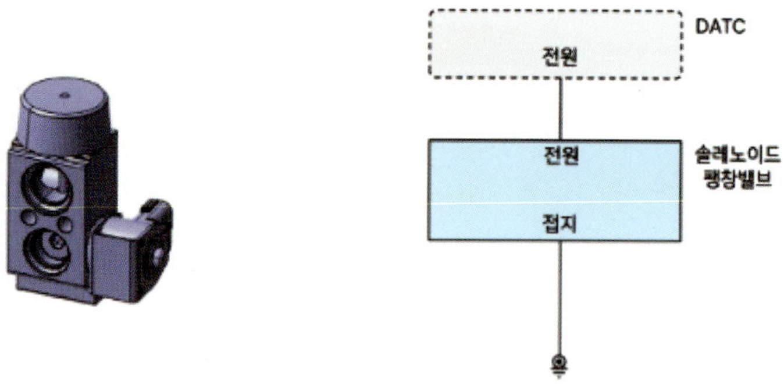

그림 6-62 솔레노이드 팽창밸브 및 회로도

[1] 구동 특성

증발기 전단에 장착되어 있는 팽창밸브는 바늘 타입의 솔레노이드 팽창밸브이다. 실내 에어컨 작동 시 증발기에서 실내 열을 흡수하기 위해 고온 고압의 액체상태의 냉매를 저온 저압으로 만들어 준다. DATC가 전원 제어를 통해 작동하기 때문에 LIN통신으로 제어하는 부품과 다르게 작동 상태 혹은 고장 상태를 피드백받을 수 없다.

[2] 관련 센서 데이터

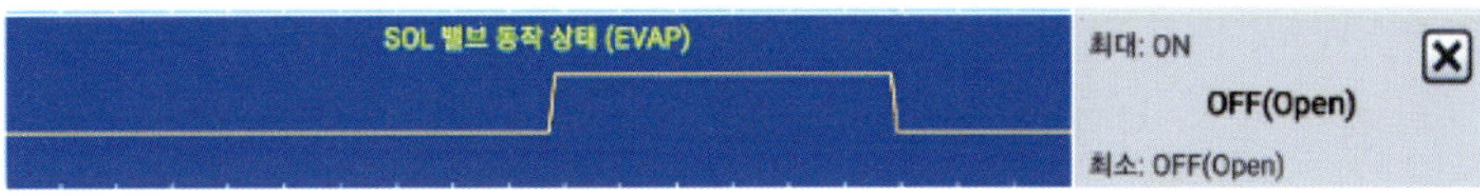

그림 6-63 팽창모드 : OFF(디폴트)

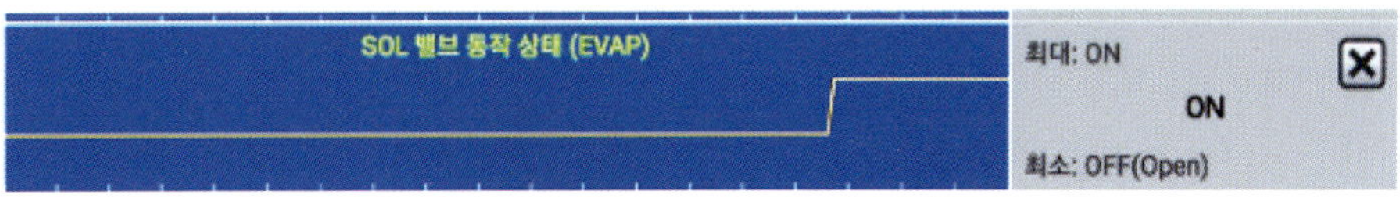

그림 6-64 유료 닫힘 : ON

3.5.8. 2WAY 밸브

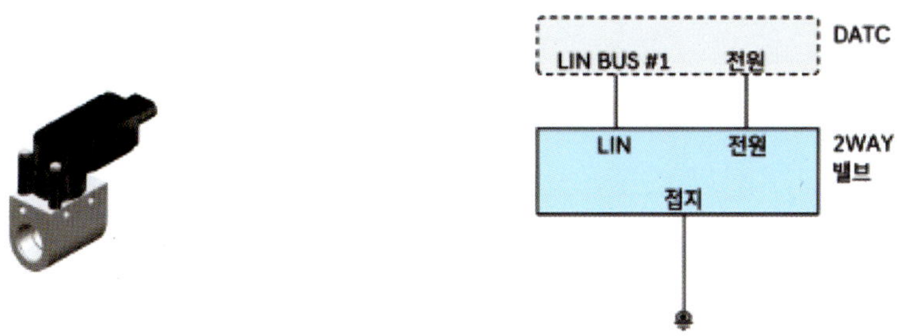

그림 6-65 2WAY 밸브 및 회로도

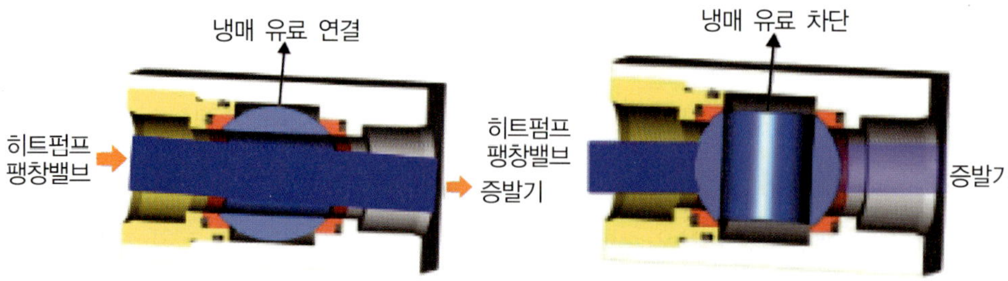

(a) 제어 ON(히트펌프 작동 시)

(b) 제습 OFF

그림 6-66 2WAY 작동

[1] 구동 특성

2WAY 밸브는 실내 컨덴서 후단과 실내 증발기 사이에 위치해 있으며, 히트펌프 모드 시 저온 저압의 냉매를 증발기로 공급해주는 역할을 한다. 내부 구조는 팽창홈이 없는 볼 밸브 타입으로 볼 밸브의 위치에 따라 유로를 차단 혹은 연결해준다. DATC가 LIN통신을 통해 목표 스텝(위치)을 전송하면 2WAY 밸브는 해당되는 위치까지 움직이고 현재 위치 및 상태를 피드백 해준다.

[2] 관련 센서 데이터

① 히트펌프 동작 중 실내 제습이 필요하여 증발기로 유로를 열어주면 OFF로 표시된다.

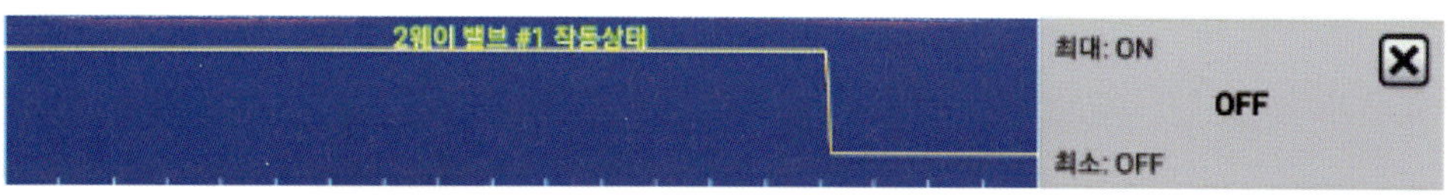

그림 6-67 히트펌프 동작 중 실내 제습이 필요시

② 2WAY 밸브를 닫으면 ON으로 표시된다.

그림 6-68 2WAY 밸브를 닫았을 때

3.5.9. 냉매 3WAY 밸브

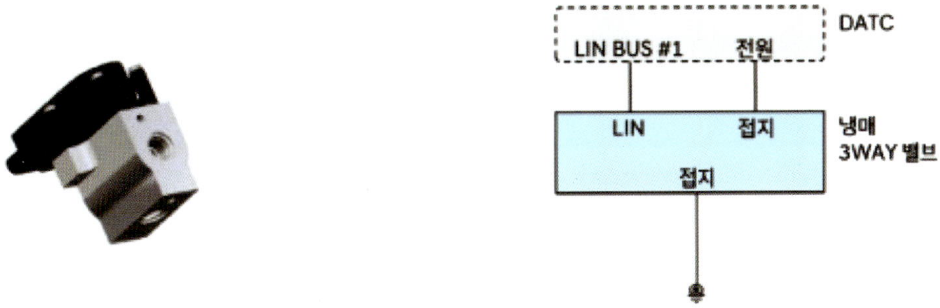

그림 6-69 냉매 3WAY 밸브 및 회로도

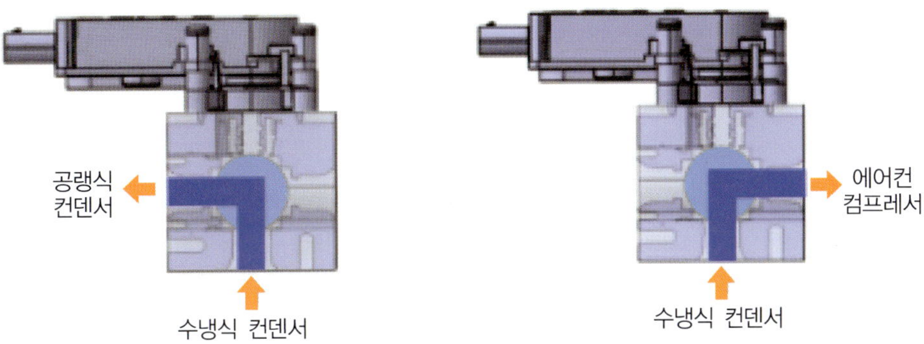

(a) 에어컨 및 배터리 칠러 작동시　　(b) 히트펌프 작동 시

그림 6-70 냉매 3WAY 작동

[1] 구동 특성

냉매 3WAY 밸브는 수냉식 컨덴서 후단에 위치해 있으며, 히트펌프 모드 시 저온 저압의 기체 냉매를 에어컨 컴프레서로 공급해주고, 에어컨 및 배터리 칠러 작동 시 수냉식 컨덴서에서 1차 응축된 냉매를 공랭식 컨덴서로 공급해주는 역할을 한다. 내부 구조는 볼 밸브 타입으로 볼 밸브의 위치에 따라 유로를 변경해준다. DATC가 LIN통신을 통해 목표 스텝(위치)을 전송하면 3WAY 밸브는 해당되는 위치까지 움직이고 현재 위치 및 상태를 피드백 해준다.

[2] 관련 센서 데이터

① 히트펌프가 동작 하여 냉매 유로가 바이패스되면 OFF로 표시

그림 6-71 히트펌프가 동작 하여 냉매 유로가 바이패스

② 3WAY 밸브를 닫으면 ON으로 표시된다.

그림 6-72 3WAY 밸브를 닫았을 때

3.5.10. 냉각수 3WAY 밸브

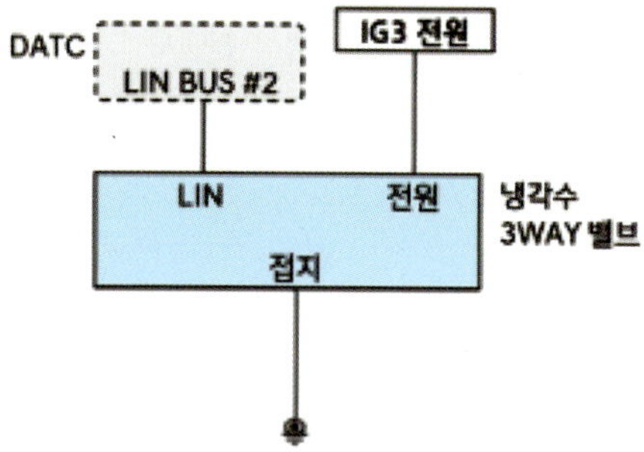

그림 6-73 냉각수 3WAY 밸브 및 회로도

(a) 히트펌프 작동 시 (b) PE 부품 냉각 시

그림 6-74 냉각수 3WAY 작동

[1] 구동 특성

냉각수 3WAY 밸브는 수냉식 컨덴서 후단에 위치해 있으며, 평상시는 모터 및 전력변환 장치에서 발생하는 열을 방출할 수 있도록 PE 냉각수를 라디에이터로 연결한다. 히트펌프 동작 시 PE 냉각수를 열원으로 활용하기 위해 냉각수 유로를 라디에이터를 거치지 않고 PE 리저버 탱크로 유로를 바이패스시켜 수냉식 컨덴서에서 냉매 증발 시 더 많은 열을 흡수 할 수 있도록 해준다. 그 외 상태에서는 3WAY 밸브는 히트펌프 모드 시 동작하기 때문에 DATC가 제어 하며, LIN통신을 통해 목표 위치를 전송하면 3WAY 밸브는 해당되는 위치까지 움직이고 현재 위치 및 상태를 피드백 해준다.

[2] 센서 데이터 설명

냉각수 3WAY 밸브는 일반적으로 히트펌프 모드에서 외부의 열원이 필요할 때 ON 상태가 되어 라디에이터 측으로 냉각수가 흐른다.

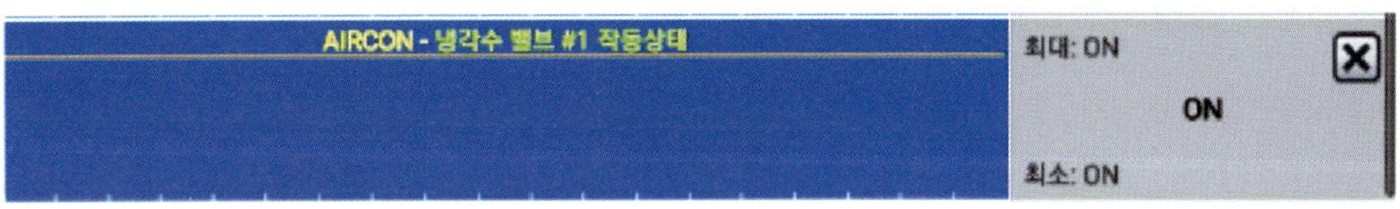

그림 6-75 히트펌프 모드에서 외부의 열원이 필요할 때

3.5.11. 히트펌프 작동 시 주요 센서 데이터

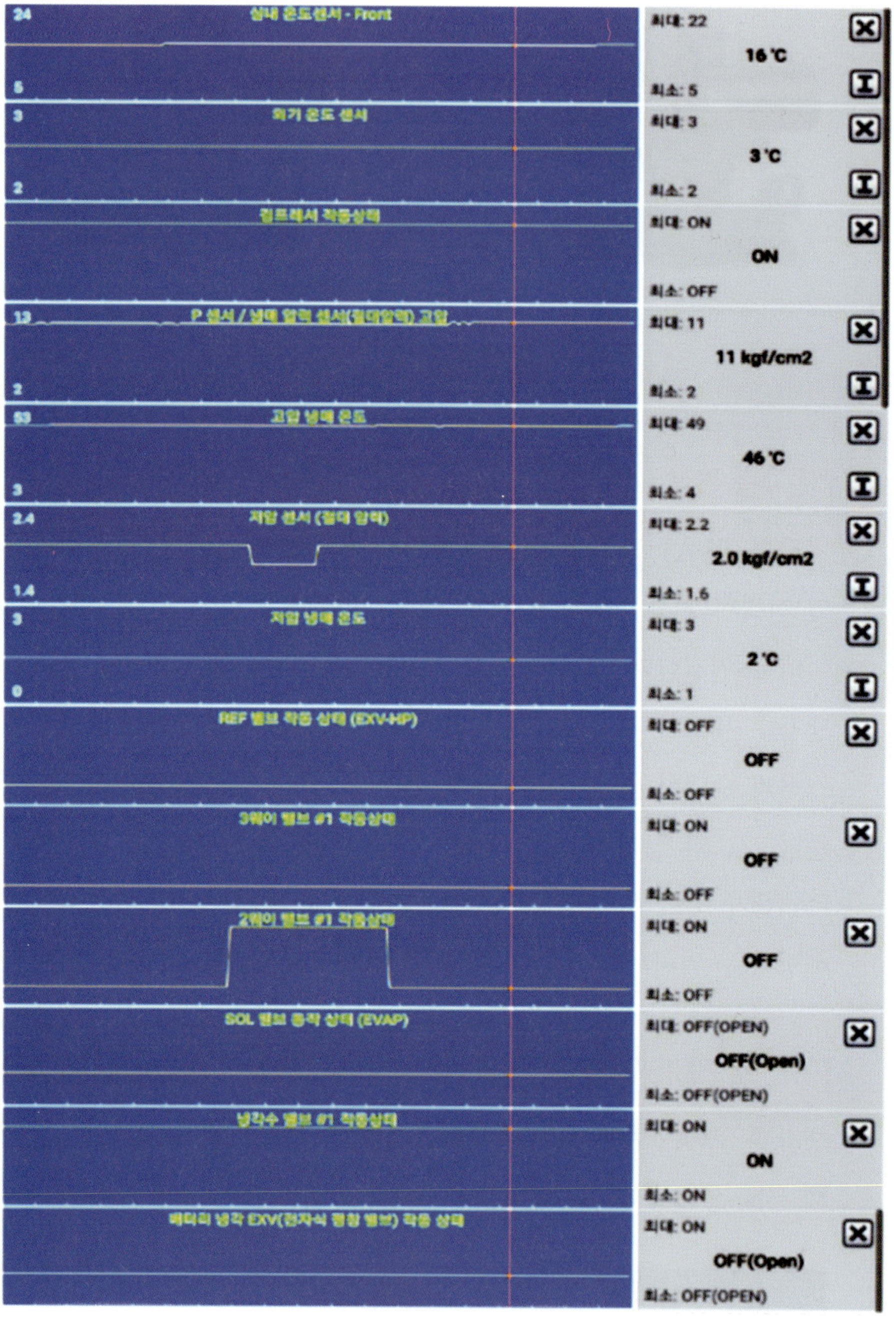

그림 6-76 센서 데이터